Michael Geitner
Alexandra Schmid

# EquiClassic-Work

## Bodenarbeit nach Michael Geitner

Müller Rüschlikon

Einbandgestaltung: R2 I Ravenstein, Verden

Titelfoto: Sergej Jundt
Foto auf der Umschlagrückseite: Eliane Reichelt

Bildnachweis:
Alle Bilder wurden von WL-Media erstellt, außer:
Seite 41, 53, 61, 56: Sergej Jundt
Seite 43, 51, 55, 125, 165, 166, 167, 168, 172, 177, 178, 182, 183, 184, 187, 190, 191, 192, 193, 194, 195, 196, 197, 198, 199, 200, 201, 202, 203, 205, 207, 208, 209, 210, 211, 212, 214, 215, 216: Eliane Reichelt
Seite 27, 35, 37, 45, 47, 137, 186: Alexandra Schmid
Die Grafiken stammen von Frauke Mayer.



ISBN 978-3-275-02119-2


Postfach 103743, 70032 Stuttgart
Ein Unternehmen der Paul Pietsch Verlage GmbH & Co. KG

6. Auflage 2025

Sie finden uns im Internet unter www.mueller-rueschlikon-verlag.de



Lektorat: Claudia König I Angela de Riese
Innengestaltung: Kerstin Diacont
Druck und Bindung: Graspo CZ, a.s., Zlin
Printed in the Czech Republic

# Einleitung

## Bodenarbeit

Mit Bodenarbeit verbinden viele sogleich das amerikanische Horsemanship-System. Sicherlich ein sehr gutes System, um mit Pferden zu arbeiten. Leider ist dabei im Laufe der Jahre die traditionelle Bodenarbeit, die wir auf unserem Kontinent zu bieten haben, etwas aus der Mode gekommen. In den fünfziger Jahren des letzten Jahrhunderts wurden die deutschen Richtlinien verfasst, die sich allerdings nur auf das Reiten und Fahren beschränkten. Die Bodenarbeit und traditionelle Arbeit an der Hand sind dabei untergegangen.

In den Reitschulen wurde Reiten gelehrt, aber nicht, wie ein Pferd vom Boden aus oder an der Hand gymnastiziert werden kann. Ein bisschen im Kreis zentrifugieren, das war's.

Dabei hat unsere traditionelle Arbeit am Boden und an der Hand, so wie sie noch vor den Weltkriegen üblich war, ein hohes Niveau und liefert wertvolle Inhalte. Sie hat den Zweck, das Pferd gesund zu erhalten und ist somit eine geniale Grundlage für besseres Reiten. Die klassische Bodenarbeit besteht aus Dressurlektionen. Diese waren schon immer dafür gedacht, das Pferd körperlich fit zu halten.

## Aus Tradition

Die klassischen Übungen haben mehr Sinn, als nur nett auszusehen. Sie sorgen für Gymnastizierung, Balance, Koordination und nicht zuletzt für das Geraderichten. Die klassischen Hufschlagfiguren und Lektionen dienen dazu, Ihr Pferd gesund zu erhalten. Diese Übungen richten das Pferd gerade, verbessern Trag- und Schubkraft und sorgen für einen gleichmäßigen Muskelaufbau.

Klassische Handarbeit und Bodenarbeit sollten nicht nur für bestimmte elitäre Kreise und Profis am Pferd da sein – dazu sind sie viel zu wertvoll. Übungen, die dem Pferd mehr Gymnastizierung erlauben, sollten allen zugänglich sein. Wir haben diese Übungen mit dem Konzept von Blau/Gelb kombiniert, so dass es auch für einen durchschnittlichen Reiter mit einer 18-jährigen Haflingerstute umsetzbar ist und wirklich für jeden Einsteiger ein ordentlicher Plan entsteht. Wir bieten ein umsetzbares, alltagstaugliches Konzept, damit nicht planlos irgendetwas halbherzig eingeübt wird. Wir beginnen mit einzelnen Übungen, die dann aneinandergereiht werden und aufeinander aufbauen. So erreichen wir sinnvolles Arbeiten an der Hand. Wir üben Basics wie Führen, Übergänge, Übertreten und Volten.

Unsere Bodenarbeit besteht aus drei Komponenten, die abwechslungsreich eingesetzt werden können.

**1.) EquiClassic-Work – die klassische Arbeit an der Hand**
**2.) Longe-Walking – die Arbeit an der Doppellonge**
**3.) Longierte Dual-Aktivierung – longierte Hufschlagfiguren**

## Was versteht man unter klassischer Arbeit an der Hand?

Im klassischen Sinne bedeutet Arbeit an der Hand, Dressurlektionen bis hin zur Piaffe oder Levade an der Hand auszuführen. Sie beginnt mit dem Führen des Pferdes. Im Prinzip sind es die gleichen Lektionen, die wir vom Reiten kennen. Begonnen wird in der klassischen Handarbeit damit, das Pferd von A nach B zu führen. Die Pferde sollten lernen, sich vom Menschen führen zu lassen. Und glauben Sie nicht, dass das so einfach ist. Gehen Sie mal mit Ihrem Pferd an der Hand geradeaus auf einen bestimmten Punkt zu. Ja, ja, gar nicht so einfach!
Zur Kunst wird es, wenn die Basis passt. Die Basis heißt, geradezurichten, Balance, Gleichgewicht und Koordination zu schulen, ebenso Muskulatur aufzubauen, die zum Tragen eines Reiters nötig ist.

## Was haben Sie davon? Was hat Ihr Pferd davon?

### Gesunderhaltung

Viele gesundheitliche Probleme der Pferde resultieren aus falschem Reiten, lassen Sie uns das ruhig einmal so deutlich sagen. Das Hauptproblem liegt darin, dass viele Pferde nie gelernt haben, einen Reiter auszubalancieren oder dafür nicht über die nötige Muskulatur verfügen. Ursache verschiedener Gesundheitsprobleme sind oft Verspannungen des Trageapparates und Fehlbelastung der Gelenke.

»Richtig Reiten reicht«, stellte schon Paul Stecken (1916–2016) fest. Er war ein deutscher Ausbilder von Pferden, Reitern und Reitlehrern. Er war Cheftrainer von vielen Profi- und Meistermannschaften, Trainer von mehreren Olympiasiegern sowie Welt- und Europameistern.
Aber richtig reiten ist wahrlich nicht einfach. Wenn man den alten Meistern Glauben schenken will, reicht ein Leben nicht aus, um es zu lernen. Die Vorbereitung am Boden ist eine gesundheitsfördernde Maßnahme und war schon immer das Mittel der Wahl, um Pferde auf das Tragen des Reitergewichtes vorzubereiten.
Die Bodenarbeit dient in erster Linie dazu, das Pferd gesund zu erhalten. Wenn wir jemals vorhaben, auf ein Pferd aufzusteigen, muss es darauf vorbereitet werden. Ohne eine gleichmäßig ausgeprägte Tragemuskulatur und Geraderichtung wird das Pferd nicht gesund bleiben. Pferde sind von Natur aus einfach nicht dazu geschaffen, geritten zu werden. Eine gründliche Vorbereitung hilft dem Pferd, Menschen tragen zu können und dabei fit zu bleiben. Wir haben mit unserer Arbeit am Boden ein vielseitiges Programm zusammengestellt, das es jedem Reiter ermöglicht, sein Pferd optimal auf das Reiten vorzubereiten und es dienstfähig zu erhalten, wenn es bereits unter dem Sattel ist.

## Bewegungsbedarf und Muskelaufbau

Pferde sind Lauftiere. Hätten Sie es gewusst? Natürlich. Das lernt man schließlich schon beim Kleinen Hufeisen. 60 Prozent des Tages würden Pferde in der freien Natur mit Nahrungsaufnahme verbringen und sich dabei langsam fortbewegen. Da treten Pferde ganz schön viele Kilometer herunter. Ihre ganze Anatomie ist auf dieses Verhalten ausgelegt. Bewegung hält sie gesund, genau wie uns Menschen. Wir mussten uns früher nämlich auch ganz schön abrackern, um an Nahrung zu gelangen. Gelenke, Faszien und Muskelketten, von den Hufen bis zum Stoffwechsel, alle brauchen täglich ihre Dosis an Beanspruchung und Bewegung. Die Muskulatur, Sehnen, Bänder, selbst die Knochen funktionieren nach dem Prinzip »use it or lose it«. Wir hören oft: Mein Pferd lebt im Offenstall und hat genug Bewegung und baut Muskeln auf. Glauben Sie uns, ein moderner Laufstall ist nicht mit dem zu vergleichen, was ein Pferd in der Natur zu leisten hatte. Und außerdem musste es keinen Reiter tragen, der mit Ausrüstung mal gut und gerne 70 Kilogramm auf den Rücken des Tiers bringt. Hat ein Pferd die falsche oder zu wenig Bewegung, wird auch die falsche oder wenig Muskulatur aufgebaut. Wissenschaftler sind sich einig, dass ein Pferd einmal täglich an die Leistungsgrenze gebracht werden sollte, um gesund zu bleiben. Das Gleiche gilt im Übrigen auch für uns Menschen, wir erreichen unsere körperliche Auslastung allerdings auch nur sehr selten. In der Natur erledigten das die Raubtiere, aber da es in unseren Breitengraden keine gibt, entfällt dieser Faktor. Wir sollten zumindest für ein gutes Training sorgen, damit unsere Pferde dieser Anforderung annähernd gerecht werden. Da Pferde sehr soziale Wesen und Herdentiere sind, kommt der freie Auslauf natürlich auch dem psychischen Wohlbefinden zugute.

Einem Pferd, das nicht geritten wird, reicht im Prinzip die Koppel oder der Auslauf, um gesund alt zu werden. Pferde mit genug freiem Auslauf in der Herde profitieren auch davon, einen trainierten Körper zu haben. So manche Krankheit könnte allein durch artegrechte Haltung vermieden werden. Anders sieht das aus, wenn Sie Ihr Pferd reiten wollen. Einen Reiter zu tragen fordert der ganzen Anatomie des Pferdes mehr ab, als es ohne Training leisten kann. Reitet man sein Pferd – und sei es nur locker ins Gelände – ist der Mensch dafür verantwortlich, dass es die dazu benötigte Muskulatur an den richtigen Stellen aufbaut. Je besser diese aufgebaut ist, umso gesünder ist das Pferd.

## Rittigkeit

Rittigkeit heißt, dass das Pferd sich ohne Schwierigkeiten auf beiden Seiten stellen und biegen lässt. Unser System sorgt dafür, dass Ihr Pferd auf beiden Seiten gleichmäßig gymnastiziert wird, sich geraderichtet und – last but not least – sich ausbalanciert. Ein ausbalanciertes und entspanntes Pferd ist auch durchlässiger für die Hilfen des Reiters.

*Die Ausbildung des Pferdes zielt darauf ab, es rittiger zu machen.*

# Grundsätze der Arbeit mit Pferden

## Wenn Du beim Pferd bist, bist Du beim Pferd

Dieser Satz, der so einfach klingt, beinhaltet mehr Wert, als es manchmal ein ganzes Buch vermitteln kann. Und ist eine der größten Herausforderungen eines Pferdemenschen. Konzentration verlangen wir nicht nur vom Pferd. Um mit einem Pferd kommunizieren zu können, müssen wir es »lesen« können«. Verspannt es sich? Schaut es weg? Habe ich die Aufmerksamkeit des Pferdes? Wenn wir unseren Kopf bei der Arbeit oder zuhause haben, ist es schwer, darauf zu achten. Wir merken einfach viel zu spät, was das Pferd schon lange angekündigt hat. Wenn man in der Volte ist, ist man in der Volte und nicht beim Rückwärtsrichten oder im Büro. Das scheint so selbstverständlich, doch wir lassen uns allzu gerne von anderen Dingen ablenken und verlieren die Konzentration auf das, was wir gerade tun.

## Regeln, klare Ansagen, genaue Hilfen

Es gibt – wie in jeder Beziehung – Regeln für »Ross und Reiter«. Halt bedeutet Halt und nicht etwa, dass Ihr Pferd noch ein paar Schritte gemütlich ausläuft. Halt bedeutet umgehend anzuhalten und Trab bedeutet ebenfalls, gleich anzutraben und nicht noch ein paar Schritte anzulaufen.

Das setzt klare Ansagen und verständliche Umsetzung des Gewollten voraus. »Wischiwaschi-Ansagen« oder ungenaue Hilfengebung versteht ein Pferd nicht und wird diese auch nicht oder nur schleppend umsetzen. Die Ansagen ans Pferd sollen prompt und auf den Punkt ausgeführt werden.

Meinen Sie, was Sie verlangen! Erst die Körperhaltung und Energie verleihen dem Gesagten die Bedeutung. Wenn Sie von Ihrem Pferd verlangen, dass es auf den Punkt anhält oder fleißigen Schritt geht, müssen Sie auch das meinen, was Sie sagen. Es reicht ein Zungenschnalzen oder ein kurzes »Halt«. Eine Voraussetzung, damit Ihnen das Pferd zuhört, ist, dass Sie hinter dem stehen, was Sie von Ihrem Pferd möchten. Dann wird es das auch umsetzen können.

### Genauigkeit

Ziel ist es, genau zu sein, die Übungen korrekt auszuführen – geschlossenes, ausbalanciertes Stehen, exaktes, diagonales Rückwärtsrichten, eine Volte sollte rund und kein Ei sein. Diese Übungen müssen so lange trainiert werden, bis Sie sie so umsetzen können, wie sie ursprünglich geplant wurden. Kein Meister ist vom Himmel gefallen und aus Fehlern lernt man.

### Überforderung

Es gibt fast nichts Unproduktiveres als Überforderung. Das Pferd lernt nicht mehr und es verliert mit der Zeit auch jegliche Restmotivation für die Arbeit. Die Ursachen der Überforderung können vielseitig sein. Öfter als man denkt werden Pferde mental überfordert, da sie sich nicht lange konzentrieren können. Eine dreiviertel Stunde Höchstleistung zu bringen, sprengt definitiv den geistigen Rahmen eines Pferdes. Bei Balanceverlust oder Überanstrengung kommt ein Pferd ebenfalls sehr schnell an seine körperlichen Grenzen.

Pferde können Situationen vorausahnen und wenn der Mensch mit dem Halfter anmarschiert kommt, schwant einem permanent überforderten Pferd schon, was auf es zukommt. Viele Pferde ertragen es und leiden stumm, andere wehren sich und geben ihren Schmerzen durch Buckeln, Steigen oder

*Ein No-Go sollte das Telefonieren sein, wenn Sie bei Ihrem Pferd sind. Aber auch gedanklich sollten Sie nicht abschweifen, sondern sich auf Ihr Pferd konzentrieren.*

Durchgehen Ausdruck. Körperliche Überanstrengung verursacht Schmerzen in Muskeln und Gelenken. Beginnt sich das Pferd zu wehren, ist der Punkt, an dem die Arbeit hätte beendet werden sollen, bereits überschritten.

Kurzzeitige körperliche Überforderung kann zur Folge haben, dass die Muskulatur übersäuert. Langfristig schadet Überforderung nicht nur Gelenken, sondern mindert oder verhindert sogar den Muskelaufbau.

## Stress ist kontraproduktiv

Dauerstress bedeutet für ein Pferd, einer Situation über längere Zeit hilflos ausgesetzt zu sein. Diese Situation dann nicht beeinflussen zu können, kann in erlernter Hilflosigkeit enden oder auch körperlich negative Folgen wie etwa Magengeschwüre nach sich ziehen. Auch Überforderung kann Stress bedeuten.

Stresshormone wirken sich auf Dauer ungünstig aufs Lernen aus. Bei permanentem Stress wird ein wichtiger Bereich im Gehirn, der fürs Lernen und Merken zuständig ist, geschädigt: der Hippocampus. Dafür sind Stresshormone verantwortlich, die den Hippocampus permanent »belagern«. Wer sein Pferd im Training oder haltungsbedingt unter Dauerstress setzt, wird weit weniger Erfolg haben, seinem Pferd etwas beizubringen

## Zeichen der Überforderung

Pferde können Überforderung auf vielfältige Weise äußern. Das Problem ist, dass wir diese Anzeichen oft nicht zu deuten wissen. Brennt etwa durch die korrekte Arbeit die obere Halsmuskulatur, möchte das Pferd den Kopf senken, um diese zu entlasten. Fällt es dem Pferd schwer, die Stellung zu halten, kann es sein, dass es beginnt, sich zu verwerfen. Ein langes Kruppesenken und Hankenbeugen wird durch sparsamen Einsatz der Hinterhand ersetzt. Geht Pferden die Kraft aus, neigen sie zum Stolpern. Arbeit ist anstrengend und das Pferd sieht keine Notwendigkeit dahinter. Warum sollte es durchhalten wollen? Das Entlasten der Muskulatur ist ein Anzeichen des Unmutes oder ein Anzeichen der Erschöpfung. Pferde legen die Ohren an, schlagen mit dem Kopf, gehen durch, buckeln, schlagen aus oder steigen. Das Repertoire an Unmutsäußerungen ist vielfältig. Gibt es Anzeichen, dass das Pferd längst genug hat, wäre es besser gewesen, die Einheit vorher zu beenden. So weit sollte man es nicht kommen lassen. Zum Problem wird es, wenn das Pferd die Überforderungsmerkmale als Muster abgespeichert hat. Sobald die Arbeit beginnt, senkt es den Kopf, als wolle es Trüffel suchen, verwirft sich

*Typische, oft gezeigte Zeichen für Überforderung: Kopfschlagen, Verwerfen im Genick, mit der Nase im Sand laufen, Stolpern, Durchgehen, Steigen, Buckeln, sparsamer Einsatz der Hinterhand. Anmerkung zu diesem Foto: Die Stute hat das Steigen als Lektion gelernt, daher ist es hier für Mensch und Pferd eher ungefährlich.*

im Genick oder beginnt zu rennen. Diese Pferde zu »korrigieren« und diese abgespeicherten Muster aufzubrechen, ist äußerst schwierig. Der Satz »Vorbeugen ist besser als Heilen« trifft auch hier zu.

## Sind Sie gut drauf?

Spieglein, Spieglein an der Wand: Ihr Pferd spiegelt Sie. Dabei sollten Sie Ihre Energie einsetzen, um mit dem Pferd optimal arbeiten zu können. Haben Sie Ärger im Büro oder sind Sie gestresst? Werden Sie nicht wütend auf Ihr Pferd, wenn eine Lektion gerade nicht gelingt. Bei einem sensiblen Pferd kann Ihre negative Energie die ganze Einheit »versauen«. Auch wenn manche Pferde das Talent haben, unser Aggressionszentrum zu aktivieren, versuchen Sie ruhig und konzentriert zu bleiben. Bleiben Sie gerecht und schonen Sie Ihre Nerven. Lassen Sie das Pferd lieber auf der Koppel oder gehen Sie relaxt ausreiten, bevor Sie Ihrem Ärger auf dem Platz Ausdruck verleihen. Sobald Sie mit dem Pferd arbeiten, lassen Sie Ihren Ärger im Büro und konzentrieren Sie sich auf die Arbeit mit dem Pferd.

Setzen Sie Ihre Energie so ein, wie es ein Pferd braucht. Bei den Energiesparmodellen etwas mehr, bei Pferden mit viel »Go« werden Sie ruhiger. Es ist keine zenbuddhistische Veranlagung nötig, sondern immer wieder etwas Selbstreflektion. Das braucht einiges an Erfahrung und Selbstbeherrschung, die man im Laufe der Zeit lernen kann.

## You have a bad day …<br>wir reden morgen wieder!

Selbstreflektion ist nicht immer einfach. Es passiert einfach manchmal, dass man dem Pferd gegenüber ungerecht wird. Es gibt Tage, da gelingen einem nicht einmal Lektionen, die sonst aus dem Effeff abrufbar sind. Im schlimmsten Fall hat man das Pferd überfordert oder ungerecht behandelt.

Beenden Sie die Trainingseinheiten und beginnen Sie am nächsten Tag wieder von vorne. Seien Sie gnädig. Nicht nur zu Ihrem Pferd, sondern auch zu sich selber. Keiner ist perfekt, und es kann nicht jeden Tag alles so funktionieren, wie man sich das vorgestellt hat.

Versuchen Sie die Einheit, die in die Hose gegangen ist, abzuhaken, und beginnen Sie am nächsten Tag von Neuem. Neuer Tag, neue Chance.

## Ein Bild im Kopf – Die Umsetzung der Gedanken

Wenn Sie keine Vorstellung davon haben, wie eine Volte aussieht, ist die Wahrscheinlichkeit sehr hoch, dass das Pferd die Volte auch nicht erlernen wird. Mit anderen Lektionen und Hufschlagfiguren verhält es sich genauso. Wichtig ist auch die Fokussierung auf das, was Sie in diesem Moment vorhaben. Wenn Sie Seitwärtsgänge trainieren, sollten Sie nur Seitwärtsgänge im Kopf haben und nicht die Piaffe.

### Visualisieren

Immer wichtig ist es, eine Vorstellung zu haben, wie das Pferd im Training gehen soll. Wenn man ein Bild im Kopf hat, wie das Pferd laufen oder einmal aussehen soll, wird das Training effektiver. Machen Sie sich ein inneres Bild davon, zum Beispiel welche Stellung, welches Tempo Ihr Pferd haben sollte, wie der Trab aussehen sollte. Wie könnte mein Pferd einmal aussehen und was soll es können? Damit haben Sie eine Vorstellung und vor allem ein Ziel, welches Sie in kleinen Etappen anstreben und erreichen können.

### Think big

Was möchten Sie wirklich? Welche Ziele haben Sie? Sind Sie glücklich damit, dass Sie Ihr Pferd gesund und ohne Stress ins Gelände reiten können oder träumen Sie von der Piaffe? Setzen Sie sich ein Ziel und verfolgen Sie es. Der Weg beginnt immer mit dem ersten Schritt, den Sie dann aber konsequent verfolgen sollten. Erfolg hat drei Buchstaben: TUN!
Ich kann mich gut an eine junge Dame erinnern, die einen Friesen wie aus dem Bilderbuch besaß. Beide waren sehr schön anzusehen. Als ich sie fragte, welches ihr Ziel mit diesem Pferd sei, meinte sie nur, dass sie ruhig ausreiten wolle.
Ein lackschwarzer, sündhaft teurer Friese zum ruhig Ausreiten? Ich nahm ihr das nicht ganz ab und auf Nachfrage kam heraus, dass sie einmal bei einer sehr bekannten Pferdegala mitreiten wollte. Ich bot ihr an, ab sofort auf die Show zu trainieren, aber sie meinte, sie schaffe das eh nicht. Ob sie es jemals auf die große Showbühne schafft, weiß ich nicht. Alles aber, was sie auf diesem Weg gelernt hat, kann ihr keiner mehr nehmen.

### Das Geheimnis der Langsamkeit

»Reite Dein Pferd vorwärts und richte es gerade« (Gustav Steinbrecht). Das heißt nicht: »Geradeaus und Gas geben.« Kaum ein Satz wird so fehlbewertet wie dieser. Vorwärts meint nicht schnell und in Stundenkilometern gemessen. Doch genau so wird der Satz oft interpretiert. Geraderichten funktioniert jedoch nur über die Biegung. Das Pferd muss in die Balance und alle vier Beine koordiniert bekommen.
Wir legen besonderen Wert auf die Langsamkeit, insbesondere am Anfang. Ein fleißiger Schritt entsteht ebenso aus der Langsamkeit wie ein Trab mit aktiver Hinterhand. Ein fleißiger Schritt verlangt ein koordiniertes, taktreines Sortieren der Beine. Im Schritt den sauberen Viertakt zu halten, zumal gebogen in Wendungen, verlangt Konzentration und keine Hektik.
Die anfängliche Langsamkeit im Trab verlangt zudem vom Pferd mehr Kraft, da das Pferd nicht irgendwie um die Kurve kommt, sondern in den Volten die Koordination und die Balance halten kann. Weil das innere Hinterbein nicht nur leicht gebeugt ist, sondern sich auch wieder langsam abstoßen muss, braucht das Pferd mehr Kraft. Die Schrittweite, also weiter in die Richtung der Spur

der Vorderhufe zu treten, braucht wiederum Kraft, die die meisten Pferde anfangs nicht aufbringen können. Je enger die Volte, je langsamer und desto mehr geradegerichtet das Pferd dabei ist, umso mehr Kraft benötigen die Hinterbeine. Der Fleiß der Hinterhand korreliert unmittelbar mit der vorhandenen Muskelkraft der Pferde.

Wir haben Schenkelweichen, Übertreten auf der Volte und Vorhandwendungen als Lektionen und Teil der Parcours in die EquiClassic-Work eingefügt. Hier wäre es besonders fatal, diese übereilt durchzuführen. Die Möglichkeit, dass es kein korrektes Übertreten wird, sondern das Pferd irgendwie seitwärts geht und dabei auf die äußere Schulter fällt, ist zu groß. Zudem besteht die Gefahr, dass die Pferde in den Hufgelenken rotieren und dabei mit dem vollen Gewicht den Huf belasten. Langsam durchgeführt können wir das Übertreten korrekt ausführen und somit den gymnastischen Zweck der Übung erfüllen.

## Funktion vor Form – eins nach dem anderen

Funktion vor Form heißt nichts anderes, als sich schrittweise dem Ausbildungsziel zu nähern. Es kann am Anfang nicht alles perfekt laufen. Es beginnt mit Zuhören und Sich-führen-Lassen. Das Pferd muss neue Bewegungsabläufe lernen, ohne sich dabei zu verspannen.

Wie Lektionen korrekt ausgeführt aussehen sollen ist das eine, das andere, wie sie anfangs tatsächlich ausgeführt werden können. Das Ziel ist es etwa, ein Pferd an der Hand korrekt zu traben. Jetzt stellen Sie sich einen vierjährigen, voll im Saft stehenden, übermütigen 1,80 Meter großen Wallach vor. Ohne Vorbereitung an der langen Seite einer Halle oder Reitplatzes traben zu wollen, ohne dabei mit dem Gebiss hart einwirken zu müssen, kann schwierig werden. So ein Pferd hat viel »Go« und an der langen Seite genügend Platz, um seinen Vorwärtsdrang auszuleben. Ob Sie noch dabei sind oder nicht, ist ihm dann wahrscheinlich egal.

Zunächst müssen wir den jungen Mann zum Zuhören bringen. Ist er mal im Rennmodus, haben wir keine Chance mehr, zu ihm durchzudringen. Schlau wäre es, nicht die lange Seite zu wählen, also gehen wir auf eine gebogene Linie, um ihn erst einmal bei uns zu halten. Dann arbeiten wir in Reprisen, also immer ein paar Schritte im Trab und bevor das Pferd zum Rennen kommt, parieren wir in den Schritt zurück. Der Trab auf der Kreislinie ist anfangs noch nicht völlig korrekt, wird sich aber von Mal zu Mal verbessern.

Nicht verzweifeln, wenn Pferde – etwa beim Rückwärts – erstmal nicht im lateralen Zweitakt und mit gesenkter Kruppe rückwärts treten. Auch wenn es anfangs vielleicht noch gruselig aussieht, sie müssen es ja erst lernen.

## Automatismen

Es gibt Bewegungsabläufe und Gewohnheiten, über die keiner mehr nachdenken muss. Wenn diese einmal sitzen, führt man sie aus, ohne großartig zu überlegen, beispielsweise das Gehen, Schreiben oder Autofahren. Man erinnere sich an die erste Fahrstunde.

Das hat seinen Sinn. Das Gehirn speichert die einstudierten Bewegungen ab und das Gehirn kann diese bei Bedarf ohne großen Aufwand abrufen. Es spart dabei Energie. Immerhin 20 Prozent des Energiebedarfs eines Menschen braucht das Gehirn im Ruhezustand. Der Körper verschwendet diese nicht unnötig.

Um eine Bewegung so abrufen zu können, dass nicht mehr darüber nachgedacht werden muss, bedarf es unzähliger Wiederholungen. Ist die Bewegung aber einmal abgespeichert, können wir ohne großen Aufwand darauf zurückgreifen. Das hat – wie alles im Leben – seine Vor- und Nachteile.

Viele Reiter kennen den Ausspruch des Reitlehrers: »Nicht auf die Mähne gucken.« Zwei bis drei Sekunden schaut man dann auf den Weg, dann wandert der Blick wieder auf die Mähne. Solche Verhaltensweisen kommen vor allem dann zum Vorschein, wenn wir gestresst oder konzentriert sind. Der Körper greift auf diese Mechanismen zurück, weil sich das Gehirn eben mit anderen Dingen beschäftigen muss. Eine automatisierte Bewegung umzulernen und diese zu ersetzen ist sehr viel schwieriger, als eine Bewegung neu zu erlernen.

Das merken wir beim Pferd etwa, wenn es sich verwirft. Durch die (Über-)Anstrengung, die Stellung zu halten, verschafft es sich Erleichterung im Genick, indem es den Kopf zur Seite dreht. Das Belohnungszentrum im Gehirn wird aktiviert und das Pferd wird mit einem angenehmen Gefühl beglückt. Das Pferd lernt diese Verhaltensweise sehr schnell. Man nennt es intrinsisches Lernen, da die Belohnung nicht von außen erfolgt. Schwierig wird es, wenn das Pferd diese Verhaltensweise automatisiert. Das Verwerfen ist dann als Muster abgespeichert und es hält den Kopf schief, obwohl die körperliche Notwendigkeit noch gar nicht gegeben ist. Sprich, sobald die Zügel angenommen werden, legt es den Kopf zur Seite.

Diese automatisierten Verhaltensweisen zu ändern ist schwierig, aber nicht unmöglich. Man bedenke, dass das Pferd keine Notwendigkeit sieht, etwas zu ändern. Es bedarf eine Menge an Arbeit und Korrektur, um dem Pferd die korrekte Stellung angenehm zu machen.

# POSITIONSARBEIT

# Bevor Sie mit der Bodenarbeit beginnen

## Allgemeines

Pferde verstehen nicht nur ihre innerspezifische Sprache, sie haben auch gelernt, das Verhalten von uns Menschen zu verstehen und zu deuten. Allerdings in der Ursprünglichkeit der Kommunikation – nämlich, wenn es darum geht, wer wen bewegt. Damit legen sie untereinander den Rang fest und sind uns darin weit überlegen.
Pferde bewegen uns, ohne nachdenken zu müssen, es ist ein innerer Überlebensinstinkt, der aufgrund der sozialen Lebensweise der Pferde sehr ausgeprägt ist. Wer bewegt, der führt, trifft Entscheidungen und sichert somit das Überleben. Oft merken wir es nicht einmal, wenn wir vom Pferd bewegt werden. Für das Pferd ist dann allerdings klar, wie hoch wir in unserem »sozialen Status« einzuschätzen sind.

Dennoch lassen sie uns manchmal gewähren. Wir können Pferde darauf konditionieren, auf Fingerzeig rückwärtszugehen, brav über Hindernisse zu springen, in dunkle Hänger einzusteigen – aber nur, solange es für sie selber in Ordnung ist, sie die Situation akzeptieren und als einigermaßen ungefährlich einschätzen. Die Wahrheit zeigt sich immer dann, wenn es Probleme gibt. Akzeptiert uns unser Pferd als denjenigen, der es vor Gefahren beschützt und kann es uns somit vertrauen? Wenn nicht, ist alles, was wir unserem Pferd beigebracht haben, nur machbar, solange das Pferd kein Problem damit hat. Hat ein Pferd Zweifel, über einen Sprung zu springen, entscheidet die Qualität der Beziehung zum Reiter, ob es springt oder nicht. Hat es nicht genügend Vertrauen, wird es nicht springen. Dass man mit Gewalt viel erzwingen kann, ist bekannt, aber da möchten wir ja nicht hin. Es ist im Grunde so simpel, darauf zu achten, dass wir das Pferd bewegen und umgekehrt, und doch fällt es uns so schwer, weil wir ständig darüber nachdenken und uns darauf konzentrieren müssen.

Hier fängt die Pferdesprache an. Wenn wir darauf achten, wer wen bewegt, errichten wir eine grundsolide Basis, um eine vertrauensvolle Beziehung mit unseren Pferden einzugehen.

## »Lassen Sie Ihr Pferd antreten«

Das war schon das Motto aus alten Zeiten. Nirgends steht geschrieben, man solle einfach loslaufen und abwarten, ob das Pferd hinterherkommt. Pferde »schicken« für ihr Leben gerne. Sei es den Kumpel in der eigenen Herde oder den Menschen. Möchte eine Pferdeherde einen Fluss überqueren, laufen die Tiere nicht einfach rein. Von einem unbekannten Gewässer kann immer Gefahr ausgehen. Keines der Tiere weiß, wie tief das Wasser ist, ob der Untergrund tragfähig ist oder sich Raubtiere am Wasser tummeln und auf leichte Beute warten.

Die Leitstute wird nicht sagen: »Okay Mädels, ich schau mal für euch nach.« Nein. Sie wird ein rangniedriges Pferd vorschicken. Das mag nicht besonders nett sein, aber es sichert die Führung, denn eine Leitstute ist nicht leicht zu ersetzen.

*Schauen Sie, während Sie das Pferd antreten lassen, auf seine Vorderbeine. Das verleiht dem Ganzen im Zusammenspiel mit Ihrer Körpersprache einen gewissen Nachdruck.*

Schicken wir das Pferd schon beim Antreten einen Schritt vor, haben wir die Kontrolle über die Bewegung. Später in der Handarbeit wird ein sauberes Antreten garantiert und auch beim Longe-Walking und der longierten Dual-Aktivierung ist es hilfreich, das eingeübt zu haben.

Es ist gewöhnungsbedürftig, benötigt Disziplin und Durchhaltevermögen, diese einfache Regel jeden Tag umzusetzen. Der Mensch hat seine Gewohnheiten und ist unaufmerksam genug, immer wieder in diese zurückzufallen.

*Pferden ist dieser erste Schritt wichtig, darum ist es oft schwer, diesen auch zu erhalten. Ziehen Sie Ihr Pferd nicht mit vollem Körpereinsatz nach vorne. Das bringt Sie lediglich aus der Balance und wird Ihr Pferd nicht bewegen. Halten Sie den leichten Druck gleichmäßig. In dem Moment, in dem Ihr Pferd den ersten Schritt macht, geben Sie sofort nach und gehen los. Bitte nur ein leichtes »Nach-Vorne« fordern und nicht zu viel ziehen, das erzeugt nur Gegenwehr seitens Ihres Pferdes.*

Bei Pferden ist das in Bezug auf diesen ersten Schritt etwas anders. Sie bemerken es sofort und sind manchmal sehr bemüht, sich nicht anführen zu lassen, sondern verweigern diesen ersten kleinen Schritt oft sehr konsequent. Für Pferde ist das eine Sache der Hierarchie. Der erste Schritt – um es mal ganz bildlich zu schildern – ist der erste Schritt, um ein vertrauenswürdiger Anführer zu werden. Nicht mehr, aber auch nicht weniger.

**Versuchen Sie 21 Tage lang konsequent diesen ersten Schritt umzusetzen – bei jedem Antreten mit Ihrem Pferd. Danach ist es in der Regel zur Gewohnheit geworden und Sie lassen Ihr Pferd automatisch antreten.**

## Führen in der Positionsarbeit

Die Positionsarbeit beginnt nicht erst in der Halle oder auf dem Reitplatz. In dem Moment, in dem der Mensch auf das Pferd trifft, gilt: Wer bewegt wen?

Ob man das Pferd von der Koppel, aus der Box oder aus dem Offenstall holt, zur Halle führt, es putzt oder sattelt, immer ist darauf zu achten, sich vom Pferd nicht bewegen zu lassen. Selbst wenn wir gedankenversunken am Handy sind oder vertieft in ein Gespräch mit der Freundin.

Pferde scannen uns immer. Sie sind nicht zu beschäftigt, um darauf zu achten, weil es für sie überlebenswichtig ist. Der bekannte Weg vom Stall zum Anbindeplatz ist quasi der Testlauf für den Ernstfall. Lässt sich der Mensch hier schon bewegen, was will er dann im Notfall tun? Es geht darum, wer schließlich die Entscheidungen trifft. Wie kann man jemandem vertrauen, der schon bei der kleinsten Kleinigkeit weicht? Position zu halten und sich nicht bewegen zu lassen ist nicht nur wichtig, wenn es um Flucht geht. Auch in der täglichen Arbeit spielt das eine große Rolle. Sich bewegen zu lassen degradiert den Menschen dazu, rangniedrig zu sein. Würde der Herzchirurg sich vom Hausmeister sagen lassen, wie er einen Bypass zu legen hat?

Das Pferd zu bewegen und sich nicht bewegen zu lassen, eine Position zu haben, das entscheidet auch darüber, wie gut das Pferd mitarbeitet.

## Bleiben Sie im Gespräch mit Ihrem Pferd!

Die amerikanische Horsemanship hat uns gelehrt, dass das Pferd hinter uns gehen muss, da es dem Menschen folgen soll. Das resultiert höchstwahrscheinlich daraus – so wird zumindest argumentiert –, dass die Leitstute ebenfalls vorneweg die Herde führt. Die Sache mit der Leitstute hat zwei Haken. Wir sind keine Leitstuten, sondern Menschen und die Leitstute geht, wo sie will. Mal vorne, mal hinten, mal in der Mitte der Herde.

Vor Jahren war ich zu Gast auf einer Farm in den USA. Gene (RIP) war einer der besten Pferdemenschen, die ich je kennengelernt habe. Die Antwort auf meine Frage, warum die Amerikaner die Pferde immer hinter sich her führen, erstaunte mich dann doch. »Mike, ich weiß, dass die deutsche Führposition (Schulter an Schulter) die beste ist. Da draußen habe ich aber 250 Pferde und brauche keine Gespräche.« Genau das ist es aber, was wir brauchen. Mit dem Pferd im Gespräch bleiben.

Zudem ist es eine Frage der Ressourcen der Pferde und der Arbeitsweise, aus der diese Führposition resultiert. Pferde waren und sind in den USA immer zur Genüge vorhanden. Wenn ein Cowboy einen Zaun reparieren musste, war es von Vorteil, wenn das Pferd hinter ihm war, um beide Hände frei zu

haben. Auf eine partnerschaftliche Kommunikation mit dem Pferd legte man nicht besonders viel Wert. Klassische Arbeit an der Hand war den Arbeitspferden in den USA nicht bekannt, somit war es auch nicht von Nöten, mit den Pferden ständig zu kommunizieren.
Geht das Pferd hinter dem Menschen, findet kein Gespräch statt. Das Pferd kann sich in aller Ruhe die Landschaft anschauen, ohne vom Mensch beachtet zu werden. Es fühlt sich nicht angesprochen und läuft hinterher. Mit diesem Verhalten motivieren wir Pferde, eigene Entscheidungen zu treffen, die uns aber meistens nicht gefallen.

Pferde möchten immer klargestellt haben, wer die Führungsrolle übernimmt. Wir verfallen oft in den Irrglauben, dass wir das Tempo bestimmen, wenn das Pferd hinter uns geht. Glauben Sie mir, Pferde bestimmen das Tempo, egal wo sie gehen. Wir passen uns dieser Geschwindigkeit an, ohne es zu bemerken, ohne es zu wollen und überlassen dem Pferd Führung und Entscheidungen. Die europäische Arbeit mit dem Pferd unterscheidet sich beim Führen eines Pferdes grundlegend. Die klassische Führposition ist an der Schulter des Pferdes.

*Lassen Sie Ihr Pferd nicht einfach hinterherlaufen.*

Das Führen eines Pferdes von A nach B scheint in der Regel nicht besonders schwierig zu sein. Dazu geht man Schulter an Schulter mit dem Pferd. Es ist eine partnerschaftliche Position. Das wäre das Optimale. Viele Pferde möchten sich anfangs nicht an der Schulter führen lassen, sie akzeptieren diese Position nicht und verschieben den Menschen entweder nach vorne oder nach hinten, indem sie das Tempo beschleunigen oder verringern. Geradeaus ist es oft noch einfacher als in Kurven. Das Ziel ist es, dass sich das Pferd problemlos an der Schulter in alle Richtungen in dem vom Menschen gewählten Tempo führen lässt. Das bietet eine gute Basis für eine vertrauensvolle Partnerschaft.
Zudem ist es eine Frage der Sicherheit. Pferde flüchten, wenn sie sich erschrecken, nach vorne. Läuft das Pferd hinter dem Menschen, kann das schnell zu Unfällen führen. Neben dem Pferd gehend merkt der Mensch schneller, was das Pferd vorhat.

*Schulter an Schulter ermöglicht die Kommunikation mit dem Pferd.*

## Wallach/Hengst vs. Stute

**Es ist wie bei den Menschen – es gibt Unterschiede zwischen Männlein und Weiblein. Wenn ich eines in den letzten 20 Jahren gelernt habe, ist es, Stuten zu fragen, welchen Individualabstand sie gerne hätten. Die Erfahrung hat mir gezeigt, dass die Damen dann oft kooperativer mitarbeiten.**
**Im Gegensatz zu den Herren der Schöpfung. Diese sind eigentlich immer zu nahe am Menschen. Bei einem männlichen Vertreter reicht es oft aus, die Stimme energisch zu heben. Dies kann bei einer Stute schon dazu führen, dass sie einen Tag nicht mehr mit mir spricht.**
**Während die männlichen Vertreter der Spezies auf Körperkontakt gehen, bewegen die Damen mit Energie. Oft höre ich den Satz, dass die Wallache so schön zusammen auf der Koppel spielen. Das werden manche ungern hören, aber ihre Lieblinge spielen nicht, sie kämpfen. Es geht nicht um Leben und Tod, da es nicht um die Gunst der Damen geht, aber sie kämpfen. Bei männlichen Pferden ist derjenige Chef, der am besten kämpfen kann. Es hängt übrigens nicht unbedingt von der Körpergröße ab, wer das Sagen hat. Mini-Shettys kämpfen fies.**
**Wallache und Hengste kämpfen von klein auf mit ihren Artgenossen und trainieren, der Stärkere zu sein. Dabei gehen sie in der Herde nicht zimperlich miteinander um. Sie steigen und rempeln sich an, beißen in die Beine und schlagen nacheinander aus. Das ist eine Möglichkeit für sie, die Rangordnung festzulegen. Auch die Herren der Schöpfung bewegen über das Tempo, sind aber viel körperbetonter als Stuten.**
**Weibliche Pferde bewegen und regeln die Rangfolge sehr viel mehr mit Energie und Körpersprache. Schlägt eine Stute zu, ist ihr das in der Regel bitterernst und sie ist eigentlich schon in der »Red Zone«, während der Wallach oder Hengst es normalerweise noch nicht ganz so dramatisch meint.**
**Das merkt man auch im täglichen Umgang mit den Pferden. Wallache oder Hengste rempeln den Menschen viel mehr an, als es eine Stute jemals tun würde. Männliche Pferde suchen auch beim Menschen den Körperkontakt, während Stuten Abstand halten. Natürlich gibt es wieder Ausnahmen und sehr maskuline Stuten und damenhafte Wallache oder Hengste. Dennoch ist das auch beim Führen und in der Positionsarbeit zu berücksichtigen.**

## Lassen Sie sich nicht anrempeln, schubsen oder wegdrängeln

Es gilt der Grundsatz: Anrempeln oder Drängeln ist TABU. Ein Pferd, welches sich vom anderen schubsen, drängeln oder bewegen lässt, wird bewegt. Wer sich bewegen lässt, vertritt im Zweifelsfalle keine Meinung gegenüber dem Pferd und kann daraus folgend keine Führung übernehmen. Eine ranghohe Stute anzurempeln oder diese zu drängeln würde keinem Pferd einfallen. Es würde die Führungsrolle in Frage stellen. Da die männlichen Pferde aber keine Leitstuten sind und ständig die Hierarchie in Frage stellen, rempeln diese auch uns öfters an. Stuten fragen das durch Energie ab. Sie halten oft den Abstand und achten darauf, dass wir Menschen diesen gegenüber ihnen einhalten. Das ist ein Grund mehr, warum Stuten schwieriger zu führen sind als die männlichen Kollegen. Wir bemerken oft genug nicht, wenn uns eine Stute bewegt. Ein Pferd, ob nun Wallach, Hengst oder Stute, das dem Menschen zu nahe kommt, blockiert diesen und macht ihn bewegungsunfähig. Es ist um einiges leichter, ein Pferd auf einem gewissen Abstand zu bewegen. Hier gilt der Grundsatz: Beim Führen oder in der Arbeit bin ich gerne so nahe wie möglich und so weit wie nötig von den Pferden entfernt. Das ist nicht nur beim Führen und bei der Positionsarbeit wichtig, auch Seitengänge funktionieren nicht, wenn man zu nahe am Pferd ist.

*Besonders männliche Pferde rempeln und schubsen den Menschen gerne an. Lassen Sie das nicht zu.*

## Der Plan

Eigentlich sind Menschen keine geeigneten Anführer für ein Pferd. Menschen hören im Vergleich zum Pferd hundsmiserabel, nehmen visuelle Eindrücke komplett anders wahr, riechen deutlich schlechter und sind in den Reaktionen und der Schnelligkeit einem Pferd haushoch unterlegen. Zudem sind Menschen unberechenbar. Mal ängstlich, mal zornig. Sie machen Dinge, die Pferde nicht verstehen und die eine Leitstute im Leben nicht machen würde, etwa auf einen äußerst gefährlichen Gegenstand zugehen: z.B. eine Plastiktüte. Aber der Mensch ist höflich und überlässt dem Pferd die Entscheidung, ob diese Plastiktüte nun gefährlich ist oder nicht. Ein Pferd würde niemals auf den Gedanken kommen, nachzusehen, ob der Puma wirklich gefährlich ist. Diese Entscheidungen sollte man also nicht dem Pferd überlassen, sonst wird man in Situationen, in denen man selbst gerne entscheiden würde, einfach nicht mehr gefragt. Das Pferd übernimmt dann die Führung.

Was prädestiniert uns, die wir in den Augen der Pferde blind, taub, geruchsbehindert und zu langsam sind, diese Tiere dennoch zu führen? Gut, der Haflinger überblickt die Situation, weil er weiß, von wem das Fressen kommt. Für die anderen Pferde gilt: Der Mensch hat einen Plan. Es spielt dabei keine Rolle, ob er Angst hat oder nicht. Er hat einen Plan, und wenn jemand einen Plan hat, folgt man ihm. Das ist bei Menschen genauso wie in einer Pferdeherde. Pferde folgen dem Menschen also gerne, weil er einen Plan hat.

### Komforttempo

So viel zur Theorie. Und was sieht man, wenn man Menschen beobachtet, die Pferde im Schritt führen? Nahezu alle Pferde geben das Tempo an. Entweder sie schlurfen in absolutem Kaffeeklatschmodus neben- oder hinterher, oder sie eilen ihren Besitzern davon. Das Fatale dabei ist, dass es oft nicht bemerkt wird. Die Pferde sind in ihrer Komfortzone und übernehmen die Führung. Mit Position und gezieltem gymnastizierendem Arbeiten hat das nichts zu tun. Zuerst müssen Sie sich also in Position bringen und das Tempo bestimmen.

Komforttempo bedeutet, dass das Pferd in einem Modus läuft, bei dem es sich nicht anstrengen und konzentrieren muss. In diesem Modus passiert nicht viel. Weder geistig, noch körperlich. Das Pferd ist nicht lernbereit, wenn es neben Ihnen herschlurft oder auch übereilig ist. Die Bewegungen sind automatisiert und das Pferd muss nicht darüber nachdenken, zudem ist es nicht anstrengend.

### Gehen Sie mal langsamer, mal schneller

Eine gute Übung, um ein Pferd aus seiner Komfortzone zu holen, sind Tempowechsel. Es wird gezwungen aufzupassen und wird motiviert, mitzuarbeiten. Gehen Sie zehn Schritte langsam und erhöhen Sie dann das Tempo und gehen zehn Schritte schneller. Das Pferd kommt in den Modus, in dem es mehr aufpassen muss und Sie erhalten seine Aufmerksamkeit.

**Wichtig**

**Schauen Sie, dass Ihr Pferd beim Führen auf Ihrer Höhe bleibt und sich weder zurückfallen lässt, noch vordrängelt.**
**Gerade beim Erhöhen des Tempos ist das sehr schwierig und erfordert Ihre volle Konzentration, aber der Erfolg wird Sie begeistern.**

## Der positionierte Handwechsel

Ein positionierter Handwechsel zeichnet sich dadurch aus, dass der Mensch sich während des Handwechsels keinen Zentimeter bewegt.

Es gibt mehrere Möglichkeiten: Zum Überprüfen und zur Übung, wie gut der Mensch die Position halten kann und sich nicht bewegen lässt, ist es sinnvoll, das Pferd hinter sich wechseln zu lassen. Die Tücke liegt im Detail. Das Pferd einen Schritt rückwärts zu richten und es anfangs links und dann rechts neben den Menschen zu stellen hört sich einfacher an, als es ist. Die meisten Pferde wollen ihre Position verteidigen. Es geht hier um Zentimeter. Zentimeter, die über die Direktive entscheiden können. Stellt sich das Pferd schräg hinter dem Menschen, blockiert es ihn und gibt unmissverständlich zu verstehen, dass es selbst das Management übernehmen möchte. Pferde kämpfen oft um jeden Zentimeter, stellen sich zu nahe neben den Menschen, rempeln ihn an oder stehen ihm auf den Fuß. Ihr Repertoire, den Menschen zu bewegen, kann sehr vielseitig ausfallen. Das zeigt aber auch, wie wichtig es Pferden ist.

**Nur Körpersprache**

**Bei der Positionsarbeit wird keine Gerte und kein Strick zum Wedeln verwendet.**
**Wir empfehlen hier ausdrücklich Armverlängerungen und Kommunikationsverstärker wegzulassen.**
**Es geht darum, die Position des Menschen gegenüber dem Pferd zu festigen. Auf dem Weg zu Koppel oder Putzplatz hat man auch nicht immer eine Gerte griffbereit.**

*1. Richten Sie Ihr Pferd neben sich ein bis zwei Tritte zurück.*

*2. Lassen Sie Ihr Pferd hinter Ihnen die Seite wechseln und holen Sie es nach links. Lassen Sie es neben sich auf der linken Seite stehen.*

*3. Achten Sie darauf, dass das Pferd nicht zu dicht neben Ihnen steht, sondern Abstand hält.*

## Zeigen Sie Standing!

Stehen Sie bitte schulterbreit und mit beiden Beinen fest auf dem Boden neben Ihrem Pferd! Der gut positionierte Mensch steht nicht auf einem Bein und überkreuzt das andere oder stellt die Beine eng zusammen wie ein kleines Mäuschen, während er ein Wesen neben sich hat, das jeden Hauch von Unsicherheit bemerkt. Pferde haben ein Gespür dafür, was Sie mit dieser Haltung ausdrücken. Oft ist es Unsicherheit oder Unaufmerksamkeit. Beides ist, während Sie am Pferd sind, nicht förderlich.

*Überkreuzen Sie die Beine nicht am Pferd. Ein Schubser – und Sie fallen um.*

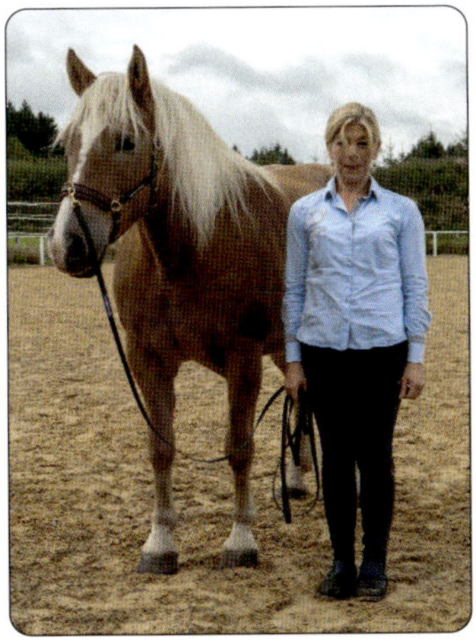

*So signalisieren Sie nicht nur Ihrem Umfeld, sondern auch Ihrem Pferd Unsicherheit.*

*Signalisieren Sie Standfestigkeit neben Ihrem Pferd, in dem Sie Ihre Beine schulterbreit nebeneinander stellen.*

Sie vertrauen keinem Menschen, der schon im Stand weicht. Wie soll das dann im Ernstfall aussehen? Klappt dieser Handwechsel flüssig, ist es ein erster Schritt, ein vertrauenswürdiger Anführer zu werden. Links sehen Sie, wie man diesen Wechsel ausführt.

## Die Fahnenarbeit

Die Fahnenarbeit perfektioniert die Koordination von Mensch und Pferd. Sie ist eine gute Möglichkeit, das Pferd auf Stellung und Biegung und auf die Arbeit vorzubereiten. Sie hilft, die Kopfgelenke zu mobilisieren, dehnt die Halsmuskulatur und verbessert die Koordination. Pferd und Mensch müssen sich sehr konzentrieren und der Mensch festigt seine Position gegenüber dem Pferd. Sie arbeiten in frontaler Führposition, befinden sich also vor dem Pferd und gehen selbst rückwärts. Die Fahne als Hilfsmittel hat eine koordinative und optische Funktion. Sie wird in der Bewegung vor dem Pferd im Wechsel von links nach rechts geschwenkt.

Die Fahne dient als optischer Reiz und Hilfsmittel, um das Pferd zusätzlich aufmerksam zu halten. Sie animiert es, mit beiden Augen nach der Fahne zu schauen. Diese »Fokussierung« – die Fahne erscheint auch im schmalen binokularen Gesichtsfeld, dem Bereich, in dem das Pferd mit beiden Augen

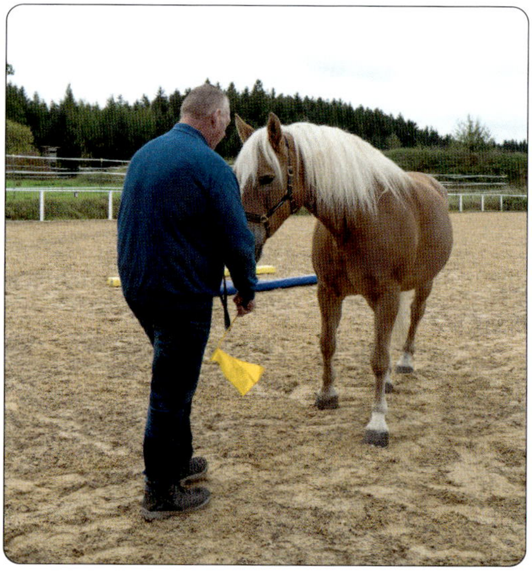

*ACHTUNG!*
*Stecken Sie nie die Fahne unter dem Pferdhals durch. Ihr Pferd könnte erschrecken und in Ihre Richtung springen. Denken Sie bitte daran, wie Pferde sehen.*

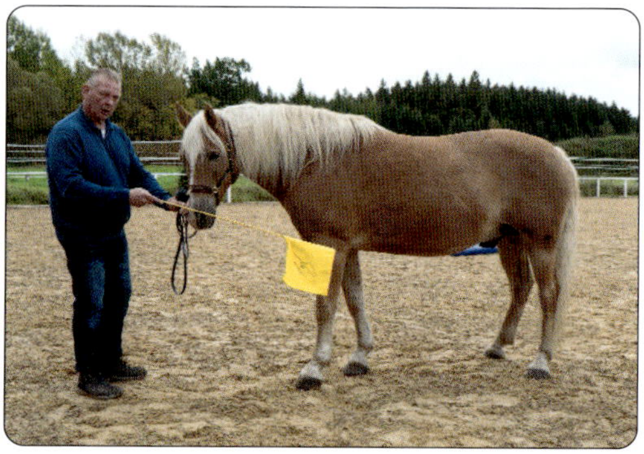

etwas sieht, – erleichtert die Konzentration. Das Pferd hat direkt vor sich einen schmalen Ausschnitt, in dem es binokular (mit beiden Augen gleichzeitig) und dreidimensional sieht. Auf der rechten und der linken Seite sieht es jeweils monokular, also nur mit einem Auge. Direkt vor sich, wo sich die Gesichtsfelder der beiden Augen nicht treffen, hat es einen blinden Fleck, in dem es nichts sieht. Da die Farbreize der Fahne immer zwischen monokularem, binokularem Gesichtsfeld und blindem Fleck hin und her wechseln, setzt diese Arbeit zusätzliche Aufmerksamkeitsreize.

Für ein Pferdegehirn bedeutet das eine Höchstleistung an Konzentration, weil es sich koordinieren, gleichzeitig mit beiden Augen nach der Fahne sehen muss und noch auf das Tempo zu achten hat.

Konzentration ist ein Segen – gerade für ängstliche Pferde. Die Angstzentren im Gehirn werden weniger aktiviert, das Pferd erschrickt auf Dauer nicht mehr so schnell, da es die Umwelteindrücke besser verarbeiten kann.

Wer sicher mit der Fahne umgehen kann, fördert einen gleichmäßigen Takt. Dabei dreht man den Kopf und Hals des Pferdes in die jeweilige Richtung der Fahne. Ab dem Widerrist geht das Pferd auf gerader Linie. Die meisten Pferde können anfangs nicht geradeausgehen, ohne dabei mit der Hinterhand auszuweichen. Sobald man den Kopf und Hals

## Kopfsenken aus dem Stand

Wir bezeichnen es als »Cooldown«. Das ist auch zunächst der ganze Sinn der Sache: loslassen, relaxen. Es geht hierbei noch nicht primär um das Gymnastizieren. Ziel ist es, dass das Pferd den Kopf und Hals auf kleinste Impulse »fallen lässt«.

Ein verspanntes Genick lässt sich nicht stellen. Hat das Pferd den Kopf anfangs zu hoch, wird es den Kopf-Armmuskel und die kurze Nackenmuskulatur anspannen. Durch das Kopfsenken entspannt das Pferd diese Muskulatur, die Kopfgelenke sind in der Lage zu arbeiten und wir kommen dem lockeren Genick ein Stück näher. Dies hat auch durchaus eine psychologische Wirkung auf das Pferd. Pferde mit gesenktem Kopf sind nicht im Fluchtmodus.

Das Kopfsenken wird Ihrem Pferd in vielen Situationen helfen, sich zu entspannen und aus dieser losgelassenen Haltung in die richtige »Form« zu finden. Besonders später in der Bewegung, also nicht nur bei Übungen, die aus dem Stand erarbeitet werden, erleichtert es die Hilfengebung. So geht's:

Sie stehen entweder seitlich oder frontal vor dem Pferd. Geben Sie leichten Zug nach unten am Kappzaum. Sie halten den Zug leicht, aber ziehen nicht. Die Longe halten Sie dazu nicht direkt vor dem Karabiner, sondern etwa in Maulhöhe. Die erste Reaktion des Pferdes könnte sein, dass es den Kopf hoch nimmt. Bleiben Sie sanft und freundlich, aber konsequent mit Ihrem sanften Zug nach unten. Gibt das Pferd mit dem Kopf nach unten nach, lösen Sie sofort den Druck auf. Wir arbeiten mit der Salamitaktik. Leichtestes Kopfsenken wird sofort belohnt, indem der Zug aufhört.

Das Pferd wird diese Hilfe verstehen und senkt den Kopf. Später wird es nach und nach lernen, auf kleinste Impulse am Kappzaum nach unten zu weichen. Die zweite Möglichkeit wäre, die Hand auf das Genick des Pferdes zu legen und leichten Druck auszuüben. Senkt das Pferd den Kopf nach unten, hört der Druck der Hand sofort auf. Auch hier kann zunächst eine »Gegendruckreaktion« des Pferdes erfolgen. Wir drücken den Kopf nicht mit Brachialgewalt nach unten, das Pferd hätte sowieso mehr Kraft, sondern bleiben auch hier sanft, aber konsequent. Dieses verbindet man dann mit einem Impuls nach unten am Kappzaum.

Bei beiden Vorgehensweisen ist das Timing wichtig. Nehmen Sie sich Zeit für diese Übung und sie wird Ihnen eine wertvolle Hilfe sein.

*Kopfsenken: Es geht darum, dass das Pferd lernt, loszulassen.*

**Achtung**

**Die frontale Führposition beinhaltet immer ein gewisses Risiko, da Sie vor dem Pferd stehen.**
**Pferde sind Fluchttiere und flüchten meist nach vorne, wenn sie sich erschrecken sollten.**

*Führen Sie den Kopf des Pferdes mit dem Daumen in die Richtung, zu der die Fahne gesenkt wird.*

zur Seite dreht, versucht das Pferd dies mit seinem Körper auszugleichen und weicht zur gegenüberliegenden Seite aus.
Mit der Fahnenarbeit mobilisieren wir zunächst die Kopfgelenke der Pferde. Ziel ist ein lockeres Genick, denn nur so ist das Pferd in der Lage, sich ohne Verspannungen korrekt zu stellen und zu biegen.

## So beginnen Sie mit der Fahnenarbeit

Wenn Ihr Pferd die Fahne noch nicht kennt, schwenken Sie die Fahne bitte vorsichtig und langsam nach vorne und nach hinten, während Sie neben dem Pferd stehen, wechseln Sie die Seite und testen Sie die Reaktion Ihres Pferdes auch auf der anderen Seite.
Sie stehen neben dem Pferd, richten es einen Schritt zurück und drehen sich in die frontale Position vor Ihrem Pferd. Sie halten die Fahne in der Hand und schwenken diese vor der Brust des Pferdes auf die andere Seite. Den Kopf des Pferdes drehen Sie in Richtung Fahne. So schwenken Sie die Fahne im Stehen zunächst hin und her. Selbst im Stehen werden Sie merken, auf welche Seite Ihr Pferd sich leichter stellen lässt.

Klappt das gut, laufen Sie auf gerader Linie rückwärts, Ihr Pferd geht vorwärts und Sie schwenken dabei die Fahne gleichmäßig nach links und nach rechts. Gleichzeitig stellen Sie den Kopf und den Hals des Pferdes immer auf die Seite, auf der sich die Fahne befindet. Im Stand ist die Fahnenarbeit noch relativ einfach, da das Pferd sich lediglich stellen und im Hals biegen muss. In der Bewegung kommt die Koordination des Schrittes und Tempos hinzu. Das Pferd bleibt auf gerader Linie und stellt nur den Kopf und biegt den Hals. Führen Sie die Schwenkbewegungen langsam aus und lassen Sie die Fahne wandern.

# EQUICLASSIC-WORK

## Allgemeines

### Auch Profis kochen nur mit Wasser

Denken Sie, dass es ein Profi, der seit Jahren Handarbeit macht, leichter hat als Sie? Natürlich. Aber auch ein Profi hat mal angefangen, und auch bewunderte Künstler am Pferd beginnen mit neuen Pferden bei null und mit unspektakulärer Basisarbeit. Das sieht nur niemand. Präsentiert werden atemberaubende Piaffen und Passage in vollendeter Harmonie. Begonnen wird mit Führübungen und einfachen Lektionen wie Anhalten. Es steckt sehr viel Arbeit dahinter, um das fertige Kunstwerk vorführen zu können. Aus den Basisübungen werden durch Verfeinerung der Übungen letztendlich die Lektionen der hohen Dressur erarbeitet.

### Für wen ist dieses Programm?

Dieses Programm ist für jeden, der das gerne mit seinem Pferd machen möchte. Das haben wir uns auf die Fahne geschrieben. Jedes Pferd sollte in den Genuss der Basisarbeit kommen dürfen: Warm- und Kaltblüter, Gangpferde, Ponys, Jungpferde und die älteren Semester. Es ist alltagstauglich, und auch wenn der Haflinger im Gelände sonst nur mit gutem Zureden nach links abbiegt und man keinen Plan hat, wie man ihn dazu bringt, auch mal nach rechts zu gehen, werden er und sein Mensch von der EquiClassic-Work profitieren.

*Auch Profis kochen nur mit Wasser.*

Die Arbeit an der Hand ist eine Arbeitsweise für sich, um Ihr Pferd zu gymnastizieren und bereitet es ebenso auf das Reiten vor. Was an der Hand funktioniert, kann im Sattel leichter umgesetzt werden. Ihr Pferd biegt sich schlecht nach rechts? Trabt aus dem Halten nur an, wenn es seine Anlaufzeit bekommt? Hält nicht am berühmten Punkt, sondern muss sich selbst geistig noch 20 Meter darauf vorbereiten, dass nicht erst im Nachbarort angehalten wird? Trabt es in dem von Ihnen gewünschten Tempo?

Arbeit an der Hand fördert Zuhören, Balance und Koordination. Gleichmäßiges Arbeiten von beiden Seiten sagt der Schiefe »Adieu«. Allerdings müssen wir zugeben, dass es nicht jeder gleich leicht mit seinem Pferd hat. Der stets arbeitsbereite, aufmerksame Lusitano tut sich vielleicht leichter als das 15-jährige, etwas behäbigere Kaltblut, dem Fressen und Ruhen das Allerwichtigste im Leben sind. Sie kennen diese Spezies Pferd? Es gibt sie und zu ihnen gehört wohl der Großteil der Pferde. Viele liegen aber irgendwo dazwischen.

Anfänger beginnen mit den scheinbar einfachen Übungen, wie etwa das Pferd im Schritt in einer Volte korrekt gestellt und gebogen zu führen. Einfache Übergänge zwischen den Gangarten, wie etwa Halt – Rückwärts – Schritt sind die Voraussetzungen für alle weiterführenden Übungen wie beispielsweise die Piaffe.

Auch der Reiter muss üben: Wo muss ich mich positionieren, wie muss ich die Zügel halten und wie bringe ich das Pferd dazu, dass es auch mitmacht? Die Basisübungen sind nachvollziehbar kombiniert und bauen aufeinander auf. Ohne Basisarbeit keine Traversale.

Zudem erlaubt die EquiClassic-Work ein strukturiertes Arbeiten. Nicht etwa hier eine Übung, dann da vielleicht noch eine Übung. Kein Irgendwo und Irgendwie. Die EquiClassic-Work besteht aus einem nachvollziehbaren Plan und ermöglicht es, das Pferd effektiv zu gymnastizieren.

Dennoch können auch Handarbeitsprofis mit der EquiClassic-Work effektiv ihre Arbeit verbessern, da die Gassen die Exaktheit und Effizient fördern. In Sachen Handarbeit aus Lieschen Müller Lisa Müller zu entwickeln, ist keine unlösbare Aufgabe. Zudem macht EquiClassic-Work noch unglaublich Spaß. Trauen Sie sich ran, es ist kein Hexenwerk!

## Rechts und links

Man macht ja alles so gerne von der guten Seite, da flutscht es. Falls Sie das auch so handhaben, müssen Sie sich jetzt umgewöhnen. Mit der EquiClassic-Work werden Sie nicht umhinkommen, Ihr Pferd genauso von der nicht so guten Seite aus zu arbeiten. Es ist ein wesentlicher Bestandteil der EquiClassic-Work, das Pferd von beiden Seiten zu arbeiten. Wir arbeiten nicht nur alles von links ab, wir werden auch die rechte Seite bedienen, und das im regelmäßigen Wechsel. Nicht nur für Ihr Pferd wird das eine ungewohnte Situation werden, auch Sie könnten anfangs so Ihre Koordinationsprobleme haben.

Problempferde etwa lassen sich in der Regel schlecht von rechts führen. Das liegt in der Natur des Pferdes und nicht immer nur an der Händigkeit.

Als Händigkeit bezeichnen wir die Seite, auf der das Pferd bevorzugt läuft und seine Bewegungen müheloser koordinieren kann. Es ist vergleichbar mit einem rechtshändigen Menschen. Bei Pferden ist das sehr häufig die linke Seite. Ist die bevorzugte Seite des Pferdes die rechte Seite, wird es trotzdem von links leichter zu händeln sein.
Aus unserer Erfahrung und Arbeit, vielen Gesprächen mit kompetenten Menschen und einigen Studien gehen wir davon aus, dass die rechte Gehirnhälfte der Pferde diejenige ist, mit der das Pferd wesentliche Informationen besser verarbeiten kann. Die beiden Gehirnhälften haben verschiedene Kompetenzbereiche. Die Kommunikation zwischen den Gehirnhälften, also die Fähigkeit, Informationen zu verknüpfen, ist beim Pferd wesentlich weniger ausgeprägt als beim Menschen.

Ein Pferd etwa, das nie von einem Menschen angefasst wurde und ohne Fluchtmöglichkeiten in einer Box steht, wird sich frontal zum Mensch stellen, um seine Seiten zu schützen. Hat man soweit Vertrauen aufgebaut, dem Pferd von vorne ein Halfter anlegen zu können, wird es den Menschen anfangs zuerst auf seine linke Seite lassen. Auf die rechte Seite des Pferdes kann man sich erst vorarbeiten, wenn es sich von links anfassen lässt.
Nun haben ja die Wenigsten ein Wildpferd zu zähmen, aber diese Eigenschaft der Pferde lässt sich natürlich auf den Alltag mit unseren gezähmten Pferden übertragen.

Pferde wie Menschen speichern Bewegungsabläufe ab und automatisieren diese. Wird ein Pferd nun zu sehr einseitig gearbeitet und bekommt immer nur Input von der linken Schokoladenseite her, funktioniert das links alles wie am Schnürchen. Bekommt das Pferd etwa Stress beim oder durch das Laufen auf dem Zirkel und es befindet sich auf der bevorzugten linken Hand, ruft es seine automatisierten Bewegungsabläufe ab und bleibt ruhig, da es in der Balance ist. Die rechte Seite könnte zum Problem werden, da das Pferd auf dem Zirkel die Balance nicht findet und auf keine automatisierten Informationen zurückgreifen kann. Es kann die Zirkellinie nicht mit sortierten Beinen meistern. Es greift der Fluchtinstinkt und das Pferd läuft vor seiner mangelnden Balance davon.
Wenn Ihr Pferd also auf der linken Hand bereits S-Niveau geht, auf der rechten aber Reiterwettbewerb, ist es nur bis zum Reiterwettbewerb ausgebildet. Die »schlechte« Seite Ihres Pferdes bestimmt den Leistungsstand!

Hat man also ein Pferd, das links besser läuft und von seiner rechten Seite aus die Situationen schlechter beurteilen kann, Sie dann zu allem Überfluss auch noch Rechtshänder sind, fallen die ersten Schritte, um ein Pferd rechts zu arbeiten, manchmal etwas holperig aus.
Um nun Balance und Ausgeglichenheit zwischen dem Gehirn und den Körperhälften zu schaffen, ist es unabdingbar, Pferde von beiden Seiten zu arbeiten. Das Gleiche gilt im Übrigen auch für den Menschen.

## Auch Menschen haben ihre Koordinationsprobleme. Rechts bitte – das andere Rechts

Es ist nicht nur bei Pferden sinnvoll, beide Seiten des Körpers zu fordern. Wir Menschen haben ebenso Probleme, Handlungen mit der nichthändigen Seite auszuführen. Rechtshänder haben Schwierigkeiten, sich mit links die Zähne zu putzen. Bei genügend Übung wird das irgendwann funktionieren, vielleicht jedoch nicht ganz so perfekt wie auf der rechten Seite.

## Klassische Übungen verbunden mit Blau/Gelb

Klassische Hufschlagfiguren und gymnastische Lektionen sind in Verbindung mit Blau/Gelb eine perfekte Kombination. Das haben schon die Dual-Aktivierung und Equikinetic erwiesen. Pferd und Mensch erleichtert der Plan die Arbeit. Die vorgegebenen Parcours verhindern, dass Lektionen zu viel oder zu wenig geübt werden, sorgen also für eine Ausgewogenheit. Sie garantieren den regelmäßigen Seitenwechsel und dass Ihr Pferd gleichmäßig gymnastiziert wird.

Diese Lektionen und Übungen sind nicht Selbstzweck, sondern dienen der Gymnastizierung des Pferdes.

Die Dual-Gassen geben bei der EquiClassic-Work Mensch und Pferd einen Rahmen, einen Plan, dienen als Wegweiser und Orientierungspunkt.

### Die Gassen zeigen das Detail

Mithilfe der Gassen werden sinnvoll wechselnde Übungen aufgebaut: Volten, Übertreten, Übergänge. Lösend und versammelnd. Es ist leichter, das Training planvoll zu gestalten, wenn man Weg und Ablauf durch die Gassen vorgegeben hat.

Eine Volte wird zu einer richtigen Volte und beim Übertreten auf der Diagonalen ist gewährleistet, dass es auch eine Diagonale wird, da die Wege vorgegeben sind. Die Gassen zeigen, ob die Lektionen korrekt durchgeführt werden und zeigen Defizite auf. Läuft das Pferd geradegerichtet in der Volte? Fällt es auf die innere Schulter? Die Gassen zeigen Ihnen die Details auf und ermöglichen, eine Linie zu halten.

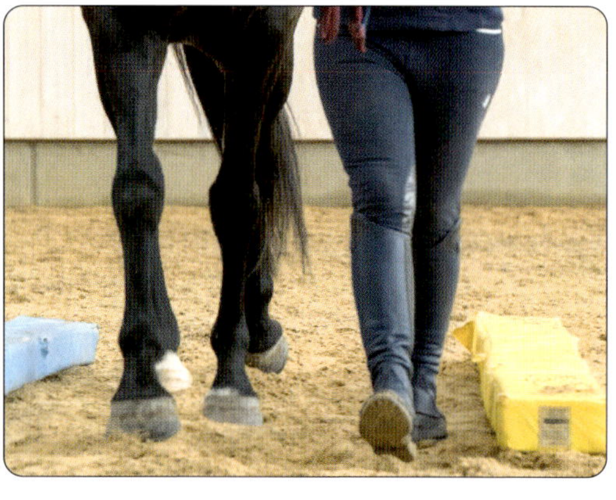

### Ist die EquiClassic-Work alltagstauglich? Wie oft kann ich die EquiClassic-Work ins Training einbeziehen?

Wenn Sie ein sinnvolles, effektives Training für Ihr Pferd haben, können Sie sich von ewig langen Einheiten verabschieden. Häufig ist das, was auf dem Platz mit dem Pferd geleistet wird, unproduktiv, oft planlos und unstrukturiert.

Ziel eines Trainings ist es, Muskulatur aufzubauen und Lektionen einzuüben. Viel länger als eine halbe Stunde sollte eine Trainingseinheit nicht dauern. Die Ausnahme bildet eventuell ein Konditionstraining.

Die EquiClassic-Work ist – wie auch die Equikinetic und Dual-Aktivierung – mit einem Zeitsystem getimet und enthält dadurch Lern- und Erholungsphasen. Die Übungen sind logisch und aufeinander aufbauend aneinandergereiht, so dass Sie wissen, was als nächstes kommt. Das Pferd lernt dadurch viel gezielter.

Da die EquiClassic-Work nicht länger als eine halbe Stunde dauert, können Sie das Training zeitlich besser in Ihren Alltag einbinden. Nach Feierabend trainieren Sie Ihr Pferd eine halbe Stunde gezielt und können versichert sein, dass Ihr Pferd auch gearbeitet hat.

### Eine halbe Stunde – reicht das?

Es ist die eine Sache, ob Sie eine gute halbe Stunde immer von allem ein bisschen machen, mal hier etwas Schulterherein, dann da etwas Rückwärtsrichten, und die Zeit dazwischen nicht effektiv nutzen. Pausen sind wichtig für den Lernerfolg, die Zeit jedoch zu verbummeln, ist wenig effektiv. Geben Sie Ihren Handarbeitseinheiten eine Struktur.

Bei der EquiClassic-Work reiht sich eine Lektion an die andere. Das ist körperlich und mental sehr anstrengend für Ihr Pferd. Sie komprimieren das Training auf das Wesentliche und können sich sicher sein, dass Ihr Pferd ausgelastet ist. Mit der EquiClassic-Work erhalten Sie ein durchstrukturiertes Programm, welches auch die Pausen sinnvoll nutzt. Ihr Pferd kann dann das Gelernte abspeichern.

Die zeitliche Einheit der EquiClassic-Work reicht völlig aus für effektives Workout. Wir dürfen nicht vergessen, wir reden hier von Training und sinnvoller Beschäftigung für das Pferd. Ausgelastete Pferde müssen sich im Training nicht auspowern. Es hat sich keine Energie angestaut. Das Pferd ist zudem auch ein Gewohnheitstier. Wird die EquiClassic-Work regelmäßig eingebaut, lernt es sehr schnell, dass die Einheit Kraft kostet und wird sich überlegen, ob es überschüssige Energie durch Herumkaspern loswerden muss. Regelmäßiges, effektives Training macht Pferde ausgeglichen.

Ein Pferd nur noch mit körperlicher Arbeit auslasten zu wollen, wird irgendwann schwierig werden, da die Pferde immer mehr Kondition aufbauen. Ihnen wird die Zeit fehlen, das Pferd so zu trainieren, dass es ausgepowert ist. Beschäftigen Sie das Pferd aber im Kopf, wird es ausgeglichener und auch zufriedener werden. Ausgehend davon, dass Ihr Pferd auch neben dem Training genügend Bewegung und Auslauf hat und nicht dazu verdammt ist, ansonsten sein Leben in einer Box zu fristen. Das Modell der 24-Stunden-Boxenhaltung sehen wir sowieso als überholt an.

Gestalten Sie sich einen Wochenplan, der dazu beiträgt, Ihrem Pferd genügend Bewegung und sinnvolles Training zu bieten. Ein Wochenplan kann aber auch veränderbar sein. Es muss ja nicht jede Woche der gleiche Ablauf sein. So bleiben Sie flexibel.

# Biomechanik und Anatomie

## Balance

Balance ist die Fähigkeit des Pferdes, auf allen vier Beinen das Gleichgewicht zu halten. Die meisten Menschen lieben ihre Pferde. Sie stecken einen Haufen Geld und Zeit in das Pferd – von Hobby kann man gar nicht reden. Das ist pure Leidenschaft. Pferde haben oft den Status eines Familienmitgliedes. Was wir Pferdemenschen nicht alles auf uns nehmen, damit es unseren Pferden gut geht – und wir tun es aus Leidenschaft. Außenstehende verstehen das oft nicht.

Zwei Probleme treten jedoch immer wieder auf. Der Zosse macht nicht, was wir möchten und … der Pferderücken hält nicht. Wir haben Kommunikationsprobleme mit unserem Pferd und zudem sind unsere Tiere oft schlecht bemuskelt oder zu dick. Leider nutzt da auch die schönste türkisfarbene Schabracke nichts.

Aber wir müssen unser Pferd zum Zuhören bringen, und mit unseren blau/gelben Programmen lehren wir die Pferde zuzuhören. Wir sind in der Pflicht, den Pferden dazu zu verhelfen, genügend Muskulatur aufzubauen, damit sie gesund bleiben.

Problematischen Pferden fehlt es natürlich sehr oft an Erziehung. Ihnen wurden zu wenig Grenzen und Regeln gesetzt und meistens können sie ihre Menschen nach Herzenslust bewegen. ABER: Häufig gibt es auch noch einen anderen Grund, warum Pferde nicht kooperieren. Diese Pferde haben oft keine Balance. Das verunsichert sie und dann gibt es Probleme. Unausbalancierte Pferde fühlen sich häufig unsicher, und das zieht einen Rattenschwanz an Problemen von Losreißen über Buckeln bis Ausschlagen und Steigen nach sich. Mittlerweile ist die größte Angst nicht mehr das Raubtier, sondern die Balance zu verlieren und hinzufallen. Das allerdings fürchten wir Menschen auch. Ganz vereinfacht gesagt setzt es Pferden mit mangelnder Balance zu, nicht fluchtfähig zu sein. Wir müssen unsere Pferde gleichseitig arbeiten, sodass sie auch auf der schlechteren Seite Gleichgewicht und Koordination finden können. Ein wackeliger Reiter obendrauf macht es oft nicht besser. Einem sicheren Pferd fällt es leichter, einen Reiter zu tragen, der auch mal fünf Zentimeter in der Hüfte einknickt. Nicht ausbalancierte Pferde haben sich zudem häufig eine Schonhaltung angewöhnt, was wiederum Verspannungen der Muskulatur zur Folge hat.

Beurteile ein Pferd erst nach seinem Charakter, wenn es ausbalanciert zu gehen gelernt hat und dann auch zuhören kann. Ein Pferd, das ausgeglichen und ausbalanciert ist, genügend und gesunde Muskulatur hat und zuhört, ist in der Regel kein Problempferd mehr.

## Anlehnung, Takt, Losgelassenheit

Die Losgelassenheit hat Priorität und steht am Anfang. Ein losgelassenes Pferd ist fähig, seine Muskulatur zu dehnen und zu kontrahieren und lässt die Bewegungen der aktiven Hinterhand über den schwingenden Rücken bis zum gedehnten Hals durch. Das Pferd reagiert auf die Hilfen des Menschen, hört zu und kann diese umsetzen. Das ist der Idealzustand.

Losgelassenheit beginnt im Kopf. Ein verspanntes Pferd hört nicht zu, lernt nicht und ist nicht in der Lage das umzusetzen, was wir von ihm möchten. Pferde verspannen sich bei Angst und Aufregung. Das heißt, sie bauen negative Spannung auf, wenn sie sich Sorgen machen oder auch etwas vermeintlich Aufregendes beobachten, etwa den Traktor, der zum zehnten Mal um die Halle fährt. Der Hengst findet die Stute auf der Koppel meist spannender als die Arbeit. Und auch der bellende Hund wird gerne als Ablenkung genommen. Die Konzentration hat maßgeblich Einfluss auf die Losgelassenheit und erfordert Aufmerksamkeit des Pferdes auf die Signale des Menschen und auf die gestellte Aufgabe.

Es gibt viele Gründe, warum sich ein Pferd verspannt und nicht loslässt: Verspannungen der Muskulatur, zu wenig Kraft und vieles mehr. Psyche und Körper können sich nicht trennen. Das eine hat immer Auswirkungen auf das andere. »Mens sana in corpore sano« – ein gesunder Geist wohnt in einem gesunden Körper.

Die Angst, etwas körperlich nicht leisten zu können, verunsichert das Pferd, eine Kraftanstrengung zum Beispiel, die das Pferd nicht leisten kann. Es merkt, seine Kräfte schwinden und weiß, dass es ab diesem Punkt schmerzt. Diese Angst kann Mensch und Pferd bei jedem Training im Wege stehen. Ein typisches Szenario: Ihr Pferd ist noch nicht in der Lage, sich in einer Volte zu stellen und zu biegen, da Muskulatur und Kraft noch fehlen. Das Pferd verspannt sich und hat durch diese Verspannungen Schmerzen. Sie machen gnadenlos weiter, weil es ja gelernt werden muss. Die Dosis macht das Gift. Beim nächsten Training wird sich das Pferd aus Angst davor was kommt, vielleicht schon verspannen und sich dagegen wehren, obwohl es noch gar nicht überfordert wird. Das können heftige Reaktionen sein oder eine Dienstverweigerung. Mit Recht. Nur – wir müssen es eben erkennen, um Abhilfe schaffen zu können.

Das erste Ziel, das wir haben, ist also ein entspanntes, aufmerksames und losgelassenes Pferd. Nur so kann es lernen.
Durch die wechselnden Übungen der EquiClassic-Work zwingt man das Pferd geradezu aufzupassen. Der Wechsel zwischen versammelnden und lösenden Übungen sorgt dafür, dass Pferde sich besser auf die Arbeit konzentrieren.

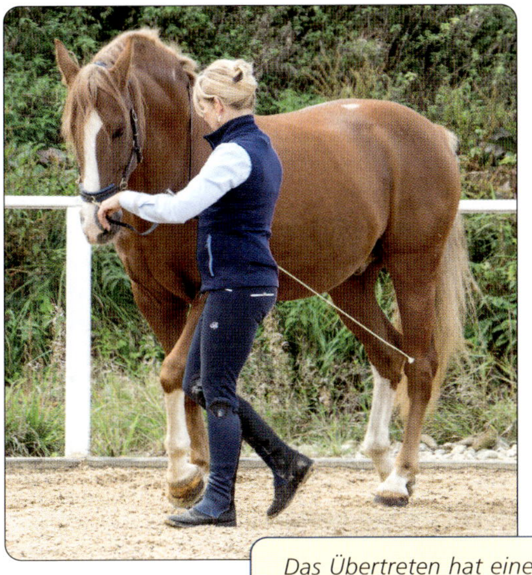

Das Übertreten hat einen lösenden Charakter ...

## Die Übungen im Wechsel

Durch das Zusammenspiel und den Wechsel der Basisübungen wird das Pferd gymnastiziert, geradegerichtet, es baut Muskulatur auf und lernt über den Rücken zu gehen. Das Ziel ist ein losgelassenes, durchlässiges Pferd, das unverkrampft über den Rücken geht und dabei Selbsthaltung lernt, also den Rücken nicht festhält und sich nicht mit dem Unterhals trägt. Takt, Losgelassenheit und Anlehnung spielen zusammen und haben zum Ziel, das Pferd in eine gesunde Haltung zu bringen.
Wir haben in unserem Parcours biegende, versammelnde und lösende Übungen im Wechsel aufgebaut. Volten wirken auf das Pferd leicht versammelnd und biegend, aber auch etwas lösend, Übertreten und Geradeaus sind eher lösende Übungen. Rückwärtstreten versammelt, fördert die Tragkraft und das erneute Antreten die Schubkraft.
Geraderichten heißt, dass das Pferd lernen muss, sich auf der gebogenen Linie auszubalancieren, sein Gewicht gleichmäßig zu verteilen und nicht auf die innere Schulter zu fallen. Beide Seiten des Pferdes sollten gleich dehnfähig sein, gleich viel Kraft bzw. Muskulatur ausbilden und die Pferde sollten mit den Hinterbeinen in die Spur der Vorderbeine treten.
Versammeln heißt, die Hanken zu beugen und die Kruppe zu senken. Dabei wölbt sich die Wirbelsäule und der Brustkorb hebt sich. Versammelnde Übungen gibt es auf gebogener und auf gerader Linie.

... und wechselt sich mit versammelnden Übungen ab.

## Muskelverspannungen

Die häufigsten Probleme, mit denen Pferde zu kämpfen haben, sind wohl Muskelverspannungen. Aus ihnen resultieren häufig Folgeerkrankungen wie Gelenkprobleme.

Muskelverspannungen sind schmerzhafte Verhärtungen, die entstehen, wenn Muskeln einen zu lang anhaltenden Tonus haben, also eine Muskelspannung zu lange besteht. Schlicht gesagt, der Muskel hat seine Dehnfähigkeit verloren.

Muskeln haben die Aufgabe, den Körper zu bewegen und müssen sich an- und entspannen. Werden sie zu lange angespannt, kann das zu äußerst schmerzhaften Zuständen führen. Denken wir einmal daran, was passiert, wenn ein Pferd den Rücken wegdrückt. Der Rückenmuskel kann nicht mehr arbeiten, verhärtet und im schlimmsten Falle atrophiert der Muskel.

Aber nicht nur der wichtige lange Rückenmuskel, auf den oft noch geachtet wird, ist von einer enormen Bedeutung. Die Muskulatur arbeitet in Ketten. Ist ein Muskel verspannt und schmerzt, führt das häufig zu einem Teufelskreis von verspannten Muskelketten und chronischen Schmerzen.

Pferde, die nie gelernt haben, ihre natürliche Schiefe auf einer gebogenen Linie ausgleichen – etwa auf einer Volte oder dem Zirkel – versuchen Kurven irgendwie zu meistern. Da sie nicht in sich geradegerichtet sind, belasten sie die Muskulatur nicht gleichmäßig. Auf Dauer entstehen Verspannungen. Ein geradegerichtetes Pferd kann die Muskulatur gleichmäßig belasten, so dass keine Verspannungen entstehen.

Schmerzt ein Muskel, versucht das Pferd diesen zu entlasten und begibt sich in eine Schonhaltung. Durch das Entlasten der betroffenen Muskulatur entstehen neue Verspannungen in anderen muskulären Bereichen, die belastet werden. Die ursprüngliche Verspannung weitet sich also auf andere Muskelgruppen aus.

Stellen Sie sich das Pferd als Gartenschlauch vor. Ist dieser irgendwo, egal an welcher Stelle, abgeknickt, kann kein Wasser mehr durchfließen. Ebenso verhält es sich mit Muskelketten. Ist ein Muskel verspannt, kann die gesamte Muskelkette nicht mehr fließend arbeiten.

## Stellung und Biegung

### Stellung

Die Stellung beginnt mit dem Atlanto-Okzipitalgelenk, dem ersten oberen Kopfgelenk. Es besteht aus dem Hinterhauptbein und dem ersten Halswirbel, dem Atlas. Es wird auch als Ja-Sager-Gelenk bezeichnet, da die Form und Funktion dieses Gelenkes die Nickbewegungen zulassen. Das Pferd kann den Kopf ganz nach oben strecken und bis zum Kinn an der Brust beugen.

Jedoch kann der Atlas auch leicht nach links oder rechts rotieren und somit das Pferd in diesem Bereich gestellt werden.

Das zweite untere Kopfgelenk, das Atlanto-Axialgelenk bildet sich aus Atlas und dem zweiten Halswirbel, dem Axis. Es wird auch als Nein-Sager-Gelenk bezeichnet.

Der zweite Halswirbel besitzt eine Besonderheit, den Dens Axis. Das ist ein knöcherner Vorsprung am Anfang des Axis. Dieser liegt im ersten Halswirbel und »dreht« sich bei Drehbewegungen des Kopfes.

Stellt das Pferd den Kopf nach links, rotiert der erste Halswirbel, der Atlas, leicht nach innen. Es wird immer vom unteren Teil des Wirbels ausgegangen. Der Zahn des Axis »rutscht« wiederum nach links in die linke Seite des Atlas, indem der Axis nach außen rotiert, siehe Abbildung. Mag sein, dass man streng-

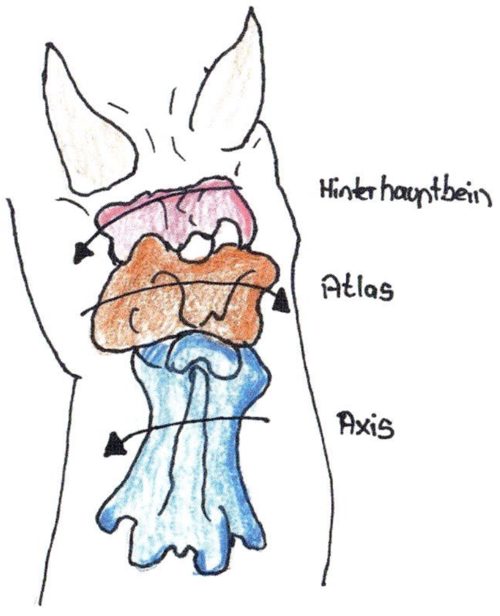


*Der Kopf des Pferdes dreht sich nach links. Der obere Teil des Atlas rotiert nach rechts, von unten gesehen nach innen. Beim Axis rotiert der obere Teil nach innen, also links und von unten gesehen nach außen.*

**Achtung**

**Voraussetzung, um ein Pferd stellen zu können, ist eine entspannte Muskulatur und eine mechanische Funktionsfähigkeit der Kopfgelenke. Um diese anstrengende Stellung halten zu können, ist eine kräftige Muskulatur nötig.**
**Verspannen sich Pferde, etwa durch einen mit dem Sperrriemen festgezurrten Unterkiefer oder durch zu viel Handeinwirkung, ist ein lockeres Genick nicht mehr möglich. Dadurch verwerfen sich die Pferde oft.**
**Ebenso sollte ein Pferd den Kopf nicht hinter der Senkrechten halten. Der Ganaschenwinkel sollte offen sein, da sich sonst die Knochenfortsätze des Hinterhauptbeins (Kondylen) aufstellen und den ersten Halswirbel blockieren.**

genommen nur das erste Kopfgelenk als an der Stellung beteiligt bezeichnen mag. In der Praxis ist jedoch der Hals, also die fünf Halswirbel, geradegestellt und das Genick, bei dem wir das zweite Kopfgelenk dazuzählen, nach links oder rechts gestellt. Rotieren die fünf Halswirbel nach außen, spricht man von Halsbiegung.

## Biegung

Schaut man von oben auf ein gebogenes Pferd, sollte es so aussehen, dass eine gleichmäßige Biegung vom Genick bis zum Schweif durchgeht. Doch der Eindruck täuscht, denn ein Pferd kann sich nicht überall biegen.

Die Längsbiegung des Pferdes ist begrenzt. Neben der Halsbiegung ist Dreh- und Angelpunkt die Vorhand des Pferdes. Der Torso des Pferdes hängt ohne knöcherne Verbindung zwischen den Schulterblättern des Pferdes, da Pferde kein Schlüsselbein besitzen. Dort wird er von den thorakalen Muskelschlingen festgehalten. Diese »hängen« untrainiert schlaff nach unten. Wird das Pferd trainiert, kräftigen sich diese und heben die Vorhand des Pferdes an. Der Widerrist kommt hoch. Pferde werden immer mit der Vorhand auf die Kreislinie eingestellt, nur so kann eine reale Biegung und schließlich eine gleichmäßige Bemuskelung stattfinden. Das heißt, sie müssen die äußere Schulter mit auf die Kreislinie nehmen. Schön erkennen kann man das an den Hufen, die in der Verlaufslinie des Kreises fußen.

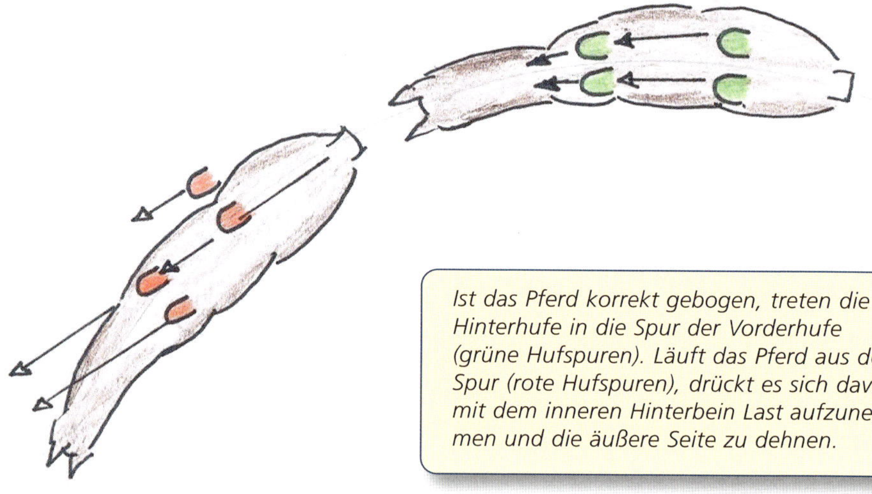

*Ist das Pferd korrekt gebogen, treten die Hinterhufe in die Spur der Vorderhufe (grüne Hufspuren). Läuft das Pferd aus der Spur (rote Hufspuren), drückt es sich davor, mit dem inneren Hinterbein Last aufzunehmen und die äußere Seite zu dehnen.*

## Korrekte Biegung

**Geht das Pferd in eine Biegung, stellt es sich im Genick und biegt dabei den Hals, die Vorhand und minimal die Wirbelsäule. Zudem muss es mit dem inneren Hinterbein etwas in die Hankenbeugung gehen und Last aufnehmen. Dabei kippt die Hüfte leicht ab und die Wirbelsäule sollte gerade bleiben. Man sollte also nicht auf die äußere Seite des Rückens schauen können. Die komplette äußere Körperhälfte des Pferdes wird dabei aufgedehnt. Das Pferd sollte dabei idealerweise mit den hinteren Beinen in die Spur der Vorderhufe treten, also geradegerichtet sein.**

## Ganzheitlich

**Man kann an einem Körper nicht einen Teil bewegen, ohne dass ein anderer davon betroffen wäre. Bewegt man ein Gelenk, sind eine ganze Reihe an Muskeln, Faszien, Sehnen und Bändern beteiligt, um das möglich zu machen. Alles ist miteinander vernetzt. Ist aber ein Muskel verspannt, können diese Bewegungen nicht optimal weitergegeben werden.**

**Stellt das Pferd den Kopf, setzt es eine Art Kettenreaktion in Gang, da ein Wirbel, ein Muskel, eine Sehne oder ein Band nach dem anderen bewegt und mobilisiert werden.**

**Ein Pferd nur zu stellen, ohne es zu biegen, ist laut Definition zwar möglich, in der Praxis aber sehr selten, geht man davon aus, dass spätestens ab dem dritten Halswirbel die Biegung beginnt.**

In der Brustwirbelsäule können Pferde sich in einem gewissen Maß biegen, nämlich soweit es die Rippen zulassen, denn auf der inneren Seite »schieben« sich die Rippen zusammen und auf der Außenseite können die Rippen nur so weit auseinandergehen, wie die Anatomie es zulässt. Im Kreuzbein findet kaum bis keine Biegung statt, da die Wirbel beim ausgewachsenen Pferd verwachsen sind.
Der Brustkorb biegt und rotiert leicht nach außen. Dabei senkt sich der innere Rippenbogen ab und der äußere hebt sich an. Über das Kreuz-Darmbein-Gelenk kippt das Becken nach innen ab.
Das äußere Hinterbein kann in die Spur des äußeren Vorderbeines treten und das innere Hinterbein spurt in der Spur des inneren Vorderhufes. Dabei geht das innere Bein in die Hankenbeugung, nimmt Last auf und die Kruppe senkt sich leicht ab.

## Versammlung

Die vollendete Form der Versammlung findet man in der Piaffe oder der Levade. Das Pferd beugt die Gelenke der Hinterhand, die schon erwähnte Hankenbeugung. Dabei senkt es die Kruppe und richtet über einen durchlässigen Rücken die Vorhand auf.
Versammlung »light« können wir allerdings schon beim Rückwärtsrichten oder auf einer Volte üben. Bei jeder korrekt ausgeführten Biegung, in die das Pferd geht, sei es nun ein Zirkel oder das Schulterherein, wird es etwas versammelt.

### Lastaufnahme hinten in der Versammlung

**Versammlung geht auf Kosten der Schrittweite. Eine aktive Hinterhand bedeutet nicht nur fleißig nach vorne zu treten. Bei einer aktiven Hinterhand ist die Kruppe leicht abgesenkt und die Hanken sind gebeugt. Das Pferd nimmt Last auf. Auch ein versammelter Schritt hat eine aktive Hinterhand, ebenso die Piaffe. Da haben wir eine sehr aktive Hinterhand, dennoch kein Übertreten der Hinterhand über die Spuren der Vorhand.**

**Gegenteiliges ist im Trabrennsport zu finden: Hier ist ein Absenken der Kruppe und eine vermehrte Lastaufnahme der Hinterbeine nicht erwünscht, denn das ginge auf Kosten der Schrittweite und damit würden die Pferde weniger Boden gutmachen. Die Beine greifen sehr weit nach vorne, wenn auch nicht immer unter den Schwerpunkt.**

# Die Haltung des Pferdes

## Die Dehnungshaltung

Die Dehnungshaltung könnte man als Vorstufe der relativen Aufrichtung ansehen. Eine korrekte Dehnungshaltung ist eine Arbeitshaltung, da ein Spannungsbogen erhalten bleibt.

Bei der Dehnungshaltung bleibt die Nase vor der Senkrechten und der Hals in einem konvexen Bogen nach vorne gestreckt – im Gegensatz zur relativen Aufrichtung, bei der das Genick den höchsten Punkt bildet. Der Rücken ist durchlässig und nicht weggedrückt, die Kruppe senkt sich und die Hinterbeine gehen in die Hankenbeugung. Allerdings nicht so deutlich wie in der relativen Aufrichtung. Daher ist das Pferd in der Dehnungshaltung anatomisch in der Lage, mehr nach vorne treten zu können, es hat mehr Schrittweite.

Zudem muss das Pferd mit der Hinterhand gegen eine Spannung arbeiten. Je mehr das Pferd die Kruppe absenkt und die Hanken beugt, desto mehr Kraft kostet es das Pferd.

Auch, wenn man ein Pferd nur in Dehnungshaltung trainieren würde, könnte es seinen Reiter schadlos tragen, da es auch in dieser Haltung Muskulatur aufbaut.

Das beinhaltet schon, dass diese Haltung sehr anstrengend für das Pferd ist und Kraft benötigt. Ein junges oder untrainiertes Pferd auf einer Geraden in astreiner Dehnungshaltung zu arbeiten, ist sehr schwierig, da Pferde Energie sparen und eine korrekte Dehnungshaltung viel Kraft fordert. Pferde neigen dann dazu, mit den Hinterbeinen nach hinten rauszulaufen, statt Last aufzunehmen. Das sieht man oft bei Distanzpferden. Dieses Problem wird gelöst, indem man in der Dehnungshaltung auf einer gebogenen Linie, etwa einem Zirkel oder einer großen Volte arbeitet.

*Bei der Dehnungshaltung ist der Hals nach vorne gestreckt, die Oberhalsmuskulatur ist gespannt und beschreibt einen konvexen Boden nach oben. Die Maulspalte befindet sich, individuell verschieden, etwa auf Höhe des Buggelenkes, jedoch nicht unterhalb des Karpalgelenkes. Das Pferd hat dabei eine aktive Hinterhand und einen durchlässigen Rücken.*

## Relative Aufrichtung

Das Ziel ist es, das Pferd in die relative Aufrichtung zu bringen. Relative Aufrichtung heißt, dass die Aufrichtung von Kopf und Hals der Absenkung der Hinterhand entspricht und diese Haltung vom Pferd angeboten und gehalten wird. Das Pferd geht bergauf und erhält so Schulterfreiheit.

Der Kopf des Pferdes befindet sich vor der Senkrechten, das Genick bildet den höchsten Punkt. Dabei sollte die Ganaschenfreiheit des Pferdes beachtet werden. Je weniger diese vorhanden ist, desto größer sollte der Winkel in der Ganasche sein. Der Hals

spannt die Oberhalsmuskulatur an und beschreibt einen konvexen Bogen. Der Kopf-Armmuskel (Teil des Unterhalses) sollte dabei entspannt sein. Er ist in dieser Haltung weniger im Einsatz.
Die Vorhand sollte aufgerichtet sein. Optisch ist das am aufgerichteten Widerrist zu erkennen. Der Rücken schwingt, ist durchlässig und nicht weggedrückt. Die Kruppe ist gesenkt, die Hinterbeine sind gebeugt und nehmen Last auf.
Diese Haltung erlaubt es dem Pferd, Muskulatur aufzubauen, um den Reiter schadensfrei zu tragen.

Soviel dazu, wie es aussehen sollte. Die relative Aufrichtung ist eine Arbeitshaltung, und diese muss erst erarbeitet werden. Kein unausgebildetes Pferd wird diese Haltung von Anfang an selbst einnehmen. Es muss irgendwie das Gleichgewicht halten und wird mit allen zur Verfügung stehenden Mitteln versuchen, sich auszubalancieren. Zudem kostet es Kraft und das Pferd wird sich herausmogeln. Man muss sich diese Haltung Schritt für Schritt erarbeiten. Sie erfordert vom Pferd eine andere Bewegungskoordination.

*Versammelter Trab: Das Pferd arbeitet mit einer aktiven Hinterhand, der Rücken ist losgelassen. Die Oberhalsmuskulatur arbeitet vermehrt, die Unterhalsmuskulatur wird weniger beansprucht.*

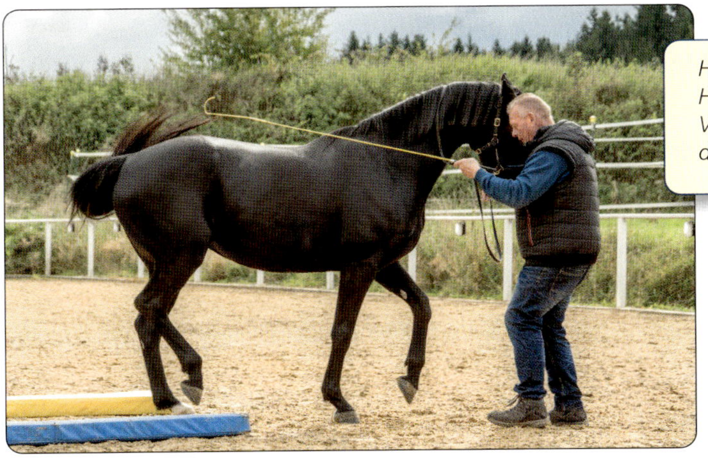

*Halbe Tritte: Hier sieht man, dass die Versammlung auf Kosten der Schrittweite geht.*

# Welche Vorteile bringt Ihnen die Handarbeit außerdem?

## Beziehung zu Ihrem Pferd

Miteinander statt gegeneinander: Eine effektive Arbeit ist mit dem Pferd nur möglich, wenn es mit dem Menschen kooperiert. Die EquiClassic-Work ist anstrengend und so manches Pferd will sich dem entziehen. Die Problemlösung eines Haflingers wäre ganz einfach: Hals gerademachen und gehen. Es ist anstrengend, die Balance zu halten und die nötige Kraft für die Übungen aufzubringen. Zudem ist die Dehnungsfähigkeit der Muskulatur anfangs nicht gegeben. So arbeiten weder Mensch noch Pferd gerne. Das Pferd wehrt sich unter Umständen, und schon ist der Gaul als blöd abgestempelt.
Durch die EquiClassic-Work gymnastiziert man das Pferd und die ganze Anstrengung wird leichter. Die Pferde lernen, sich zu tragen und auch dem Menschen fällt es leichter, mit dem Pferd zu arbeiten. Es entsteht ein Miteinander.

## Position

Während der Arbeit in der EquiClassic-Work sind Sie ständig gefordert, Ihre Position gegenüber Ihrem Pferd zu halten. Sie führen das Pferd und nicht umgekehrt. Sie wählen Gangarten und in welchem Tempo diese gegangen werden. Sie müssen sehr darauf achten, dass das Pferd an der Position bleibt, die Sie gewählt haben und sich nicht zurückfallen lässt oder drängelt. Sie führen das Pferd aktiv und derjenige, der führt, trifft die Entscheidungen. Das erfordert ein Miteinander und stärkt die Verbindung zwischen Ihnen und Ihrem Pferd.

## Konzentration und Aufmerksamkeit

Jede Arbeit mit dem Pferd beginnt damit, es zum Zuhören zu bringen. Eine effektive Arbeit mit dem Pferd ist erst dann möglich, wenn es zuhört. Aufmerksamkeit ist das A und O einer jeglichen Ausbildung. Hört das Pferd nicht zu, sind alle Versuche vergeblich, ihm etwas beibringen zu wollen.
Die EquiClassic-Work ist eine enorme Anstrengung für den Kopf des Pferdes. Wir arbeiten maximal eine halbe Stunde. In dieser halben Stunde verlangen wir höchste Aufmerksamkeit von unserem Pferd. Diese ist nötig, um die Übungen korrekt auszuführen. Durch den Parcours ist der Weg genau vorgegeben und sollte eingehalten werden. Ist das Pferd unaufmerksam, wird es sich nicht akkurat hindurchführen lassen.
Wenn das Pferd konzentriert arbeitet, benutzt es Areale im Gehirn, die es ihm möglich machen, sich auf die Aufgabe zu fokussieren. So kann es die Lektionen und Laufmechanismen lernen. Bei Angst sind andere Bereiche im Gehirn aktiv, die das Lernen und

Aufpassen schwierig machen würden. Unter Angst und Stress lernen sich Volten und Rückwärtsrichten einfach schlechter. Diese Areale im Gehirn sind plastisch, das bedeutet simpel ausgedrückt: Bei Nutzung vergrößern sich diese, bei Nichtbenutzung schrumpfen sie. Use it or lose it! Um auch ängstliche Pferde ruhiger und lernfähiger zu machen, ist Konzentration also explizit wichtig, damit sich die Angst- und Stresszentren verkleinern können. Auf Dauer bekommen wir ein konzentrierteres Pferd mit einer ruhigen angenehmen Energie, das nicht vor jeder Kleinigkeit erschrickt.

# Das Zeitsystem

Wir verwenden auch in der EquiClassic-Work ein Zeitsystem, das sich schon bei allen Methoden von der Equikinetic bis zu Dual-Aktivierung bewährt hat.

Ein Zeitsystem, wie es im Sport bei Menschen schon lange verwendet wird, mit Pferdetraining zu verbinden, mag zunächst vielleicht etwas befremdlich wirken. Traditionsbewusst zu arbeiten heißt aber nicht, dass kein Update erfolgen darf und keine neuen, sinnvollen Praktiken übernommen werden dürfen. In der Pferdeausbildung ist es leider so, dass es neue Erkenntnisse oft schwer haben, sich durchzusetzen. Der Mensch ist ein Gewohnheitstier und kann die alten Muster nicht immer verlassen. Dennoch lohnt es sich in diesem Fall, einmal über den Tellerrand hinauszusehen. Ginge es nach uns, würde in allen Sparten der Reiterei nur noch mit dem Intervalltraining gearbeitet.

Wir arbeiten in Trainingsintervallen. Diese bestehen aus einer Arbeitsphase, die aus jeweils drei Minuten besteht, und einer Pausenphase von einer Minute. Die maximale Gesamtzahl der Arbeitsphasen beträgt acht Einheiten.

Die Übungen sind in der EquiClassic-Work vorgegeben. Während im Parcours gearbeitet wird, läuft der Intervalltimer. Nach der dreiminütigen Arbeitsphase ertönt das Signal zur Pause. Während der Pause wird der Parcours verlassen. Entweder bleibt man stehen oder läuft im relaxten Schritt eine Minute bis zum nächsten Signalton, der die Arbeitsphase wieder einleitet. Ob ein Pferd lieber steht oder sich bewegt, ist ganz individuell. Jedes Wesen, ob Mensch oder Pferd, erholt sich anders während einer Pause.

Wichtig ist nur, diese klar von der Arbeitszeit und dem Arbeitsort abzugrenzen. Im Büro sollte man die Pause schließlich auch nicht am Schreibtisch, sondern in der Kantine verbringen.

Ebenso verhält es sich mit dem Parcours. In den Gassen wird gearbeitet, außerhalb ist Pause. Das hat sich bewährt, da manche Pferde die blau/gelben Gassen mit Arbeit assoziieren und nicht aus diesem Modus abschalten können. Untersuchungen haben ergeben, dass das Wechselspiel der blau/gelben Farben die Gehirntätigkeit der Pferde signifikant erhöht, da diese wie Signalfarben aus den Graustufen herausstechen.

Nach der Pause macht man an dem Punkt weiter, wo man aufgehört hat. Endet die Gesamtarbeitszeit, ist Schluss, ohne Diskussionen.

Die Vorteile, die für ein Zeitsystem sprechen, sind nicht von der Hand zu weisen. In Intervallen zu trainieren, hat sich in der Praxis bewährt. Das Zeitsystem ermöglicht dem Pferd bessere Lernerfolge.

Durch das Unterbrechen des Ablaufes kann das Pferd das Gelernte besser abspeichern. Jeder kennt das. Wenn zu viel auf einmal kommt, kann sich das kein Mensch mehr merken. Man stelle sich vor, zum ersten Mal eine Choreographie tanzen zu müssen. Es ist leichter, diese in einzelne Abschnitte zu unterteilen, da man sich so die Schrittabfolgen besser merken kann. Das Intervalltraining gibt dem ganzen Ablauf ein System. Während der Arbeit wird geübt und in den Pausen das gerade Erlernte abgespeichert.

Durch die Pausen bleibt das Pferd konzentriert und aufmerksam. Eine Dauerberieselung führt selten zum gewünschten Lernerfolg, da irgendwann die Konzentration schwindet. Ein Mensch kann sich schon nicht allzu lange in endlos scheinenden Vorträgen konzentrieren, auch wenn diese noch so interessant sind. Pferden fällt es noch schwerer, sich eine dreiviertel Stunde mit voller Hingabe und Aufmerksamkeit dem Parcours zu widmen.

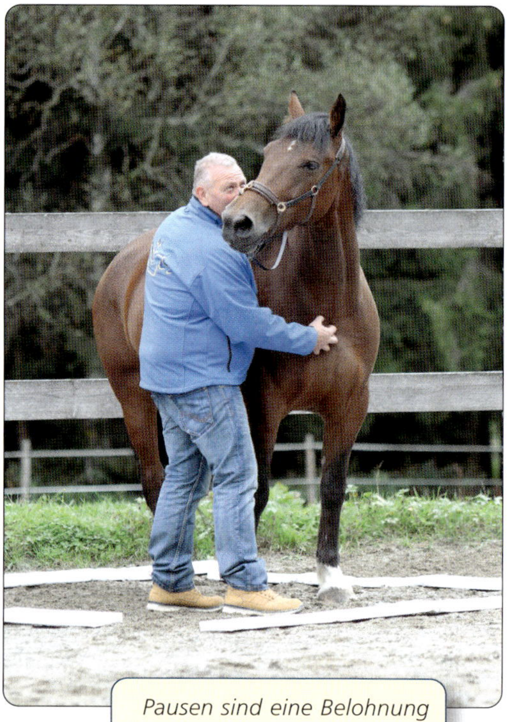

*Pausen sind eine Belohnung für das Pferd.*

Ohne Pausen wird das Pferd leicht überfordert. Nicht nur körperlich, sondern auch mental. Überforderung und Stress mindern nicht nur die Lernfähigkeit des Pferdes, sondern können zu Abwehrreaktionen führen. Anstatt das Problem anzugehen, nämlich das Pferd nicht zu überfordern, werden oft nur dessen Symptome wie Buckeln, Steigen oder Durchgehen korrigiert.

Das Pferd bekommt durch die Gesamttrainingszeit ein Versprechen des Menschen. Nach spätestens acht mal drei Minuten ist definitiv Schluss. Es wird nicht noch bis zum Abwinken geübt, was nicht geklappt hat. Das Zeitsystem schützt das Pferd auch vor manch ehrgeizigen Bestrebungen, immer weiter zu machen. Gerade dann, wenn Lektionen gut funktionieren.

Die Trainingseinheiten werden für das Pferd vorhersehbar. Es wird übersichtlich und das Pferd lernt mit der Zeit, seine Energie im Training nicht zu sparen.

## Die Pausen sind Belohnung für das Pferd

Ertönt das Pausensignal, ist Pause. Pferde lernen das unheimlich schnell, da es eine Belohnung ist. Angenehme Erfahrungen belohnt das Gehirn durch Ausschüttung bestimmter Hormone, etwa Dopamin und Serotonin. Man denke an den Geschmack, wenn man sich ein Stück Schokolade in den Mund schiebt – dabei passiert das Gleiche. Es gibt wenige Menschen, die dann nicht mehr haben möchten, da es als angenehm und sehr lecker empfunden wird. Bei Pausen ist das nicht anders. Etwa die Schul-

glocke, die das Ende des Unterrichts einläutet. Man erwartet es kaum, weil man weiß, der Unterricht ist beendet. Ebenso springt das Belohnungssystem des Pferdes an, wenn es den Pieps hört, der die Pause einläutet.
Etwas schwer zu motivierende Pferde strengen sich plötzlich an, da sie wissen, dass es Pause als Belohnung gibt. Etwas aufgeregte Pferde können durch die Pausen lernen, ruhig zu stehen und den Puls etwas herunterzufahren.

Das Zeitsystem bringt auch dem Menschen Vorteile. In den Pausen ist Zeit, sich neu zu sortieren, zu sammeln und sich auf die nächste Arbeitsphase vorzubereiten.
Auch der Mensch muss sich während der Equi-Classic-Work unheimlich konzentrieren. Er gibt dem Pferd nicht nur den Weg vor, sondern muss es führen und lesen. Das fordert die gesamte Aufmerksamkeit des Menschen. Eine Pause, um sich wieder auf die neue Arbeitsphase einzustellen, schadet da nicht. Zudem neigen manche Menschen dazu, etwas ungeduldig oder leicht aufbrausend zu sein, wenn mal was nicht so funktioniert, wie man das gerne hätte. Ein Break, um wieder tief durchzuatmen, wirkt da oft Wunder.
Die Arbeit mit dem Zeitsystem hat noch einen Vorteil. Die maximale Arbeitszeit von einer guten halben Stunde ermöglicht es auch an einem stressigen Tag, effizient zu arbeiten. Menschen, die mehr als ein Pferd arbeiten müssen, wissen das besonders zu schätzen.

**Intervalltraining auf einen Blick**

**Arbeitsphase: drei Minuten**
**Pausenphase: eine Minute**
**Gesamtarbeitszeit: maximal acht Arbeitseinheiten**

**Die Pausen werden außerhalb der Gassen im Halten oder Schritt verbracht. Das hat folgende Vorteile:**

- **Das Pferd kann das Geübte besser lernen und abspeichern.**
- **Das Pferd bleibt aufmerksam und konzentriert.**
- **Pausen schützen das Pferd vor Überforderung.**
- **Die Einheit wird für das Pferd übersichtlich.**
- **Das Pferd braucht keine Energie zu sparen und ist demnach stressfreier.**
- **Der Mensch kann sich während der Pausen neu sortieren.**
- **Zeitersparnis.**

**Wichtig**

**Viele Pferde müssen erst lernen, die Pause als solche zu erkennen und dementsprechend relaxen zu können. Das ist nicht selbstverständlich für jedes Pferd. Wie Sie die Pausen für sich und Ihr Pferd am effektivsten nutzen können, lesen Sie im Kapitel Equiplace.**

# Ausrüstung und Hilfengebung

## Kappzaum

Wir benutzen für die Basisarbeit der EquiClassic-Work einen gut sitzenden Kappzaum und keine Trense. Die Hände werden geschult und das empfindliche Pferdemaul wird geschont.

Gerade untrainierte und junge Pferde müssen erst lernen, die Hilfen des Menschen zu verstehen. Zudem muss auch der Mensch üben, präzise und feine Hilfen zu geben.

Hat ein Pferd noch nicht verstanden anzuhalten, könnte der Reiter unbewusst ins Gebiss greifen und im Maul ziehen. Unruhige Hände können das Gebiss im Maul hin- und herrutschen lassen. Dadurch versteht das Pferd die Hilfen nicht mehr oder hat Schmerzen im Maul. Hat der Mensch gelernt, fein mit dem Kappzaum zu arbeiten, ist später eine Trense in der Regel kein Problem mehr. Natürlich sollten auch ein sensibler Umgang mit dem Kappzaum und eine feine Hilfengebung erfolgen. Je besser die Hände geschult sind und je feiner das Pferd reagiert, desto seltener müssen die Hilfen auch mal deutlicher eingesetzt werden.

*Noch ein Vorteil des Kappzaumes ist, dass Sie den inneren Zügel im mittleren Ring einschnallen können. Das Pferd lässt sich so anfangs schöner über die Nase stellen und es verhindert, dass der Reiter mit der Hand nach hinten zieht, was Verspannungen in der Halsmuskulatur zur Folge hätte.*

Natürlich ist die EquiClassic-Work prinzipiell auch auf Trense möglich. Bevor man jedoch eine Trense benutzt, gibt es einige Bedingungen, die erfüllt sein sollten: Das Pferd sollte in der Lage sein, feine Hilfen zu verstehen und zuzuhören. Der Mensch sollte in der Lage sein, feine Hilfen gefühlvoll einzusetzen. Ein Kappzaum eignet sich im Übrigen durchaus auch für höhere Lektionen, man benötigt also nicht zwangsläufig ein Gebiss.

Ein gut sitzender Kappzaum rutscht nicht! Reagiert das Pferd mal nicht so sensibel auf die allerfeinsten Hilfen oder lässt sich noch nicht stellen, darf der seitliche Riemen nicht ins Auge rutschen. Nicht nur die Wirkung des Kappzaums geht verloren, es dürfte für das Pferd auch ziemlich unangenehm sein.

Die Auflage auf dem Nasenbein sollte breit und weich gepolstert sein, um einen punktuellen Druck zu mindern. Je schmaler und dünner die Auflage auf der Nase, umso mehr Druck wird darauf ausgeübt. Zudem muss auf die Passform geachtet werden. Es ist fürs Pferd sehr unangenehm, wenn ein Naseneisen auf dem Nasenrücken hin- und herrutscht. Ein Kappzaum muss gut verschnallt werden können, ohne zu drücken.

Das Pferd soll kauen können und der Unterkiefer beweglich bleiben. Ein Teil der oberflächlichen Kaumuskulatur ist mit dem Hinterhauptbein verbunden, das wiederum mit dem ersten Halswirbel und der kurzen Nackenmuskulatur. Wird einem Pferd die

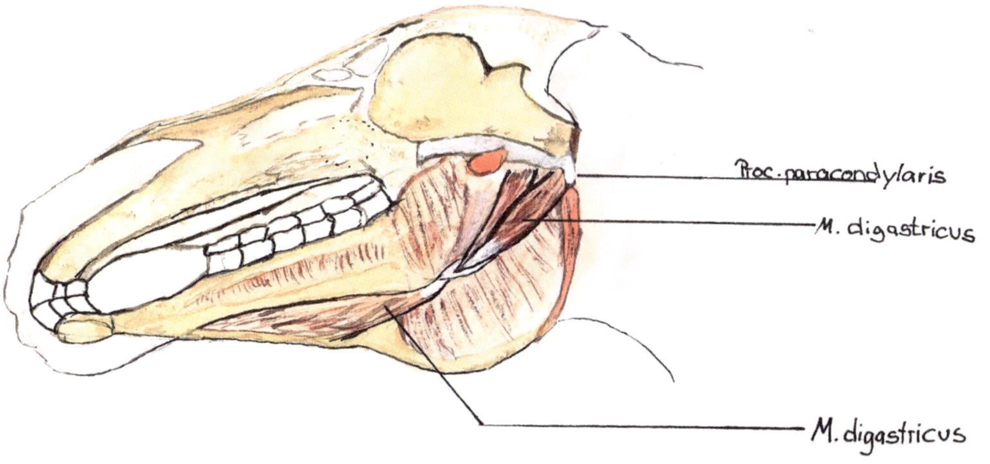


*Der zur oberflächlichen Kaumuskulatur gehörende Musculus digastricus ist mit den Kondylen und dem Unterkiefer des Pferdes verbunden. Kondylen sind Knochenvorsprünge des Hinterhauptes. M.digastricus ist zweigeteilt und verläuft durch eine Sehnenschlinge, die am Zungenbein befestigt ist. Der Muskel dient dazu, das Maul zu öffnen. Ist dieser verspannt, hat das einen unmittelbaren Einfluss auf andere Muskelgruppen.*

Kieferfreiheit eingeschränkt, verspannt die Muskulatur um das Genick, und das Pferd ist nicht mehr in der Lage, sich locker zu stellen. Da Muskeln durch den ganzen Körper miteinander verbunden sind, setzt sich das wie eine Kettenreaktion fort: verspannter Unterkiefer, verspanntes Genick, verspanntes Pferd.
Zudem ist diese Kaumuskulatur mit dem Zungenbein verbunden, das wiederum mit der Muskulatur der Vorhand zusammenhängt. Durch einen verspannten Kiefer können die Schulterfreiheit sowie die stoßdämpfende Wirkung der Vorhand eingeschränkt werden.

Die Auflage darf nicht zu tief auf der Nase angebracht sein. Die Nasentrompeten müssen frei sein und der Kappzaum auf dem knöchernen Teil des Nasenbeins aufliegen. Um das empfindliche Jochbein zu schonen, sollte zwischen diesem und der Schnalle aus Metall genügend Abstand sein. Schließlich darf außerdem der Genickriemen die Ohren nicht einklemmen. Ein weiches und breites Genickpolster verhindert auch hier unangenehmen Dauerdruck.

Unser Biothane®-Kappzaum hat sich auch zur EquiClassic-Work bestens bewährt. Er rutscht und drückt nicht und die Pferde empfinden ihn als sehr angenehm. Zudem bietet er Kieferfreiheit, das heißt, die Pferde können den Unterkiefer noch bewegen und verspannen ihre Kaumuskulatur nicht. Das ist für ein lockeres Genick äußerst wichtig.

*Unser Biothane®-Kappzaum hat sich auch zur EquiClassic-Work bestens bewährt. Er passt den Pferden gut, rutscht und drückt nicht und wird von ihnen als sehr angenehm empfunden. Er gewährt Kieferfreiheit, das heißt, die Pferde können den Unterkiefer noch bewegen und verspannen die Kaumuskulatur nicht, was für ein lockeres Genick, äußerst wichtig ist. Biothane® schmiegt sich an den Pferdekopf an. Da der Kappzaum kein Naseneisen hat, wird ein schmerzhafter Druck auf das Nasenbein verhindert.*

## Zügel

Die Zügel sollten gut in der Hand liegen und aus einem leichten Material bestehen. Dazu eignet sich Leder oder Biothane®. Die Zügel sollten nicht allzu lang ausfallen, das erleichtert das Handling. Zügel, die für das Westernreiten gedacht sind, aus Baumwolle bestehen oder Split-Reins eignen sich nicht optimal für die EquiClassic-Work.

Kleine Karabiner an den Zügeln sind von Vorteil, damit Sie die Zügel in den Kappzaum einschnallen können.

### Handhaltung und Hilfen

Die innere Hand hält den inneren Zügel und die äußere Hand umschließt den äußeren Zügel.

Dabei hält man die Zügel immer in Anlehnung. Vermeiden Sie Dauerzug. Es soll nur eine feine Verbindung zum Pferdekopf sein, um Signale übermitteln zu können.

### Innerer Zügel

Der innere Zügel gibt dem Pferd die Idee, in welche Richtung es den Kopf stellen soll. Durch leichte Impulse wird der Kopf des Pferdes nach innen gestellt oder etwas in die Aufrichtung gebracht.

Die Hand am inneren Zügel ist flexibel. Der Handrücken zeigt, je nach Bedarf, in der Grundposition nach unten, nach oben oder nach vorne. Die innere Hand sollte also locker und flexibel sein und nicht verkrampft den Zügel umschließen. Der Zügel wird zwischen zwei oder drei Fingern gehalten, das erhält das Gefühl, mit dem Pferd kommunizieren zu können.

Der Abstand von der inneren Hand zum Kappzaum ist ebenfalls bedarfsorientiert. Es gibt Situationen bei denen das Pferd etwas kürzer genommen werden muss und solche, die etwas mehr Abstand fordern. Diese Handhaltung hat den Vorteil, dass Sie nicht zu sehr nach hinten ziehen. Das würde die Folge haben, dass sich Ihr Pferd verspannt. Mit dieser Handhaltung kann man mit feinen Impulsen arbeiten.

Der Impuls des inneren Zügels nach oben, das so genannte »Arrêt«, hat den Vorteil, dass das Pferd den Hals nicht verspannt. Bei einer Zügelhilfe nach hinten könnte das Pferd dagegen im Hals leichter verspannen. Das gilt vor allem für Pferde, die noch nicht ganz so fein auf jede exakte Hilfe reagieren.

Möchte man zu Beginn ein Pferd anhalten, das noch nicht auf Körpersprache oder ein »Halt« und Mikroimpulse reagiert, ist man schnell verleitet, ordentlich dagegen zu halten und den inneren Zügel nach hinten zu ziehen. Das kann zur Folge haben, dass das Pferd gegen den Druck nach vorne ziehen möchte und es entsteht ein Kampf, den es zu vermeiden gilt. Auch die Zügelhilfe zum Anhalten geht nach oben.

*Der innere Zügel wird mit einer weichen Verbindung zum Pferd gehalten. Um ein Ziehen zu verhindern, geben Sie Impulse und halten den Zügel mit zwei Fingern.*

*Auf keinen Fall sollten die Zügelhilfen nach hinten im Dauerzug enden. Das Pferd reagiert mit Gegendruck und verspannt die Halsmuskulatur.*

*Sie können die Zügel auch über den Zeigefinger laufen lassen.*

*Balance verbessern durch Hochnehmen des Kopfes. Zu Beginn mit einem Stimmkommando verbunden, versteht das Pferd sehr schnell, was diese Hilfe bedeutet.*

## Äußerer Zügel

Es ist durchaus möglich, die EquiClassic-Work an der Longe zu machen, was den äußeren Zügel komplett überflüssig machen würde. Der äußere Zügel hat die Funktion, die äußere Schulter zu begrenzen, er wirkt richtungsweisend, um die Vorhand auf eine Kreislinie einzustellen und er hat beim Übertreten eine begrenzende Funktion auf die Vorhand.

Die Hand umschließt den äußeren Zügel und die Gerte, der Handrücken ist nach oben gerichtet. Die Hand ist dabei geschlossen. Der Zügel wird gehalten wie beim Reiten und der Ringfinger gibt die Impulse. Der äußere Zügel verläuft kurz vor dem Widerrist an der Schulter des Pferdes, siehe Foto. Den äußeren Zügel zu verstehen, fällt den meisten Pferden, bei denen er noch nicht installiert ist, anfangs etwas schwerer. Auf den inneren Zügel lassen sie sich meistens leichter ein. Nach dem Motto »Druck erzeugt Gegendruck« hat der äußere Zügel oft den gegenteiligen Effekt, wenn man am äußeren Zügel zieht und die Schulter begrenzen möchte. Die Pferde ziehen dann nach außen, gehen gegen den Zügel und fallen auf die äußere Schulter.

Auch hier arbeitet man mit Impulsen. Diese verhindern ein zu starkes Ziehen der Hand (Dauerzug) und halten das Pferd kooperativ.

Wichtig ist das perfekte Timing. Möchte man die äußere Schulter begrenzen und das Pferd gibt nach, werden auch sofort die Hilfen aufgelöst, so dass der

*Sie stehen links am Pferd und halten mit der rechten Hand den Zügel und die Gerte. Der äußere Zügel verläuft vom äußeren Ring des Kappzaumes über den Hals vor der Schulter und dem Widerrist. Die Hand hält den Zügel auf Höhe der Schulter.*

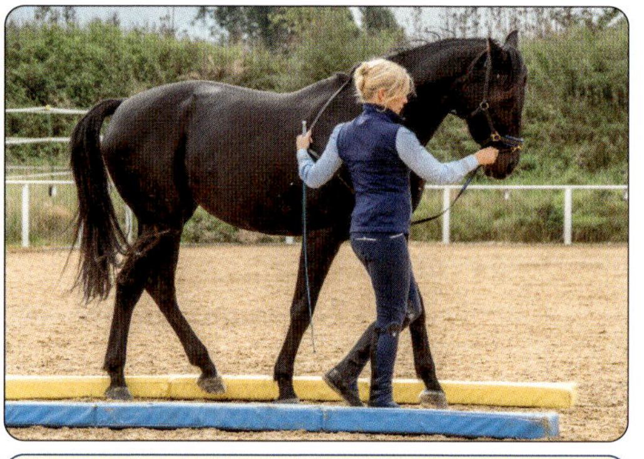

*Während der Arbeit variiert die Höhe, auf der Sie die Hand mit dem äußeren Zügel halten. Ihre äußere Hand sollte niemals gegen das Pferd drücken.*

*Stellen Sie das Pferd von sich weg, wird der äußere zum inneren Zügel. Der Zügel, den Sie in der Hand halten, und der direkt zum Kappzaum führt, wird nun zum äußeren Zügel (hier der linke).*

äußere Zügel nur noch eine feine Verbindung bietet. Wird hier gezogen, um das Pferd auf der Linie zu halten, kämpfen die meisten Pferde dagegen.

**Bei allen Hilfen, die man mit der Hand gibt, gilt es, flexibel zu bleiben und nicht fest in der Hand zu werden.**

*Wenden Sie das Pferd von sich weg, bitte nicht unter dem Pferd in den Zügel greifen. Eine feine Hilfengebung ist so nur schwer möglich.*

## Impulse

Impulse, Impulse und nochmals Impulse heißt die Devise! Nicht ziehen!!!

Man kommt ja nicht umhin, sich gewisse Szenen auf Reitplätzen und Hallen immer wieder anzuschauen. Da wird gezogen, was das Zeug hält. An der Longe und an den Zügeln. Es wird ein Tauziehen mit dem Pferd veranstaltet, gekämpft und gezerrt. Zudem weiß ich es aus eigener Erfahrung. Jeder, der schon mal ein unkooperatives Pferd an der Hand hatte, weiß das: Druck erzeugt Gegendruck. Wir brauchen auch nicht um den heißen Brei herumzureden, es gibt Situationen, in denen man dagegenhalten, den Druck aufrechterhalten oder auch die Notbremse ziehen muss.

Aber selbst, wenn man sich diese Situationen vor Augen hält, kommt man auf einen Nenner: Das Pferd bekommt die Nase nicht aus dem Gras. Warum? Das Pferd hört nicht zu. Das ist meistens der Grund und haben wir diesen beseitigt, brauchen wir auch nicht mehr zu ziehen. Warum Pferde nicht zuhören und nicht losgelassen sind, hat ganz verschiedene Gründe. Verlassen wir mal das Wiesengrün und gehen in die Arbeit. Um das Pferd auf der Kreislinie zu halten, wäre eine Möglichkeit, so lange ziehen, bis das Pferd nachgibt. Dazu könnten wir einen noch schärferen Kappzaum oder beim Reiten ein Gebiss verwenden, das noch effizienter auf das empfindliche Maul einwirkt. Mit pferdegerechter Ausbildung hat das allerdings nichts mehr zu tun.

Die bessere Alternative ist es, in einem angemessenen Tempo zu arbeiten und das Pferd nicht zu überfordern, so dass es noch zuhören kann. Erst dann kommen wir mit unseren Hilfen durch.

Wichtig ist, keinen Dauerzug aufzubauen, sondern mit Impulsen zu arbeiten. Auch hier, wie beim Reiten ebenso, soll das Pferd die annehmenden und nachgebenden Hilfen verstehen lernen. Mit Impulsen bringt man das Pferd dazu, keinen Gegenzug aufzubauen, sondern locker zu bleiben, nachzugeben und sich zu stellen. Hört das Pferd zu, ist es losgelassen und ist eine feine Verbindung zum Pferd hergestellt, bedarf es keiner Kraft. Es reicht oft ein Anspannen und Nachgeben der Longe. Das Pferd kann mitarbeiten und muss nicht dagegen ankämpfen.

## Keine Ausbinder

Das Pferd lernt in der EquiClassic-Work, sich vom Menschen führen zu lassen und auf dessen Hilfen zu reagieren. Wir benötigen dazu keine Ausbinder. Bei der EquiClassic-Work hat man Einwirkungsmöglichkeiten am Kappzaum, auf die Schultern und in geringem Maße auf die Hinterhand durch Touchierhilfen. Die Hände kommunizieren durch Hilfen über den Kappzaum und über die Schulterbegrenzung. Die Gassen und Pylonen helfen ebenfalls dabei, die korrekte Stellung und Biegung zu erarbeiten. Ein starrer Ausbinder kann eine gefühlvolle Hand nicht ersetzen.

## Die Gerte

*Wir verwenden bei der EquiClassic-Work eine Dressurgerte. Sie sollte gut in der Hand liegen und nicht zu schwer sein.*

### Touchierhilfen

Für die Peitschenhilfen gilt immer folgender Grundsatz: So viel wie nötig, so wenig wie möglich. Sie leisten wertvolle Dienste, um dem Pferd zu vermitteln, was man möchte. Sie dienen unter anderem dem Vorwärts und Seitwärts, verbunden mit Ihrer Körpersprache. Je feiner ein Pferd gearbeitet ist und die Lektionen kann, umso weniger muss touchiert werden. Die Hilfen werden immer feiner.

Dazu muss der Mensch lernen, dieses Instrument zu bedienen, um es präzise einsetzen zu können. Vor lauter Konzentration vergisst der Mensch oft, wo sich die Gerte am Pferd gerade befindet. Wird sie nicht benötigt, zeigt sie senkrecht nach unten. Ein häufiger Fehler ist es, die Gerte unkontrolliert in der Hand ums Pferd wedeln zu lassen. Im besten Falle wird das Pferd nur verwirrt.

Manchmal wird die Gerte nicht dosiert eingesetzt. Das Pferd geht Schritt oder Trab. Um es fleißiger zu machen, benutzen viele die Gerte und geben ständig Hilfen, ungeachtet ob das Pferd fleißiger läuft oder nicht. Das hat zur Folge, dass das Pferd desensibilisiert wird. Es wird stumpf auf die Gerte.

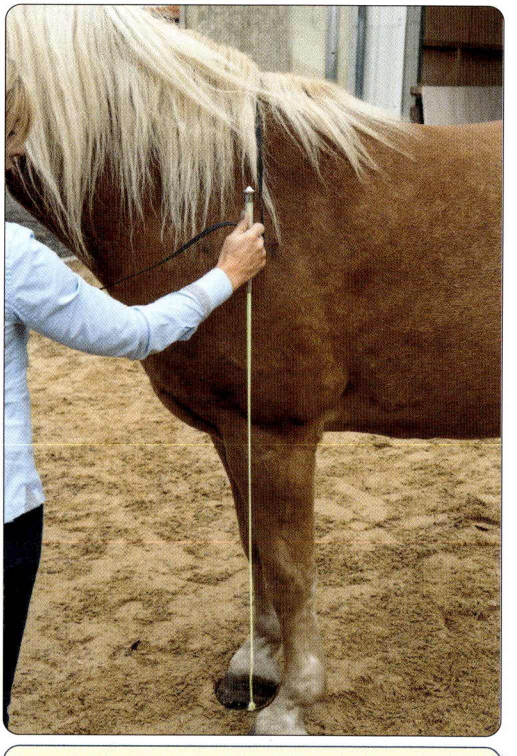

*Brauchen Sie die Gerte nicht, halten Sie diese ruhig und senkrecht an der Schulter nach unten.*

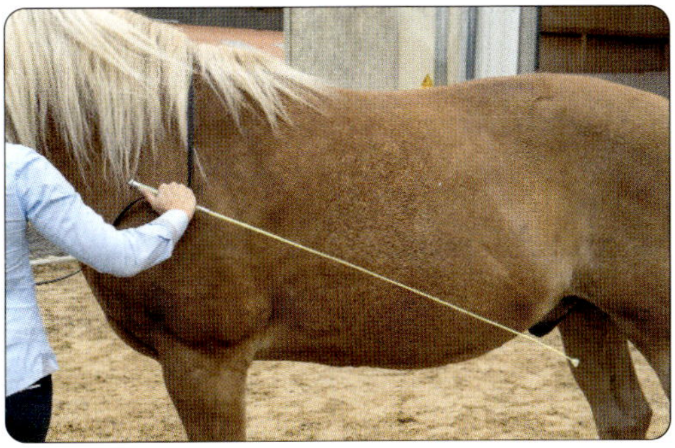

*Bei Vorwärts oder Seitwärts halten Sie die Gerte waagerecht zum Pferd.*

## Die Gassen und Pylonen

Die blau-gelben Dual-Gassen® sind das Grundgerüst der EquiClassic-Work. Sie geben den Weg vor, strukturieren den Parcours und helfen, Lektionen präzise umzusetzen.

Sie bestehen aus Schaumstoff und reduzieren im Vergleich zu Holzstangen die Verletzungsgefahr enorm. Dadurch, dass wir sehr viel durch parallel liegende Gassen gehen, besteht die Möglichkeit, dass das Pferd drauftritt. Da die Gassen nicht wegrollen, ist die Verletzungsgefahr für das Pferd sehr gering.

Pferde sehen die Farben Blau und Gelb. Sie wirken wie Signalfarben in einer ansonsten vom Pferd in allen Grauschattierungen gesehenen Welt. Das Grausehen ist für Pferde durchaus sinnvoll. Farbensehen geht auf Kosten des Formensehens. Auf Schwarzweißbildern erkennt man Konturen besser als auf einem bunten Bild. Selbst Aufklärungsbilder des Militärs sind heute noch in Schwarz-weiß gehalten, um die Form der Objekte besser erkennen zu können. Die Farben Blau und Gelb helfen dem Pferd, sich besser auf den Weg zu konzentrieren, wie einem Flugzeug, das bei Nacht die Landebahn ansteuert.

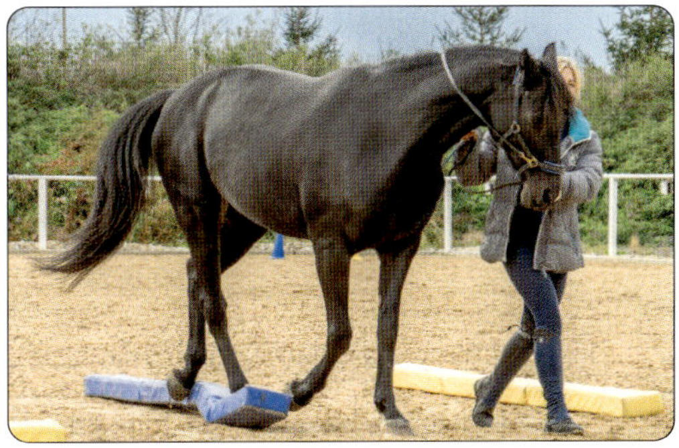

Die blau-gelben Pylonen sollten aus einem splitterfesten Material bestehen. Sie eignen sich hervorragend dazu, Abstände, etwa einer Volte, zu markieren.

Um alle Parcours in der EquiClassic-Work machen zu können, benötigen Sie etwa acht Gassen und acht Pylonen.

## Intervalltimer

Um das Zeitsystem einzusetzen, benötigen Sie einen Intervalltimer. Diese sind im Handel erhältlich oder können als kostenlose Apps aufs Handy heruntergeladen werden.

## Stimmhilfen – verbale Hilfen

Eine lautlose Kommunikation zwischen Mensch und Pferd ist durchaus möglich, Pferde reden ja nicht sonderlich viel mit uns. Dennoch können Stimmhilfen sinnvoll und nützlich sein. Pferde sind in der Lage, einzelne Wörter situationsangemessen zu deuten.

Stimmhilfen können während der Arbeit helfen, Anweisungen schneller umzusetzen. Ein »Steh«, »Trab«, Zungenschnalzen oder »Küsschen geben« sind wertvolle Hilfen, wenn sie einmal installiert sind. Damit kann das Pferd verstehen und ausführen, was man möchte. Ein langgezogenes »uuuund« bereitet Pferde auf eine neue Lektion vor und hilft uns, sie dabei nicht zu überfallen.

## Leckerli

Über den Einsatz von Leckerli oder nicht kann man ganze Bücher schreiben. Wir halten uns an dieser Stelle sehr kurz. Es gibt Pferde, bei denen ein Leckerli situationsangemessen sinnvoll ist, bei manchen Pferden mutiert das Hirn zum Leckerli und die Konzentration auf die Arbeit ist passé.

## Position

Ohne die richtige Position am Pferd wird es nicht funktionieren! Aber keine Angst, das ist kein Hexenwerk und man muss auch nicht dafür studieren. Aber darauf achten!

Möchte man mit dem Pferd seitwärts, muss man seitwärts vorgeben. Grundsätzlich liegt die Grundposition zwischen Kopf und Schulter des Pferdes. Dann gibt es noch die Position vor dem Pferd und am Kopf des Pferdes.

Position hat aber nicht nur etwas damit zu tun, wo Sie sich am Pferd befinden. Ein positionierter Mensch erreicht seine Ziele in der Regel leichter als ein Mensch, der keine Position hat. Das gilt am Pferd ebenso wie im richtigen Leben.

Der Mensch gibt den Weg vor und übernimmt dabei die Führung. Das Pferd folgt. Eine der Aufgaben bei der EquiClassic-Work ist es, dem Pferd Richtung und Geschwindigkeit anzuzeigen. Die Position am Pferd kann wechseln, das Prinzip bleibt. Weiß man nicht, wo es hingeht, kann man dem Pferd den Weg nicht anzeigen. Das hört sich glasklar an, denken wir ans Seitwärtstreten. Sie möchten an einem bestimmten Punkt in die Gassen einfädeln, haben ihn aber nicht im Visier. Also wird es auch nicht klappen, das Pferd seitwärts wieder in diese Gassen einzubiegen.

Die EquiClassic-Work macht es einfacher, die Übungen korrekt auszuführen, da die Gassen den Weg vorgeben. Es ist ein elementarer Bestandteil des Trainings, dem Pferd verständlich zu machen, wo es hin soll und was zu machen ist.

Ganz am Anfang der Gassenarbeit in der Dual-Aktivierung sagte ein Kollege mal zu mir, dass Pferd und Mensch jetzt endlich wissen, wo es hingehen soll.

### Die Grundpositionen

Anfangs geht man zwischen Kopf und Schulter oder auf Schulterhöhe des Pferdes. Wir lassen das Pferd immer antreten. Aus dieser Position heraus kann man das Pferd am besten führen.

Später, bei Wendungen im Schritt kann es nötig sein, ganz vorne am Kopf gehen. Auch bei Schenkelweichen und Seitengängen kann die Position von der Grundstellung abweichen.

Ihre Körpersprache ist ein wesentlicher Bestandteil und bestimmt, wie sich das Pferd führen lässt. Hat man etwa ein Pferd, das sich etwas bitten lässt, ist mehr Energie nötig. Eine aufrechte Körperhaltung und bestimmtes Tempo nach vorne können oft Wunder wirken. Bei etwas hibbeligen Pferden sollten Sie Ihre Energie drosseln. Die ganze Körperhaltung sollte nicht mehr so straff sein und weicher wirken, dennoch entschlossen.

*Sie führen das Pferd kurz vor der Schulter. Führen Sie das Pferd von links, hält die linke Hand den Zügel, der direkt zum Kappzaum führt, und die rechte Hand hält den anderen Zügel. Sie gehen in Laufrichtung.*

*Führen Sie das Pferd von außen auf eine Innenvolte, gehen Sie auf Höhe des Kopfes. Um das Pferd besser begrenzen zu können, kann es nötig sein, vor dem Kopf des Pferdes zu gehen, um es besser auf die Volte stellen zu können.*

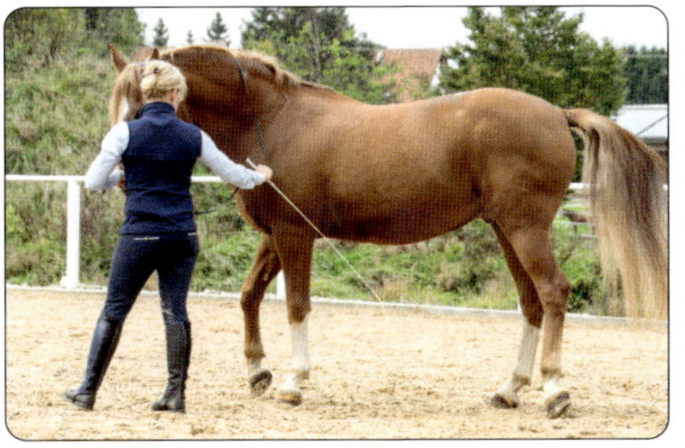

*Lassen Sie das Pferd übertreten, gehen Sie entweder an der Seite des Pferdes und in die Richtung, zu der Sie das Pferd übertreten lassen wollen …*

*… oder Sie stehen frontal vor dem Pferd und richten es zur Seite.*

**Körperhaltung**

**Sie müssen alles im Blick haben – das ist wohl eine schwierige Aufgabe. Ihr Blick geht in Laufrichtung. Wenn Sie nicht dorthin schauen, wo Sie ankommen wollen, werden Sie Schwierigkeiten haben, dort hinzugelangen. Das klingt so einfach und ist doch so schwierig. Aus lauter Konzentration schaut man nämlich gerne aufs Pferd oder auch auf den Boden. Automatisch verändert sich Ihre Körperhaltung und Sie könnten das Pferd blockieren. Ihre Hilfen werden so widersprüchlich für Ihr Pferd. Zudem sehen Sie nicht, wo Sie hinwollen und dann ist man ganz schnell an den Gassen vorbeigelaufen und hat den Eingang verpasst. So werden die Übungen unpräzise. Ihre Körperhaltung und -spannung wird von Ihrem Pferd gelesen.**

# Übungen und Lektionen

## Der Aufbau der Übungen

Die Übungen der EquiClassic-Work bestehen aus drei Säulen, die der Garant für das sinnvolle Gymnastizieren der Pferde sind.

- Struktur
- Abwechslung
- Vorbereitung

### Struktur

Die Übungen werden durch die Gassen und Parcoursvorgaben strukturiert. Die Übungen können exakt und kontrolliert durchgeführt werden und planvolles Vorgehen ermöglicht ein effektives Training.

### Abwechslung

Die Übungen und Parcours werden immer im Wechsel geübt. Sie variieren zwischen linker Hand und rechter Hand und führen von links und von rechts. Der Wechsel findet zwischen den Übungen mit Schwerpunkt Biegung und Versammlung oder lösendem Charakter statt. Zudem wechseln wir zwischen den Gangarten.

### Vorbereitung

Zunächst halten wir die Übungen einfach, dann werden sie anspruchsvoller. Wir beginnen mit Basisübungen, die das Fundament für höhere Lektionen bilden.

Das beginnt damit, ein Pferd von A nach B zu führen. Meistens fällt es Mensch und Pferd zuerst leichter, in den Linksvolten zu gehen. Volten auf der rechten Hand fallen den meisten Reitern schwerer. Schritt kommt vor dem Trab und das Übertreten auf der Geraden wird vor dem Übertreten auf der gebogenen Linie geübt.

Die Basisübungen müssen beherrscht und korrekt ausgeführt werden können, um einmal höhere Lektionen ausführen zu wollen. Man braucht nicht an eine Piaffe zu denken, wenn sich das Pferd nicht im Schritt führen lässt. Das Übertreten auf der

Diagonalen ist beispielsweise eine hervorragende Vorbereitung auf die Traversale.
Ein Evergreen: Wer die Basisarbeit nicht korrekt ausführt, wird in der Kür scheitern! Alle Übungen haben gymnastizierende Aufgaben: Trag- und Schubkraft werden durch Übergänge gefördert, Volten haben eine geraderichtende Wirkung, das Übertreten einen eher lösenden Charakter.

## Schritt

Der Schritt ist eine Gangart ohne Schwebephase im diagonal/lateralen Viertakt. Ohne Schwebephase bedeutet, dass immer mindestens ein Bein Kontakt mit dem Boden hat.
Versammelter und starker Schritt – also vermehrte Hankenbeugung und Rahmenerweiterung – sind in der EquiClassic-Work noch nicht gefordert. Waldemar Seunig wusste schon: »Die Versammlung im Schritt herbeizuführen, ist zweifellos eine der allerschwierigsten Aufgaben für den Reiter.«

Wir achten auf einen fleißigen Schritt, bei dem die Hinterhand aktiv ist. Eine aktive Hinterhand wird nicht in Kilometern pro Stunde gemessen, sondern daran, wie weit die Hanken gebeugt werden und das Pferd unter den Schwerpunkt tritt. Dennoch sollte man darauf achten, dass im Schritt nicht zu sehr gebummelt wird.

Der Schritt des Pferdes wird sehr oft unterschätzt und häufig leider nur zum Aufwärmen benutzt. Das Pferd sollte schreiten und sich im Schritt entfalten dürfen. Der Schritt gibt gnadenlos Auskunft über das Können eines Reiters, ob er mit dem Pferd im Einklang und in der Bewegung sitzt und das Pferd schreiten lässt oder ob das Pferd gestresst ist und einen stockenden, zackeligen oder passartigen Schritt hat. Das gilt nicht nur beim Reiten auf dem Pferd, sondern auch bei der Arbeit an der Hand. Gelenke, Bänder und Sehnen werden im Schritt geschont und daher ist es zunächst einmal die Gangart der Wahl, um einem Pferd etwas beizubringen. Die Langsamkeit der Gangart ermöglicht es, Seitengänge (gelenk-)schonend beizubringen.
Da der Schritt ein Viertakt ist, kann sich das Pferd leichter ausbalancieren als im Trab. Im Schritt hat es mehr Beine auf dem Boden

Das Pferd sollte den Schritt losgelassen entfalten dürfen. Die meisten Pferde, die einen schlechten Schritt haben, durften diesen nicht entwickeln und er wurde ihnen mehr oder weniger kaputtgeritten. Oberste Priorität ist es also zunächst einmal, das Pferd nicht zu stören und den Schritt zu erhalten.
Auch in unserer EquiClassic-Work spielt der losgelassene Schritt eine große Rolle. Seien Sie sich darüber im Klaren, dass ein lockerer, entspannter Schritt die Basis für spektakuläre Handarbeit ist. Nur so haben Sie ein gelöstes Pferd, dem Sie eventuell die Piaffe beibringen können. Fängt man im Schritt schon an, den Kopf in Form und Aufrichtung bringen zu wollen und das Pferd ist noch nicht gelöst genug, wird es sich im Rücken verspannen und der ganze Schritt und Ihre Träume von schöner Handarbeit sind im Eimer. Funktion vor Form!

*Pferd in der Schrittarbeit.*

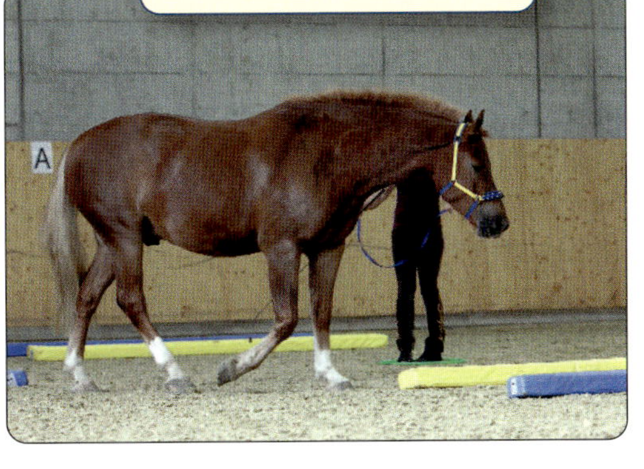

Die ersten Übungen der EquiClassic-Work im Schritt mögen Ihnen sehr unspektakulär erscheinen, aber nur so ergibt alle weitere Arbeit Sinn. Die Übungen der EquiClassic-Work sind sinnvoll aufeinander aufgebaut und beginnen nun mal mit der Basis, der Schrittarbeit.

## Der Beginn der Schrittübungen

**Ihre Position am Pferd**

Sie gehen kurz vor der Schulter des Pferdes. Als Begrenzung für die Schulter halten Sie in der Hand des äußeren Zügels die Gerte und den äußeren Zügel. Mit der anderen Hand halten Sie den inneren Zügel. Ihr Körper ist in Laufrichtung gedreht.

Sie beginnen damit, Ihr Pferd antreten zu lassen – sprich, Ihr Pferd setzt sich auf Ihr Kommando in Bewegung und macht den ersten Schritt.

Ihr Pferd sollte Ihr Tempo gehen, nicht schlurfen und nicht drängeln. Üben Sie im Schritt die Tempiwechsel, denn diese bauen wir in der EquiClassic-Work in die Basisübungen ein. Tempowechsel heißt, den Schritt zu verlangsamen und wieder fleißiger zu machen, das hält Ihr Pferd konzentriert.

*Der Beginn der Schrittübungen.*

Das erste Ziel ist es, Ihr Pferd aus seiner Komfortzone holen und zum Aufpassen zu bewegen. Das zweite Ziel ist ein fleißiger, taktreiner Schritt.

Das erreichen Sie durch die Wechsel zwischen langsamem und fleißigem Schritt. Die Parcours geben die Möglichkeiten vor. Es kommt immer individuell auf das Pferd an, welcher Schritt gewählt wird.

Kann das Pferd die Volte im Schritt nicht in der korrekten Stellung und Biegung gehen, verlangsamt man den Schritt. So bekommt das Pferd die Möglichkeit, in der Bewegung zu bleiben und die Bewegungsabläufe zu lernen. Dennoch sollte der Schritt immer so fleißig sein, dass das Pferd in seiner Fußfolge nicht gestört wird. Ein langsames Tempo hilft oft auch dem Menschen, die Volten korrekt zu absolvieren.

Ist ein Pferd etwas »triebig«, geht man in den Geraden der Gassen etwas zügiger und animiert das Pferd fleißiger zu werden und nicht zu trödeln. Man hetzt das Pferd dann allerdings nicht im Eiltempo durch, sondern achtet auf den Erhalt der fließenden Bewegungen und den taktreinen Schritt.

Hat man ein hibbeliges Pferd, verlangsamt man den Schritt in den Geraden. Oft werden die Pferde dann ruhiger, da sie sich ebenfalls auf das neue Tempo konzentrieren müssen.

## Halt

Ein korrektes Halten besteht aus mehreren Abschnitten, die Sie Ihrem Pferd nach und nach beibringen sollten.

Man sollte ja nicht glauben, dass es schwierig ist, ein Pferd zum Halten zu bekommen. Irgendwie geht das immer, aber das »Irgendwie« wollen wir ja nicht, sondern wir haben das Ziel, dass Ihr Pferd umgehend auf die Hilfe zum Halten kommt und geschlossen steht.

Das Anhalten des Pferdes sollte auf den Punkt geschehen. Nicht noch drei Schritte auslaufen lassen, während das Pferd denkt: Jetzt ist gut, hier halten wir dann an. Wenn die Hilfen zum Halten gegeben werden, sollte das Pferd diese sofort umsetzen. Eigentlich logisch, aber überprüfen Sie es einmal wirklich auf Herz und Nieren. Hält und reagiert Ihr Pferd unverzüglich auf Ihre Hilfen?

Das mag bei auf den ersten Blick sehr pingelig wirken, aber man stelle sich vor, aus dem Trab an der Hand anhalten zu wollen. Sie haben einen vierjährigen, 1,80 Meter großen knackigen Wallach an der Hand. Es entstehen unschöne Bilder im Kopf, wenn man sich vorstellt, dass dieses Pferd seine eigenen Ideen von Anhalten hat. Die Interpretation von Pferden auf die Hilfe zum Anhalten ist oft sehr vielfältig. Ihre Definition sollte Anhalten auf den Punkt sein, da wo Sie es möchten. Zu Gesprächen sind wir nicht bereit. Das ist das Ziel. Natürlich wird das anfangs nicht immer funktionieren, aber es ist das erklärte Ziel für diese Lektion.

Der nächste Schritt wäre ein ruhiges, geduldiges Stehenbleiben. Optimal ist es, wenn Ihr Pferd im Halten ruhig, aber aufmerksam stehenbleibt und auf die nächste Hilfe von Ihnen wartet.

Diese Grundübungen sind elementar für die spätere Arbeit. Hält Ihr Pferd nämlich nicht, hört es Ihnen auch nicht zu und eine harmonische Zusammenarbeit wird schwierig.

**!**

### Wichtig

**Beim Halten sind ein klares Stimmkommando und eine gute Körperhaltung sehr wichtig. Sie verleihen Ihrem Wunsch den nötigen Nachdruck. Außerdem erspart es Ihrem Pferd, dass Sie später »mechanisch« eingreifen müssen.**

Zunächst sollte das Pferd auf einen Impuls oder Stimmkommando anhalten. Es sollte ruhig stehenbleiben und noch die Aufmerksamkeit haben, auf die nächste Hilfe zu reagieren. Es muss zunächst verstehen lernen, was verlangt wird. Es gilt wieder Funktion vor Form. Das erste Ziel ist es, dass das Pferd das Kommando für Halten umsetzen kann, bevor man auch nur in irgendeiner Weise an das Absenken der Hinterhand denkt.

Im Schritt gibt man am inneren Zügel einen Impuls nach oben und verwendet ein Stimmkommando, etwa »Steh« oder »Halt«. Der Mensch hält dabei an. Der Oberkörper ist leicht dem Pferd zugewandt. Um das einem ungeübten Pferd beizubringen, ist es zunächst ratsam, den Schritt zu verlangsamen und es mit einem langgezogenen »uuuund« darauf vorzubereiten. Das schützt davor, das Pferd zu überfallen. Verlangsamen Sie den Schritt, sagen Sie »uuuund«, dann geben Sie einen Impuls am Kappzaum und sagen »Steh«.

Hält das Pferd nicht an, hält man einen leichten Zug am Kappzaum mit dem inneren Zügel nach oben. Sobald das Pferd steht, gibt man augenblicklich nach.

Der Impuls nach oben – das so genannte Arrêt – hat den Vorteil gegenüber einer nach hinten gerichteten Zügelhilfe, dass das Pferd den Hals nicht verspannt. Die nach oben gerichtete Hilfe hebt den Kopf des Pferdes etwas, dadurch muss es sich kurz neu ausbalancieren, verspannt aber nicht im Hals.

## Wenn ein Pferd nicht anhalten will

Zunächst einmal werfen Sie sich nicht vor das Pferd, um es anzuhalten. Treten Sie auch nicht vor das Pferd. Das kann unschöne Folgen haben. Bewahren Sie Ruhe und Geduld und werden Sie nicht hektisch. Es gibt mehrere Ursachen dafür, wenn ein Pferd nicht anhält. Eine davon ist, dass es nicht zuhört. Zuhören ist die Basis, um auf die Hilfen reagieren zu können. Ein Pferd wird nur sofort anhalten, wenn es aufmerksam ist. Pferde, die mit dem Kopf woanders sind, können die Hilfen zum Halten leicht überhören oder ignorieren.

Es erfordert gegenseitige Konzentration. Der Mensch muss erkennen, ob sein Pferd mit seiner Aufmerksamkeit bei ihm ist oder beim Boxennachbarn auf der Koppel. Das gilt nicht nur fürs Anhalten, sondern zieht sich durch die ganze Arbeit am Pferd. Schaut das Pferd gerade interessanteren Dingen zu, sollten Sie es sofort korrigieren. Erst wenn das Pferd aufpasst, ist es in der Lage, auch sofort anhalten zu können.

Der nächste wesentliche Grund, warum ein Pferd nicht anhält, ist Stress. Sind Pferde verspannt, befinden sie sich im Fluchtmodus und Anhalten ist keine Option. Der Stress, den ein Pferd hat, kann vielseitige Gründe haben: Trennungsängste von den anderen Pferden, ungenaue Hilfen, einen nervösen oder auch nicht positionierten Menschen an der Seite.

Ein weiterer Grund, warum das Pferd nicht anhält, kann die Gerte sein. Die Gerte sollte eine Hilfe sein. Leider ist ihre Handhabung nicht immer so präzise, wie sie sein sollte. Vor lauter Konzentration aufs Pferd vergisst der Mensch oft, wo sich die Gerte gerade befindet. Sie sollte beim Anhalten senkrecht nach unten zeigen und nicht etwa in der treibenden Position an der Hinterhand sein.

Zudem gibt es Pferde, die sehr empfindlich auf Gerten reagieren. Die Haltung der Gerte sollte also immer unbedingt überprüft werden.

Die Dual-Gassen haben sich auch hier als hilfreich gezeigt. Sind Sie in der glücklichen Lage, über eine Halle zu verfügen, legen Sie eine Dual-Gasse im Abstand von etwa einem Meter an die Bande. So begrenzt die Bande die äußere Seite und das Pferd kann nicht mit der Hinterhand ausweichen.

Sollten Sie keine Halle haben, legen Sie zwei Gassen parallel nebeneinander. Das Halten wird immer am Anfang der gelegten Gassen geübt. Halten Sie am Ende der Gassen an, bekommt das Pferd einen Drang, aus den Gassen hinauszulaufen. Manche Pferde haben das Gefühl, sich in den Gassen nicht ausbalancieren zu können, und möchten anfangs nicht darin stehenbleiben. Am Ende der Gassen oder mittig halten wir erst an, wenn das Pferd das Grundkommando umsetzen kann.

Nachdem es angehalten hat, loben Sie es kurz und lassen gerade hibbelige Vertreter nur kurz stehen. Danach üben Sie das Antreten. Wichtig: Nicht loslaufen und denken, das Pferd wird schon mitkommen. Stattdessen die Idee: Das Pferd macht den ersten Schritt.

## Geschlossenes Stehen

Geschlossenes Stehen heißt, dass das Pferd mit beiden Beinpaaren parallel auf gleicher Höhe steht, die Hinterhand leicht gesenkt ist und die Hinterbeine etwas vor der Hüfte stehen. Das Pferd hat dann das Gleichgewicht auf allen vier Beinen gleichmäßig verteilt und steht ruhig und ausbalanciert.

**Wichtig**

**Stehenbleiben bedeutet nicht nur anzuhalten, sondern dass das Pferd sein Gleichgewicht auf allen vier Beinen verteilt hat und geschlossen stehenbleibt.**

## Stehenbleiben

Nachdem wir das Pferd anhalten können, sollte es auch eine Weile stehenbleiben. Das Anhalten ist der erste Schritt, das Stehenbleiben der zweite Schritt. Ein Pferd, das stillsteht, ist nicht nur während der Handarbeit sehr angenehm. Stillstehen sollte ein Pferd immer können.

Schaut man sich allerdings etwas um, ist man schnell in der Realität angekommen. Da wird gezappelt, umgedreht, gescharrt und geschubst. Für manche Pferde sind zehn Sekunden Stillstehen schon rekordverdächtig. Es ist für Pferde nicht ersichtlich, warum sie regungslos verharren sollen, wenn die Kumpels auf der Weide nebenan ihren Spaß haben. Nervöse Pferde haben einen zu hohen Adrenalinspiegel, andere wiederum wollen den Menschen bewegen.

Pferde sind Herdentiere. Von der Herde entfernt zu sein, bedeutet erst mal Stress. Sie müssen lernen, stehenzubleiben, dabei aufmerksam zu sein und abzuwarten. Der Aspekt »wer bewegt wen« sollte auch nicht außer Acht gelassen werden. Das braucht Zeit, Gewöhnung und Übung, es sollte also nicht als selbstverständlich vorausgesetzt werden.

**So üben Sie das Stehenbleiben**

Um das Stillstehen so zu üben, dass es auch nachhaltig ist, gilt es ein paar Regeln zu beachten. Halten Sie Ihr Pferd an, indem Sie die Hilfen, also die Impulse am Kappzaum nach oben geben; bereiten Sie es mit einem »uuund« darauf vor.

Steht Ihr Pferd für ein paar Sekunden still, loben Sie es und lassen Sie es wieder antreten. Mit der Zeit erhöhen Sie die Zeitspanne.

Hier hat sich besonders das Training mit dem Equiplace als hilfreich erwiesen. Im Equiplacetraining lernen Pferde stillzustehen, aber aufmerksam zu bleiben.

### Das Antreten nach dem Halten

Das Antreten sollte prompt aber harmonisch sein, weder mit einem Satz nach vorne noch mit einem Schlurfen. Ein Pferd braucht dazu die richtige Energie. Es gibt ja durchaus Pferde, die gerne anhalten und für ihr Leben gerne stehen. Was sich in der Positionsarbeit bewährt hat und geübt wurde, kommt Ihnen bei der EquiClassic-Work zugute.

Beim Antreten nach dem Halten lässt man das Pferd wieder den ersten Schritt machen. Dazu braucht man die Energie nach vorne. Nach dem Halten und Stehenbleiben sollte wieder Körperspannung aufgebaut werden. Der Körper des Menschen richtet sich in Laufrichtung, im Idealfall mit einem kleinen Impuls am Kappzaum nach vorne und eventuell mit einem Stimmkommando und das Pferd tritt an. Erst wenn sich das Pferd nach vorne bewegt hat, geht auch der Mensch.

Die Gerte darf hier eingesetzt werden, da sie – anders als während der Positionsarbeit – das fleißige Antreten fördert. Das Antreten gehört zu den Lektionen, die die Schubkraft des Pferdes begünstigen, besonders aus dem Rückwärtsrichten heraus.

Um Ihr Pferd zu treiben, touchieren Sie es an der seitlichen Hinterhand. Es soll nur ein Touchieren sein, wie alle anderen Gertenhilfen auch.

## Rückwärts

Rückwärtstreten ist im normalen Ablauf des Pferdes nicht unbedingt die Gangart der Wahl. Schon gar nicht eine Pferdelänge im lateralen Zweitakt. Rückwärts, so wie wir uns das vorstellen, müssen Pferde üben. Unausgebildete Pferde können die gerade Linie nicht halten und treten auch in der Regel nicht spurig zurück. Versucht man das anfangs, nehmen die Pferde den Kopf hoch, drücken den Rücken weg und setzen jeden Fuß einzeln. Von Takt ist dann noch weit und breit keine Spur. Es schaut zuweilen gruselig aus. Oft sieht man Reiter, die mit Hilfe der Zügel kräftig nach hinten ziehen, was einfach nur kontraproduktiv ist, da die Pferde gegen die Hilfen gehen und sich verspannen. Der Rücken wird durchgedrückt, und die Muskelketten können nicht zusammenspielen. Somit richtet man

Nach dem Halten drehen Sie sich seitlich zum Pferd und richten es zurück.

Eine andere Variante ist das frontale Rückwärtsrichten.

## Wichtig

**Wenn Sie das Pferd in den Gassen rückwärtsrichten und die frontale Führposition einnehmen, seien Sie sich bewusst, dass ein Pferd sich erschrecken kann.**
**Da die Gassen den Fluchtweg nach links und rechts begrenzen, kann das Pferd nur nach vorne flüchten. Das kann im Einzelfall unangenehme Folgen für den Menschen haben, weil er vom Pferd überrannt werden kann. Um auf Nummer sicher zu gehen, nehmen Sie zum Rückwärtsrichten die seitliche Position am Pferd ein.**

mehr Schaden an, als es Wert hat. Korrektes Rückwärtsrichten ist eine äußerst effektvolle Übung mit einer gymnastizierenden Wirkung.

Beim Rückwärtsrichten soll sich der Rücken aufwölben, das Pferd sollte die Kruppe senken und die Hanken leicht beugen. So hat die Übung schon eine etwas versammelnde Funktion, die die Tragkraft fördert. Rückwärtsrichten soll in gerader Linie und nicht übereilt erfolgen.
Dabei soll das Pferd gleichmäßig rückwärts treten. »Treten« wie im Trab (nicht schreiten), da die Fußfolge diagonal/lateral im Zweitakt erfolgt.

Falsch ist, wenn das Pferd die Beine einzeln setzt. Anfangs werden viele Pferde die Linie nicht halten können und mit den Hinterbeinen breitbeinig nach hinten »stapfen«.
Schön ist es, wenn das Pferd anschließend geschlossen steht, der letzte Tritt wird als halber ausgeführt.

## So richten Sie Ihr Pferd korrekt rückwärts

Nutzen Sie Dual-Gassen als Hilfe. Kennt Ihr Pferd den Rückwärtsgang noch nicht, wählen Sie die Bande als äußere Begrenzung. Parallel zur Bande, im Abstand von etwa 1,50 Metern legen Sie eine Gasse.

Das Pferd sollte mit den Vorderbeinen zum Ende der Gasse anhalten. Die Bande und die Gasse geben dem Pferd einen Rahmen. Haben Sie keine Bande, können Sie zwei Gassen parallel legen und so nutzen, wie sie später auch eingesetzt werden.

Es gibt zwei Positionen, um einem Pferd das Rückwärts beizubringen. Sie stehen vor dem Kopf des Pferdes, leicht seitlich oder in Höhe des Halses neben dem Pferd gegen die Laufrichtung. Anfangs hat sich die Position vor dem Kopf bewährt, später wählen wir die seitliche Position.

Senken Sie leicht den Kopf des Pferdes. Das Kopfsenken hat den Sinn, dass das Pferd nicht verspannt und die Muskulatur lockerlässt. Es gibt dem Pferd die Möglichkeit, die Hinterbeine aktiv einzusetzen, da der Rücken nicht verspannt wird. Später bringen wir es mehr in die Aufrichtung.

Geben Sie am Kappzaum einen leichten Druck nach hinten. Dabei halten Sie den Zügel kurz. Sobald das Pferd die Tendenz zum Rückwärts zeigt, gehen Sie in Richtung des Pferdes und geben Sie nach.

Richten Sie Ihr Pferd anfangs nur einen Tritt zurück, damit es versteht, was gewünscht wird. Loben Sie es danach. So bauen Sie einen Tritt nach dem anderen auf. Hier gilt ebenfalls »Funktion vor Form«. Ist die Fußfolge noch nicht lateral/diagonal, sondern die Beine einzeln gesetzt, geben wir uns ganz am Anfang trotzdem damit zufrieden. Das Pferd hat eine Idee, in welche Richtung es geht. Ist es durchlässig genug, gehen Sie mit mehr Energie auf das Pferd zu. Sobald es sich flüssig nach hinten bewegt, geben Sie den leichten Druck nach hinten am Kappzaum auf und bringen es geschlossen zum Stehen.

Drehen Sie sich in Laufrichtung und lassen Sie Ihr Pferd wieder antreten.

## Was tun, wenn …

Hebt das Pferd den Kopf und verspannt die Hals- und Rückenmuskulatur, wird der Weg nach hinten schwierig. Lässt es den Kopf und Hals anfangs noch nicht locker fallen, achten Sie darauf, dass es sich nicht gänzlich verspannt und versuchen Sie das Pferd während der Bewegung zu lösen. Manchen Pferden fällt das leichter.

Läuft das Pferd nicht in gerader Linie rückwärts, geben die Gassen einen Rahmen. Zudem können wir es uns zunutze machen, dass der Kopf die Hüfte bewegt. Was wir in gebogener Linie verhindern möchten, kommt uns hier zugute. Die Hinterhand bewegt sich in die entgegengesetzte Richtung dessen, wie Sie das Pferd am Kopf stellen. Ist der Kopf nach rechts gedreht, geht die Hinterhand nach links. So kann man die Richtung auch durch die Halsbiegung korrigieren.

Das breitbeinige Rückwärtstreten hat oft fehlende Koordination und Balance als Ursache. Durch den Rahmen der Gassen und die Routine werden Pferde sicherer.

Setzt das Pferd jeden einzelnen Fuß zurück, kann etwas mehr Energie nach hinten helfen. Die Pferde sind noch nicht ausreichend balanciert und koordiniert und müssen erst in den Takt finden.

Es gibt Pferderassen, die ihre Vorhand schneller nach hinten bewegen, als ihre Hinterbeine treten können. Verlangsamen Sie hier deutlich das Tempo.

Erneut der Hinweis: Wenn Sie frontal vor dem Pferd stehen, birgt das ein gewisses Risiko, da Pferde Fluchttiere sind und leicht in Panik geraten können. Der Weg zur Seite ist durch die Gassen begrenzt, es kann also nur nach vorne. Stellen Sie sich leicht seitlich vor den Kopf des Pferdes.

## Die Volte – nur auf der Kurve bekommt man das Pferd gerade!

Ganz klar: Ein Pferd kann sich im freien Lauf wunderbar ausbalancieren, es läuft auch gebogene Linien im Schritt, Trab und Galopp und in den Kurven ausbalanciert, ohne hinzufallen. Nur manchmal erinnert uns das an Motorradfahren oder daran, dass Vor- und Hinterhand nicht ganz zusammenpassen. Zwischendurch sieht es sogar ganz passabel aus. Pferde meistern gebogene Linien irgendwie und balancieren sich dabei auch irgendwie aus. Hauptsache ist, um die Kurve zu kommen und nicht umzufallen.
Jetzt kommt der Mensch ins Spiel. Hängt womöglich eine Longe ans Pferd oder ein Reiter setzt sich darauf. Um Gelenkschäden und Verspannungen der Muskulatur zu vermeiden, sollte man dem Pferd jetzt beibringen »in sich gerade auf gebogener Linie« zu laufen. Die natürliche Schiefe soll ausgeglichen werden, damit das Pferd gesund bleibt.

Mit der Zeit lernen das Pferd, dass es energiesparender und angenehmer ist, die Linie – so wie wir uns das vorstellen – zu halten und wir müssen es nicht ständig korrigieren. Das ökonomische Laufen lernt ein Pferd aber nur in der Kurve und nicht im Geradeaus, weil dabei keine Biegung nötig ist. Im Geradeaus kann es sich ausbalancieren, in der Kurve ist dies deutlich schwieriger. Indem wir dem Pferd auf den Zirkeln und Volten ein anderes Laufgefühl vermitteln, lernt es, dieses auch auf die Gerade zu übernehmen.
Pferde müssen geradegerichtet werden, sobald man mit dem Gedanken spielt, sie an der Hand zu arbeiten oder sich draufzusetzen. Nur so bleiben sie gesund. Dies sollte für jeden Pferdebesitzer eine heilige Pflicht sein.
Geraderichten heißt, dass das Pferd lernen muss, sich auf der gebogenen Linie auszubalancieren, sein Gewicht gleichmäßig verteilt und nicht in der Volte auf die innere Schulter fällt.

### Linie vor Lektion

Beide Körperhälften des Pferdes sollen gleich dehnfähig sein, gleich viel Kraft und Muskulatur ausbilden und das Pferd soll spurig laufen.
Um eine Volte korrekt ausführen zu können, beginnt man damit, das Pferd korrekt von A nach B zu führen. Das Pferd sollte sich dem Tempo, welches der Mensch vorgibt, anpassen und auch auf der Kreislinie das Tempo halten.
Das Pferd geht dabei in der Volte korrekt gestellt und gebogen, die Vorhand ist genau auf die Kreislinie eingestellt. Es sollte dabei in sich geradegerichtet auf gebogener Linie sein und nicht nach innen oder auf die äußere Schulter fallen.
Die Hinterbeine fußen in Linie mit der Spur die Vorderhufe. Das Pferd hat eine aktive Hinterhand, beugt also etwas die Hanken, lastet dabei auf dem inneren, hinteren Bein und hat schon genügend Kraft, um zumindest in Richtung des Schwerpunkts zu treten.
Das Pferd hat bereits gelernt, sich durch eine aktive Hinterhand und einen durchlässigen Rücken über die Oberlinie zu tragen, es kann untertreten und erreicht eine relative Aufrichtung.
So weit, so gut.
Anfangs wird Ihr Pferd eventuell den Unterhals anspannen, es lässt sich noch nicht stellen und verwirft sich, fällt auf die innere oder äußere Schulter, läuft nicht spurig, sondern einen halben Meter mit der Hinterhand an der Vorhand vorbei und ist mit den Hinterbeinen noch weit von den Spuren der Vorderbeine entfernt. Seien Sie entspannt. Alles

Überstellt.

braucht seine Zeit und nur durch Üben werden Sie Ihr Ziel erreichen.

## Die korrekte Stellung in den Volten

Ohne die korrekte Stellung wird es fürs Pferd schwierig, eine Volte zu gehen. Dabei darf das Pferd weder zu wenig noch zu viel gestellt sein. Ist das Pferd zu wenig oder überstellt, ist keine ordentliche Biegung mehr möglich. Das Pferd versucht es irgendwie auszugleichen und wird nicht in sich geradegerichtet auf der Volte gehen, sondern auf die äußere oder innere Schulter fallen. Dementsprechend laufen auch Vor- und Hinterhand nicht spurig. Also ist alles krumm und schief.

Eine korrekte Stellung und Biegung in den Volten ist wichtig, um die Muskulatur gleichmäßig zu belasten und um Fehlbelastungen der Gelenke zu verhindern. Ein gutes Maß ist, wenn sich bei der Stellung das äußere Auge zwischen äußerem und innerem Buggelenk befindet.

Wir führen die Volten einmal von innen und einmal von außen auf beiden Händen, so dass das Pferd gleichmäßig auf beiden Seiten gymnastiziert wird.

## Innen führen

Bei der von innen geführten Volte geht der Mensch innen und stellt und biegt das Pferd nach innen. Bei einer Linksvolte ist der Mensch zunächst auf der linken Seite des Pferdes und auf der linken Hand. Er stellt und biegt das Pferd nach links. Bei einer Rechtsvolte ist der Mensch auf der rechten Seite des Pferdes und auf der rechten Hand. Er stellt und biegt das Pferd nach rechts.

Der Mensch geht auf Höhe des Halses zwischen Kopf und Schulter des Pferdes. Die innere Hand (am inneren Zügel) gibt am Kappzaum Impulse nach innen, sodass das Pferd eine Idee bekommt, in welche Richtung es geht. Dabei ist anfangs durchaus eine feine Anlehnung des Zügels zu erhalten. Bis das Pferd gelernt hat, in Selbsthaltung zu gehen, ist es ein weiter Weg. Der äußere Zügel bleibt verwah-

*1. Minimale Stellung: Das äußere Auge befindet sich auf Höhe des äußeren Buggelenkes; maximale Stellung: Das äußere Auge befindet sich auf Höhe des inneren Buggelenkes.*
*2. Die Ohren bilden eine senkrechte Linie und kippen nicht zu Seite ab.*

rend am Pferd. Er hat die Aufgabe, die Vorhand auf die Kreislinie einzustellen, indem er die Schulter außen begrenzt.
Die Gerte wird in der äußeren Hand in der Grundposition gehalten.
Das Problem ist, dass Pferde gerne auf die innere Schulter fallen. Um die Kurve auszugleichen, versuchen sie irgendwie zu kompensieren. Sie müssen erst lernen, die gebogene Linie in sich geradegerichtet zu meistern. Die äußere Hand kann die Schulter des Pferdes begrenzen, indem sie einen leichten Impuls mit dem Daumen an der Schulter gibt, sobald das Pferd zu sehr auf die innere Schulter fällt. Ein Impuls am Kappzaum nach oben mit der inneren Hand richtet das Pferd etwas auf und kann dieses Problem ebenfalls lösen.

*Bei der von innen geführten Volte geht der Mensch innen; er stellt und biegt das Pferd nach innen.*

## Außen führen

Bei der von außen geführten Volte geht der Mensch außen und stellt und biegt das Pferd nach innen.
Bei einer Linksvolte ist der Mensch auf der rechten Seite des Pferdes und geht auf der linken Hand. Er stellt und biegt das Pferd nach links. Bei einer Rechtsvolte ist der Mensch auf der linken Seite des Pferdes und geht auf der rechten Hand. Er stellt und biegt das Pferd nach rechts.
Es ist eine ganz andere Perspektive, weil das Pferd vom Menschen weg gestellt und gebogen wird. Das Pferd lernt, sich in den Volten vom Menschen weg zu stellen. Das ist eine besonders gute Übung, wenn ein Pferd gerne auf die innere Schulter fällt. Zudem dient es als Vorbereitung auf höhere Lektionen.

*Bei der von außen geführten Volte geht der Mensch außen; er stellt und biegt das Pferd von sich weg nach innen.*

Bei der von außen geführten Volte geht der Mensch weiter vorne, eventuell sogar vor dem Kopf des Pferdes, um die Vorhand besser auf die Kreislinie einstellen zu können. Der Zügel vor dem Widerrist ist nun der innere, der Zügel, der zum Kappzaum führt der äußere.

> **Wichtig**
> **Ihre Hilfen machen dem Pferd verständlich, wie und wo es auf einer Volte laufen soll. Reduzieren Sie diese aber immer weiter auf ein Minimum und lassen Sie das Pferd möglichst selbstständig gehen. Kann das Pferd die Volte in dieser Stellung und Biegung halten, verschafft es ihm ein angenehmes Laufgefühl, das es gerne erhalten will.**

Der innere Zügel gibt Impulse und gibt dem Pferd eine Idee, in welche Richtung es den Kopf stellen soll. Der äußere Zügel kann an der Nase des Pferdes leichten Druck ausüben und es quasi nach innen schieben. Manchmal hilft es auch, den äußeren Zügel länger zu lassen und die Impulse nach innen zu geben.

Falls das Pferd die Kreislinie noch nicht halten kann, achten Sie unbedingt auf das Tempo. Je langsamer die Volte absolviert wird, desto einfacher kann sich das Pferd vorstellen, wie es zu laufen hat.

In dieser Position drängen die Pferde oft nach vorne, da sie den kürzeren Weg haben. Das sollten Sie korrigieren. Geben Sie dazu Impulse mit dem Zügel am Kappzaum nach oben.

## Im Trab an der Hand

Der Trab im Geradeaus ist zunächst einmal eine sehr energiesparende Gangart. Das Pferd sieht sich nicht genötigt, die Hinterbeine einzusetzen und versucht Kraft zu sparen, wo es kann. Bei Distanzritten kommt einem das auch durchaus zugute. Möchte man im Trab Muskulatur aufbauen, muss man zunächst auf die gebogene Linie. Hat das Pferd dort seine Form gefunden und gelernt, geradegerichtet zu gehen, kann es das Erlernte auch auf der Geraden umsetzen. Zum Beispiel im versammelten Trab: Er fällt auf der Kurve leichter, da Form und Linie die Lauftechnik vorgeben.

Trabt ein untrainiertes Pferd auf der Geraden, hat das zumindest eine lösende Komponente in der Gymnastizierung. Sobald es in die Volten geht, braucht es mehr Kraft, mehr Koordination und mehr Balance.

In der EquiClassic-Work ist der Trab ein fester Bestandteil der Parcours. Das Pferd lernt in dieser Gangart ebenfalls, sich zu auszubalancieren. Da der Trab eine andere Fußfolge hat als der Schritt, denn der Trab ist ein Zweitakt im Gegensatz zum Viertakt Schritt, muss das Pferd neu lernen, sich in den Kurven auszubalancieren. Es ist ein anderes Bewegungsmuster für das Pferd.

### Langsam – Funktion vor Form

Die Volten sollen anfangs nur den Zweck haben, das Pferd im Trab bei sich zu halten und nicht wie auf gerader Linie zu viel Tempo zu entwickeln. Arbeiten Sie langsam, damit das Pferd die Balance finden kann, seine Bewegungen kontrollieren kann und schließlich auch die Biegung im Trab lernt.

Ist das Pferd auf der Volte geradegerichtet, kostet der langsame Trab mehr Kraft. Sie können erst nach und nach mehr Fleiß aus der Hinterhand verlangen.

### Was tun, wenn …

### Langsames oder eiliges Pferd

Bei langsamen Pferden, die man etwas in den Trab bitten muss, empfiehlt es sich, in den Geraden von Kreuz oder Quadratvolte zu traben und selbst etwas fleißiger gehen und in den Volten den Schritt wählen. Die Wechsel zwischen den Gangarten Trab und

Schritt machen das Pferd aufmerksam. Bei eiligen Pferden arbeiten wir umgekehrt und lassen sie in den Geraden Schritt gehen und in den Volten Trab. Hier gehen auch Sie ein langsameres Tempo, so dass sich Ihr Pferd anpassen muss. Auf diese Weise vermeiden wir, dass sie davonstürmen. Bald werden die Pferde dann den Takt und Rhythmus finden.

### Gangpferde

Vielen Gangpferden wie Isländern fällt es schwer, in den Trabrhythmus zu finden. Anfangs sind für diese Pferde besonders die engen Kurven schwierig.

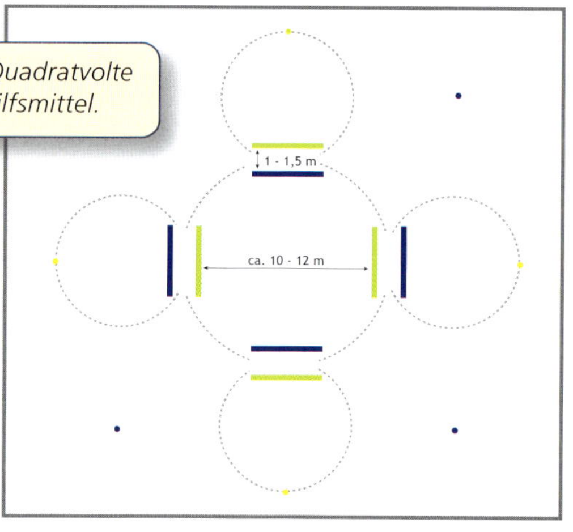


*Die Quadratvolte als Hilfsmittel.*

> **Wichtig**
>
> **Das Pferd passt sich Ihrem Tempo auch im Trab an. Es soll zuhören und Sie geben das Tempo vor. Wir rennen nie neben dem Pferd her, wir gehen. Erstens wären wir da sehr schnell aus der Puste und zum Zweiten ist es beim Rennen nicht möglich, die Hände ruhig zu halten und feine Hilfen zu geben.**

Nutzen Sie hier ebenfalls die Geraden und machen Sie die Volten nicht zu eng, damit das Pferd den Takt finden kann.

Legen Sie die Quadratvolte auf zwölf Meter Durchmesser. Der ganze Umfang der Quadratvolte wird dann zum Traben genutzt. Erst wenn das Pferd das beherrscht, gehen Sie zu engeren Volten im Trab über. Im Kleeblatt wird anstatt der Volten im Trab ein halber Zirkel im Trab absolviert.

## Übertreten

Jedes Pferd kann seitwärts gehen, es erfordert nur etwas Takt und Koordination. Neben dem lösenden Charakter hat die Übung auch einen koordinativen Aspekt, der dem Pferd beibringt, im Rhythmus die Beine zu sortieren. Zudem ist das Übertreten eine Vorbereitung auf die Seitengänge wie zum Beispiel die Traversale auf der Diagonalen.

Übertreten an der Hand hat einen lösenden Charakter. Im Vergleich zu Seitengängen wie Schulterherein biegt sich das Pferd nicht. Es ist lediglich leicht gegen die Bewegungsrichtung gestellt. Eine Variante wäre, das Pferd in die Bewegungsrichtung oder gar nicht zu stellen. Die Vorderbeine kreuzen ebenso wie die Hinterbeine und das Übertreten hat eine gymnastizierende Wirkung.

Das Übertreten schult ebenso den Gehorsam. Nicht erschrecken, wir wenden keinen Drill an. Gehorsam hat etwas mit Zuhören zu tun. Beim Übertreten lernt das Pferd punktgenau auf die Hilfen zu reagieren und muss aufmerksam sein.

Das Übertreten unterscheidet sich von den Seitengängen im Wesentlichen davon, dass das Pferd nicht gebogen ist. Je steiler das Pferd positioniert ist, umso mehr tritt das Pferd am Schwerpunkt vorbei. Dennoch hat es eine lösende Wirkung und das Pferd hat den Drang, sich danach fallen zu lassen. Durch das seitliche Übertreten kippt das Becken nach links und rechts ab, die äußere Seite des Pferdes wird aufgedehnt und die Pferde beginnen, sich im Genick zu lockern. Durch diesen Spannungsaufbau möchte sich das Pferd nach der Übung lösen und lässt den Hals fallen. Daher bauen wir im Wechsel mit den biegenden und versammelnden Übungen das Übertreten in die Parcours ein.

Wir arbeiten in der EquiClassic-Work mit zwei Positionen, in denen man das Pferd übertreten lässt.

## Frontal vor dem Pferd

Es ist vielleicht nicht die klassische Position, um ein Pferd übertreten zu lassen, sie hat sich aber bewährt.

Wir gehen mit dem Pferd vor uns in die gewünschte Bewegungsrichtung, dabei kreuzen die Beine des Menschen, ebenso alle vier Beine des Pferdes.

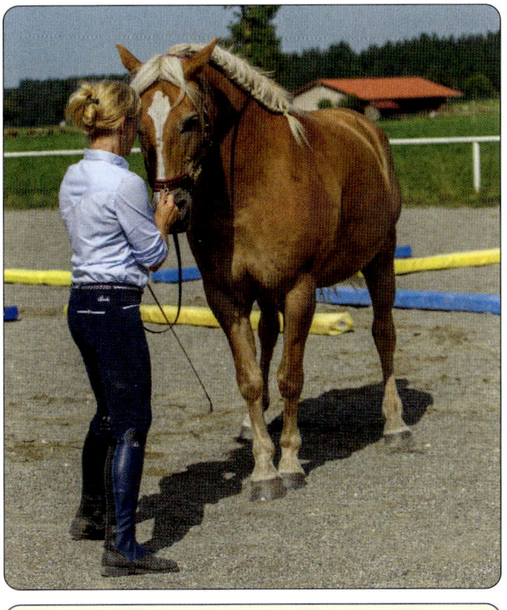

*Position frontal vor dem Pferd. Man stellt sich vor das Pferd. Will man es nach rechts übertreten lassen, ist die rechte Hand am Kappzaum, in der linken werden der äußere Zügel und die Gerte gehalten.*

Das Pferd sollte immer in einer leichten Vorwärtstendenz sein, auch wenn Sie es im 90-Grad-Winkel positioniert haben.

Beim Antreten-Lassen kommt immer zuerst ein Impuls nach vorne. Das Pferd geht dabei keinen ganzen Schritt nach vorne, richtet aber seine Bewegungsenergie ins Vorwärts. Dann touchieren Sie mit feinen Impulsen die Hinterhand, während Sie das Pferd in Bewegungsrichtung mitnehmen.

Der Vorteil dieser Position ist, dass wir die äußere Schulter im Blick haben und korrigieren können. Die Pferde mogeln sich beim Übertreten gerne aus der korrekten Haltung, da diese anstrengend ist. Sie überstellen sich dabei und laufen über die äußere Schulter weg. Vor dem Pferd hat der Mensch den Überblick, ob das Pferd in der richtigen Haltung geht, mogelt, oder er selbst das Pferd überstellt.

Der äußere Zügel soll beim Übertreten die Schulter begrenzen. Das Pferd muss erst lernen, auf den äußeren Zügel zu reagieren. Viele Pferde fallen anfangs beim Übertreten auf die äußere Schulter. Sie haben noch nicht gelernt, auf den äußeren Zügel zu reagieren. Das ist oft gar nicht so selbstverständlich und funktioniert nicht von alleine. Dieser muss erst installiert werden. Dazu ist die frontale Führposition ideal.

**!**

### Achtung

**Wenn das Pferd in einem zu flachen Winkel geht, dann bewegen wir nicht die Hinterhand, sondern begrenzen die Vorhand. Dazu gibt man mit dem äußeren Zügel einen leichten Impuls. Das Pferd wird mit der Vorhand langsamer und die Hinterhand geht weiter.**

**Überprüfung**

**Überprüfen Sie, wie gut Ihr Pferd zuhört. Jeder Schritt zur Seite muss einzeln abgerufen werden können. Halten Sie das Pferd nach einem Seitwärtsschritt an und setzen es danach wieder seitwärts in Bewegung. Das sollte flüssig und ohne Widerstand funktionieren.**

*Soll das Pferd nach rechts übertreten, befinden Sie sich auf der linken Seite des Pferdes. Das Pferd ist minimal gegen die Bewegungsrichtung gestellt.*

Der äußere Zügel wird beim Übertreten normalerweise nur in Anlehnung, also nur in Verbindung und nicht auf Zug gehalten. Fällt das Pferd auf die äußere Schulter, kommt ein Impuls am Kappzaum. Reagiert das Pferd, wird kurz angehalten und gelobt. Nach und nach versteht das Pferd den Impuls am äußeren Zügel und reagiert nicht mit Gegendruck darauf.

## Seitlich am Pferd

Dazu stellt der Mensch den Körper in die Bewegungsrichtung gedreht zu der Seite, zu der das Pferd übertreten soll.
Geben Sie mit der Hand, die am Kappzaum ist, einen Impuls zum Antreten. Mit der Gerte, die den äußeren Zügel und die Gerte hält, touchieren Sie im Moment des Abfußens leicht das innere Hinterbein als Signal für das Seitwärts.

**Langsam!**

Besonders beim Übertreten achten wir darauf, dass die Pferde nicht zu schnell und zu hektisch gehen. Das Pferd muss zwar in den Takt finden, häufig ist es dabei aber zu schnell. Das Pferd bringt die Beine durcheinander und es gibt nicht nur ein Beinchaos, sondern auch eine Belastung für seine Gelenke.

**Wichtig**

**In der seitlichen Position wird häufig der Fehler gemacht, zu nahe am Pferd zu sein. Der Mensch wundert sich, dass das Pferd nicht zur Seite tritt. Leider beginnt man dann häufig, das Pferd von sich wegzuschieben, was Gegendruck beim Pferd auslöst.**
**Halten Sie an der Seite genügend Abstand zu Ihrem Pferd. Sind Sie zu nahe, blockieren Sie es und es wird nicht willig übertreten.**

Richten Sie Ihr Pferd zu schnell seitlich, könnte es in den Gelenken drehen. Dreht es die Gelenke und bringt sein ganzes Gewicht darauf, kann das auf Dauer gesundheitliche Probleme mit sich bringen, da die Gelenke falsch belastet werden.

## Übertreten an der Bande

Am einfachsten sind die ersten Schritte im Seitwärts fürs Pferd an der Bande zu erlernen. Kennt ein Pferd das Seitwärts noch nicht, hat es den Drang, nach vorne wegzulaufen. Die Bande bietet eine Barriere, die das Pferd davon abhält, einfach geradeaus die Flucht zu suchen.

Das Pferd ist im 45-Grad-Winkel zur Bande positioniert. Dieser Winkel ist für ungeübte Pferde einfacher zu meistern, als wenn Sie es steiler positionieren. Der Mensch geht an der Seite des Pferdes, in Bewegungsrichtung, in die das Pferd übertreten soll. Es kommt der Impuls zum Antreten. Gleichzeitig touchiert man leicht das Hinterbein oberhalb des Sprunggelenkes im Moment des Abfußens. Hat das Pferd den Drang, nach vorne wegzulaufen, kommt ein Impuls nach oben mit dem Zügel, der in den mittleren Ring des Kappzaums ein geschnallt ist. Das Pferd wird verstehen, dass es nicht nach vorne, sondern zur Seite gehen soll. Die Bande unterstützt dabei das Ganze optisch. Anfangs werden nur wenige Schritte verlangt und nach den richtigen Schritten gelobt. Das Pferd wird schnell verstehen, was von ihm verlangt wird.

Der Impuls am äußeren Zügel kommt gleichzeitig mit dem Arrêt – dem Impuls nach oben. So bekommt das Pferd schon eine Idee, was diese Hilfe am äußeren Zügel bedeutet.

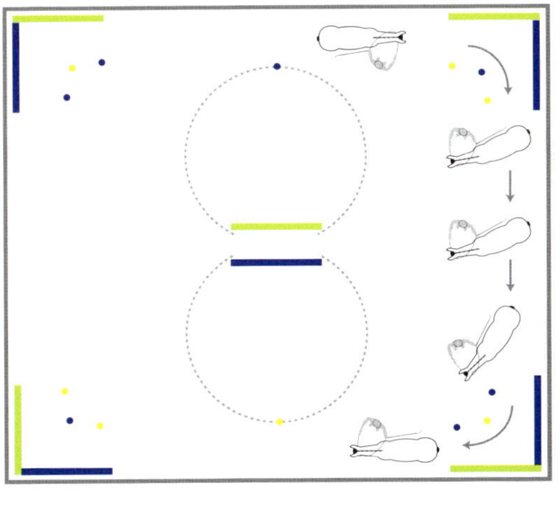

## Übertreten im Stehen – die 180-Grad-Wendung

Diese Übung erinnert an die Vorhandwendung. Der Mensch steht frontal vor dem Pferd und lässt es aus dieser Position heraus im 180-Grad-Winkel um sich herumtreten. Dabei kommt zum Antreten ein leichter Impuls am Kappzaum nach vorne und die Gerte weist in die Richtung des Übertretens. Dabei begrenzt der Mensch durch seine Position die Vorhand und touchiert bei Bedarf mit der Peitsche leicht die Hinterhand. Das Pferd sollte sauber und im Takt die Wendung meistern.

Diese Übung kann später in den Parcours sehr schön als Handwechsel eingesetzt werden.

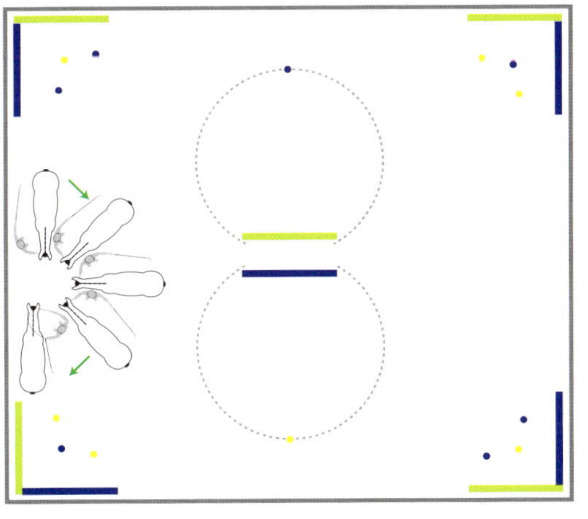

## Übertreten auf der Diagonalen

Das funktioniert im Prinzip wie das Übertreten an der Bande, nur sollte das Pferd schon verstanden haben, dass es nicht nach vorne, sondern zur Seite geht. Der Winkel beträgt nicht ganz 90 Grad, sollte aber auch nicht zu flach sein. Je steiler Sie das Pferd positionieren können, desto deutlicher wird der gymnastizierende Effekt.

Ziel ist es, das Pferd in der Diagonalen auf einer Linie genau von Punkt zu Punkt übertreten zu lassen. Das Pferd ist wieder gegen die Bewegungsrichtung gestellt und tritt die ganze Linie von Punkt zu Punkt über. Hier muss jetzt sehr genau gearbeitet werden. Durch die Gassen und Parcours hat man einen Start- und einen Zielpunkt. Ist die Diagonale nicht exakt, merkt man sehr schnell, dass man das Ziel verfehlt hat und nicht da landet, wo man eigentlich hinwollte.

Später kann man eine schöne Variante einfügen: Da das Pferd nicht komplett gebogen ist, sondern im Rumpf gerade bleibt, können Sie es auch mal komplett geradegestellt lassen. Den Kopf in alle Richtungen stellen zu können, ist eine gute Koordinationsübung, die man dabei nutzen sollte.

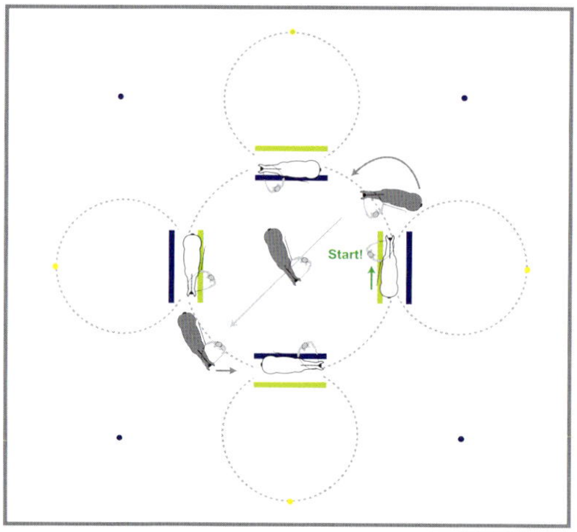


## Übertreten auf der gebogenen Linie

Das Pferd ist fast in einem 90-Grad-Winkel und tritt auf der Volte über. Dabei kreuzen Vor- und Hinterbeine diagonal.

Auch hier ist der sichtbare Parcours der Gassen von Vorteil. Man beginnt nicht mit einer kompletten Volte, sondern lässt das Pferd anfangs nur auf einer kurzen, gebogenen Linie übertreten. Etwa eine Viertelvolte lang, wie sie in der Quadratvolte vorgegeben wird. Anfangs fällt es den Pferden leichter, wenn sie nicht zu steil positioniert sind.

Man steht seitlich oder frontal vor dem Pferd, geht wieder in Bewegungsrichtung mit und führt nach der Übung die Vorhand wieder auf den Hufschlag.

Je untrainierter das Pferd, desto flacher kann die Abstellung auf der Volte sein.

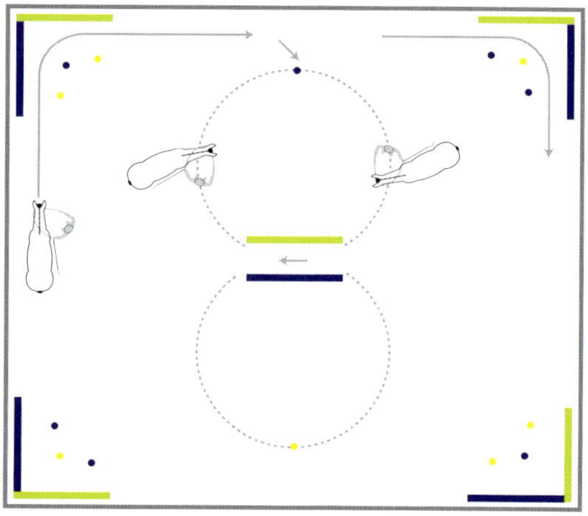

## Nach dem Übertreten: Zügel lang

Nachdem man das Übertreten in die Parcours der EquiClassic-Work mit eingebunden hat, wird man schnell merken, dass das Pferd sich strecken möchte. Die Pferde haben nach dem Übertreten das Bedürfnis, sich »lang zu machen« und den Hals zu dehnen. Das nehmen wir gerne an und lassen die Zügel nach der Einheit des Übertretens in den Gassen lang. Es ist eine effektive und schöne Übung, um ein Pferd in Richtung Losgelassenheit zu führen.

## Was tun, wenn ...

### Weglaufen über die äußere Schulter

Begrenzen Sie die äußere Schulter mit dem äußeren Zügel. Ein kurzes Signal reicht in der Regel aus.

Dauerzug wäre wie immer kontraproduktiv. Dazu muss das Pferd vorher gelernt haben, auf den äußeren Zügel zu reagieren.
Das ist in der Praxis nicht immer so einfach. Es gibt Pferde, die nochmal genau erklärt haben möchten, was das Gezupfe am Zügel bedeuten soll.
Eine weitere Variante wäre deshalb die frontale Führposition. Hier können Sie die Gerte als Begrenzung einsetzen, um das Pferd zum Zuhören zu bringen. Sicherlich nicht die konventionelle Art, aber es führen viele Wege nach Rom. Wir hören die Reiterwelt bei dieser Variante stöhnen, aber sie funktioniert. Wir suchen nach Lösungen und sehen diese als eine davon.

Dazu stellt man sich vor das Pferd und hält den äußeren Zügel sowie die Gerte in der äußeren Hand. Halten Sie etwas mehr Abstand als sonst zum Pferd. Der Zügel sollte länger, aber nicht durchhängend sein. Wird das Pferd nach dem seitlichen Antreten zu schnell, legt man die Gerte an die äußere Schulter. Der äußere Zügel hängt dabei nicht durch und in dem Moment, in dem die Gerte angelegt wird, kommt gleichzeitig der Impuls des Zügels beim Pferd an. Das signalisiert dem Pferd »Stopp«. Es lernt so auch die Bedeutung des äußeren Zügels kennen. Das Pferd sollte nach jedem Schritt zur Seite angehalten werden können.

## Beine nicht im Takt gesetzt

Der Mensch gibt den Takt vor. Wenn der Mensch den Weg nicht kennt, zögerlich und unsicher agiert, wird das Pferd auch beim Übertreten nicht in den Takt finden. Es ist wichtig, auf seine eigene Körperposition und ebenso auf die Körpersprache zu achten. Der Mensch gibt also den Takt vor, indem er den Weg vorgibt. Es geht zu Seite, nicht geradeaus und das sollte der Mensch auch signalisieren. Bestimmt und zielsicher. Dadurch wird das Pferd von alleine den Rhythmus des Seitwärts finden und es fällt ihm leichter, die Beine zu koordinieren.

## Überstellt

Ein Pferd, das überstellt ist, fällt auf die äußere Schulter und der Rest der Statik verschiebt sich oft auch ins Ungewollte und das Pferd verliert die Balance.
Nicht nur der Mensch überstellt das Pferd ungewollt, Pferde überstellen sich oft von ganz alleine, um Energie zu sparen. Die korrekte Stellung zu halten ist anstrengend und das möchte Herr oder Frau Pferd anfangs natürlich tunlichst vermeiden. Überstellt sich das Pferd, bringen Sie den Kopf wieder sanft in die gewünschte Position und achten Sie darauf, dass es sie beibehält.

## Vorauseilender Gehorsam

Da Pferde sich Bewegungsabläufe und die Abfolge der Übungen sehr gut merken können, kommt es manchmal vor, dass sie vor lauter Eifer die Übungen vorausnehmen. Es ist zwar schön, ein mitarbeitendes Pferd zu haben, aber häufig wird es dann zu ungenau und die Übungen nicht exakt genug. Also Murks. Wir wünschen uns, dass das Pferd noch zuhört und auf die Hilfen reagiert. Hat das Pferd einmal seine eigenen Ideen entwickelt, wie das Übertreten aussehen sollte, kann man davon ausgehen, dass es an Energie sparen wird, wo es kann. Es fällt auf die äußere Schulter und wird auch die Körperspannung nicht mehr halten. Das Ganze wird zu eilig und das Pferd wird sich nicht mehr konzentrieren. Es ist darauf zu achten, dass das Pferd noch zuhört und nicht in Eigenregie das Übertreten meistert.
Tipp: Bauen Sie in die Übungen Ausnahmen ein. Lassen Sie Ihr Pferd, bevor Sie es nach dem Anhalten erneut antreten lassen möchten, einige Sekunden stehen, damit es lernt darauf zu warten, bis das

Kommando zum Antreten kommt, und nicht in ein Muster verfällt.
Beim Übertreten üben Sie, das Pferd jederzeit anhalten zu können und einige Sekunden stehen zu lassen, bevor Sie weitermachen. Sollte das Pferd in den »Seitwärtsflow« kommen, können Sie es jederzeit stoppen, um es wieder aufmerksam zu machen.

## Trab

Theoretisch wäre es möglich, die Pferde auch im Trab übertreten zu lassen. Wir verzichten in den Basisübungen allerdings darauf, da es ein hohes Maß an Takt und Koordination verlangt, um das korrekt zu meistern. Fehlen Takt und Koordination, kann das Übertreten im Trab die Gelenke sehr belasten.

## Übergänge

Übergänge zwischen den Gangarten und innerhalb der Gangarten sowie Halten und Rückwärtsrichten fördern nicht nur Schub- und Tragkraft, die Pferde werden auch aufmerksam und fleißig.
Übergänge gibt es zwischen:

- Schritt – Halt
- Schritt – Trab
- Trab – Schritt – Halt
- Trab – Halt – Trab
- Trab – Halt – Rückwärts – Trab
- Trab – Übertreten – Trab

Wichtig bei den Übergängen ist, dass der Mensch das Pferd genügend darauf vorbereitet, damit es sie punktgenau ausführen kann. Das ist das erklärte Ziel. Nicht das Pferd zwischen den Übergängen auslaufen lassen. Wenn wir anhalten wollen, halten wir nicht erst im Nachbardorf an, sondern an dem Punkt, den wir gewählt haben.
Schub- und Tragkraft werden dabei gefördert. Besonders deutlich wird es bei der Abfolge Halten – Rückwärtsrichten – Antreten lassen. Das Pferd »schiebt« sich mit den Hinterbeinen rückwärts, dabei »tragen« die Hinterbeine durch die leichte Beugung und das abgekippte Becken das Pferd. Beim Antreten sollen die Hinterbeine das Pferd mit eingeschaltetem Turbo nach vorne antreten lassen. All das erfordert ein exaktes Arbeiten. Die Anweisungen kann das Pferd nur umsetzen, wenn es zuhört und einen Menschen an der Seite hat, der ihm klar und deutlich zeigt, wo der Weg hingeht. Kurz: Der Mensch führt.
Ein schöner Nebeneffekt der gymnastizierenden Übergänge ist es, dass die Pferde »frisch« werden. Die Übungen erfordern ein hohes Maß an Aufmerksamkeit und holen so manches »transusige« Pferd aus dem Dornröschenschlaf heraus.
Ebenso sollte hier darauf geachtet werden, dass das Pferd nicht den Kommandos vorgreift. Die Übergänge werden sonst »wischiwaschi« und das sollten Sie vermeiden. Wir lassen das Pferd immer etwas warten, bis wir den nächsten Impuls geben. Selbst wenn das Pferd diese Übung schon perfekt beherrscht, lassen Sie das Pferd kurz warten und stillstehen. So wird die Übung nicht automatisiert.

## … und was ist mit dem Galopp?

Auf den Galopp verzichten wir gänzlich. Um ein Pferd an der Hand im ordentlichen gesetzten Dreitakt zu galoppieren, brauchen Sie ein sehr gut ausbalanciertes und koordiniertes Pferd. Natürlich ist es möglich, die Arbeit im Galopp in die EquiClassic-Work einzubinden, sie gehört aber nicht zur Basisarbeit, die wir hier vermitteln möchten.

## Erfolg hat drei Buchstaben: T U N!

Die EquiClassic-Work ist ein sehr einfaches Programm, um Pferde an der Hand zu gymnastizieren. Wir arbeiten nach dem Motto: genial einfach, einfach genial. Sie hat nur einen Haken. Sie funktioniert nur gut, wenn man sie macht.

Lassen Sie sich und Ihrem Pferd die Zeit, die Sie brauchen. Am Anfang werden sich Fehler einschleichen und nicht alles klappt auf Anhieb so, wie es sein sollte. Durch Üben und Tun wird die Arbeit immer leichter und selbstverständlicher werden. Also ran an die Buletten und loslegen!

# EQUICLASSIC-WORK Übungen und Abläufe

## Grundübungen, die Sie und Ihr Pferd beherrschen sollten

### Die Vorübungen

Durch die Vorübungen sollen Ihnen die Übungen später in den Parcours leichter fallen. Sie sollen nicht mehr überlegen müssen, wie Sie beispielsweise das Pferd übertreten lassen. Sich später den Parcoursablauf merken und dazu noch überlegen müssen, wie man genau die Gerte halten muss, ist nicht einfach ...

In den Vorübungen wird keine Perfektion verlangt. Nach dem Motto »Funktion vor Form« dienen sie vor allem dazu, Ihnen und Ihrem Pferd eine Idee zu geben, wie die Übungen einmal korrekt ausgeführt werden sollten. In den späteren Parcours werden diese Lektionen nochmals geübt, sodass sich Ihre und die Fertigkeiten Ihres Pferdes stetig verbessern werden. Die Vorübungen werden alle im Schritt durchgeführt.

Sie benötigen zwei Dual-Gassen und sechs bis acht Pylonen. In diesem Miniparcours geht es dann los.

Legen Sie die Gassen so aus, dass mindesten sechs Meter Platz zur Bande eingehalten werden. Eine Volte sollte nicht kleiner ausgeführt werden, da sich das Pferd bei geringeren Maßen nicht mehr gut biegen kann. Pylonen dienen als Markierungspunkte der Volte. Das erleichtert es, den Abstand einzuhalten und die Volte nicht zu einem Ei werden zu lassen.

Die Pylonen werden tief in die Ecken gestellt, Mensch und Pferd sollten dennoch problemlos daran vorbeikommen. Die Ecken wurden auf den Skizzen mit Gassen gelegt, um dem Parcours einen Rahmen zu geben. Die Bande oder eine andere Begrenzung reichen aus.

Der Abstand zwischen den Gassen wird so gewählt, dass man mit dem Pferd bequem hindurchgehen kann, wir empfehlen 1,20–1,50 m. Der Abstand von Ecke zu Ecke sollte mindestens 12 Meter betragen (Abb. A). Die Vorübungen werden alle im Schritt durchgeführt.

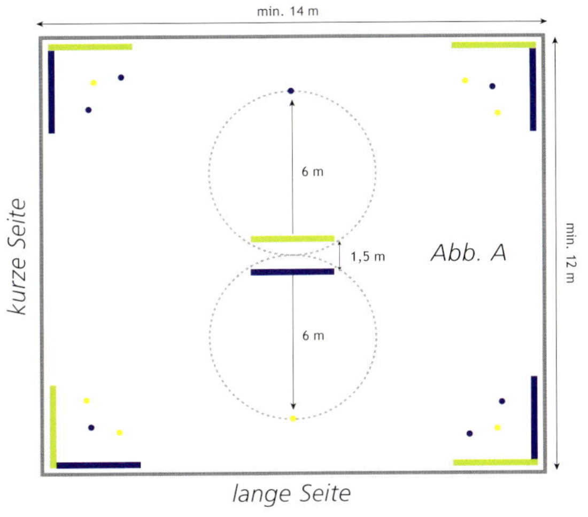


## Der Ablauf und das Zeitsystem

Auch bei den Vorübungen gilt ein Zeitsystem. Wir arbeiten mit dem Pferd drei Minuten lang und machen anschließend 60 Sekunden Pause. Es dürfen höchstens sechs Einheiten á drei Minuten aufeinander folgen. Diese Vorgabe schützt das Pferd vor Überforderung, vor allem dann, wenn etwas nicht auf Anhieb klappt. Diese Vorgabe zwingt einen aufzuhören. Die Pause erfolgt immer außerhalb der Gassen, die das Pferd im Stand oder im Schritt am langen Zügel verbringt. Ertönt das Startsignal des Zeitnehmers wieder für die Arbeitsphase, nehmen Sie die Zügel auf und machen genau da weiter, wo Sie vor der Pause aufgehört haben.

Sobald das Endsignal ertönt, ist zuverlässig Schluss, egal ob Sie mit allen Übungen durch sind oder nicht.

Verweilen Sie anfangs in den Übungen, solange Sie möchten, spätestens nach einer Arbeitseinheit von drei Minuten sollten Sie die Lektion wechseln. Eine Ausnahme bildet das Rückwärtsrichten. Es ist davon abzuraten, Pferde mehr als zweimal auf jeder Hand rückwärts zu richten, da sie dabei leicht überfordert werden können. Klappen die Links-Rechts-Volten nicht, bleiben Sie bei dieser Übung länger und probieren zum Beispiel das Übertreten. Gehen Sie individuell auf Ihr Können und das Können Ihres Pferdes ein.

Sie können auch alle Übungen hintereinander durchführen und die Lektionen auf diese Weise nach und nach einstudieren.

## Linke Hand und rechte Hand, innen und außen, Handwechsel

Was für den einen selbstverständlich ist, mag der andere zum ersten Mal hören. Damit auch jeder versteht, was wir meinen, klären wir im Folgenden verschiedene Begriffe.

Viele Menschen haben Probleme damit, Links und Rechts zu unterscheiden. Das können wir durch die EquiClassic-Work auch nicht ändern, aber: Die Wege sind in den Parcours vorgegeben und strukturiert, sodass die Unterscheidung leichter fällt. Es ist manchmal verwirrend, vor allem für Menschen, die nie zuvor Reitunterricht hatten und dadurch mit den klassischen Begrifflichkeiten nicht vertraut sind.

**Die Führseite bezeichnet auf welcher Seite Sie sich am Pferd befinden.**

*Abb. B Das Pferd von rechts geführt*

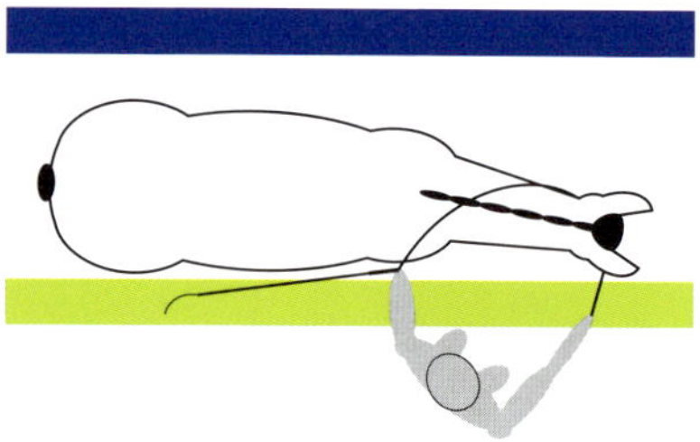

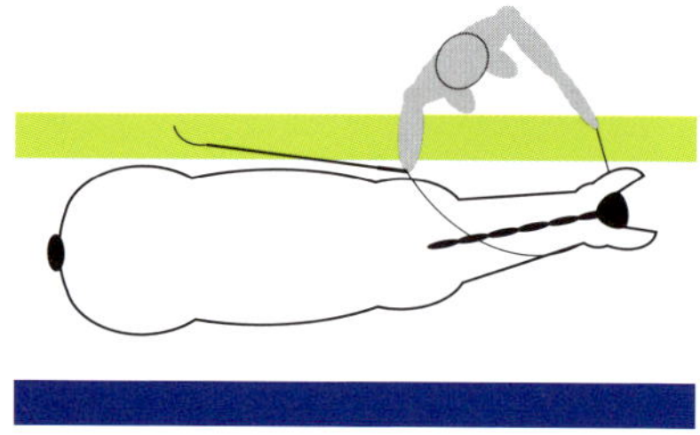

*Abb. C Das Pferd von links geführt*

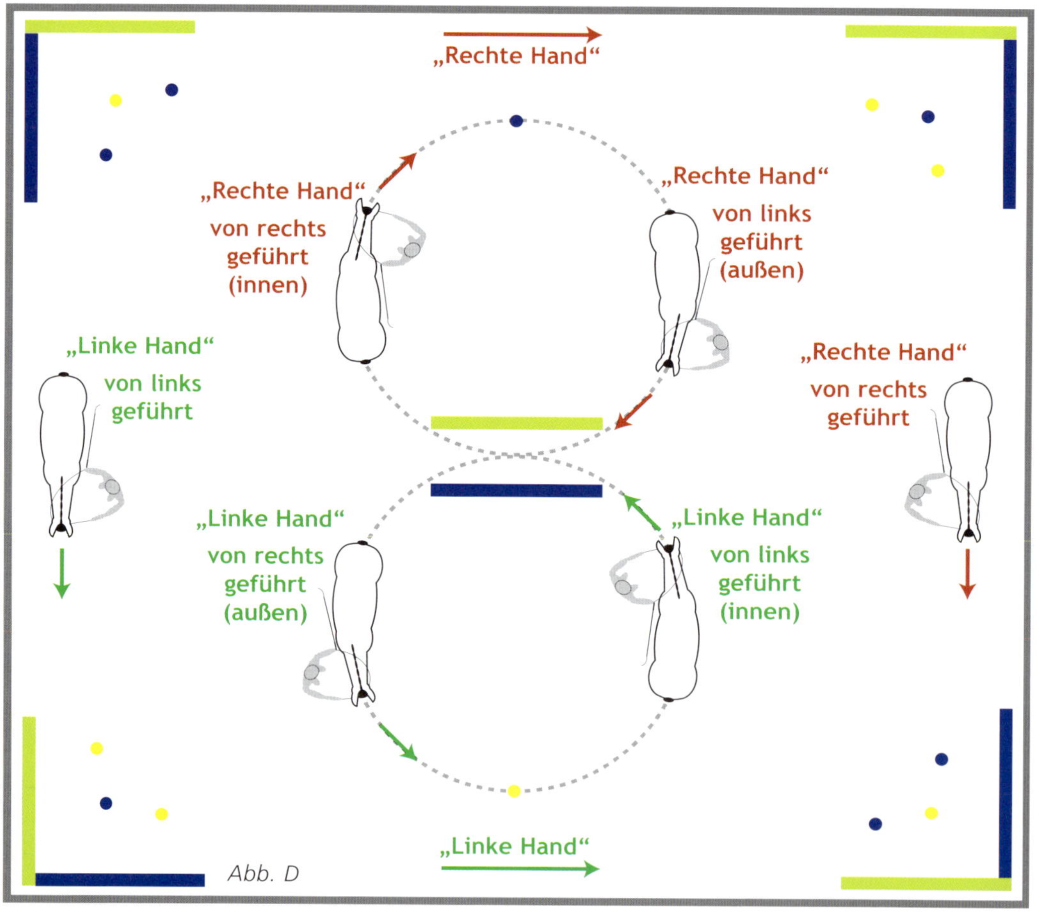


*Abb. D*

Zunächst werden die einzelnen Übungen erklärt, danach stellen wir den Parcoursablauf dar.

## Die Volten durch die Gassen

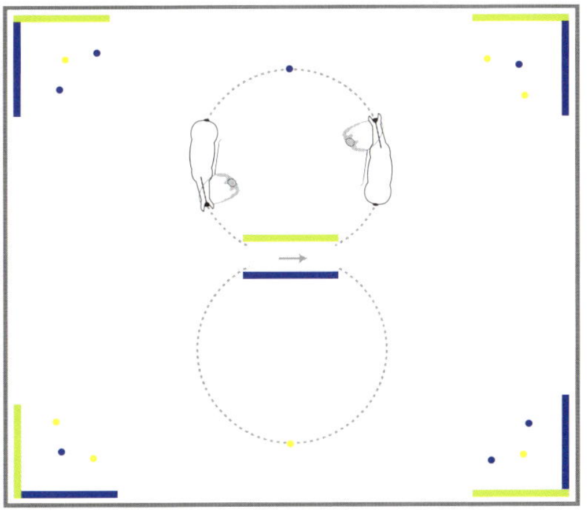

*Abb. 1*
*Sie gehen in der Linksvolte links neben dem Pferd, bringen es in Innenstellung und fädeln es in die Gasse ein. In der Gasse nehmen Sie Ihr Pferd aus der Stellung heraus, so dass es gerade durchläuft. Die Anlehnung bleibt jedoch erhalten.*

*Das Pferd sollte den Hals fallen und sich locker stellen sowie biegen lassen.*
*Stellen Sie den Kopf des Pferdes leicht nach innen ein. Achten Sie darauf, dass das Pferd nicht überstellt wird. Die Nase des Pferdes soll vor der Senkrechten sein. Ziel ist es, das Pferd in die Aufrichtung zu bekommen.*
*Sie gehen in Laufrichtung nur ganz minimal dem Pferd zugewandt. Der äußere Zügel begrenzt die äußere Seite und sollte nur leicht angenommen sein. Es sollte ebenfalls nur mit Impulsen gearbeitet werden, um die Stellung zu korrigieren.*

## Der Handwechsel

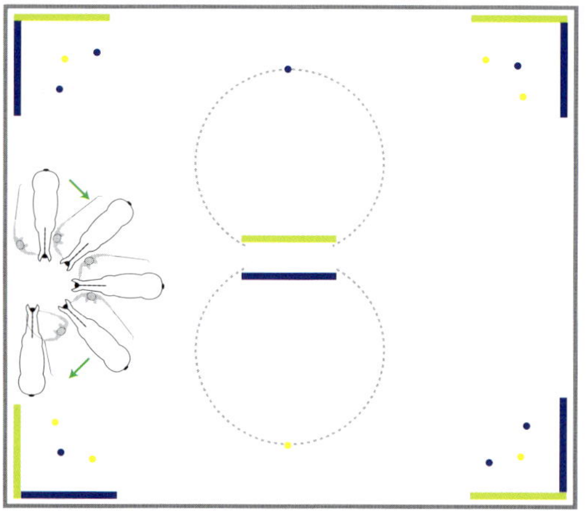

*Abb. 2*
*Der Handwechsel kann in Form einer Vorhandwendung erfolgen. Sie befinden sich auf der linken Hand. Halten Sie das Pferd an der Bande an. Treten Sie nach außen an die Bande und lassen das Pferd Schritt für Schritt übertreten. Danach sind Sie auf der rechten Hand, rechts vom Pferd. Drehen Sie sich wieder in Laufrichtung, dabei lassen Sie das Pferd antreten.*

***Info:***
***Aller Anfang ist schwer! Das Pferd an der Hand übertreten zu lassen ist Übungssache.***

## Die Volte von rechts geführt

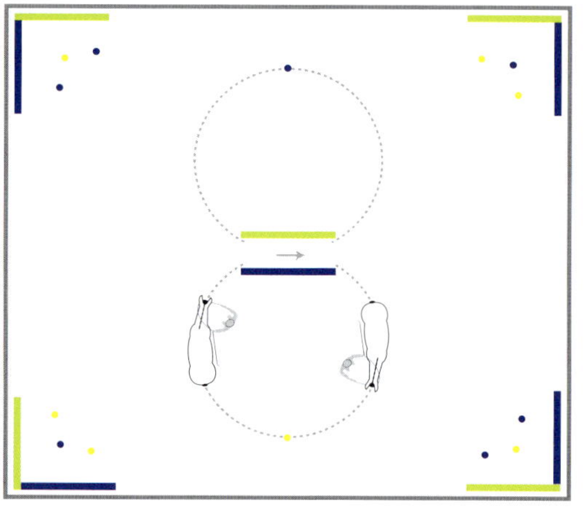

*Abb. 3*
*Nach dem Seiten- und Handwechsel befinden Sie sich rechts vom Pferd. Sie bewegen sich auf der rechten Hand.*
*Wiederholen Sie diese Übung wie die Übung Linksvolte.*

***Info:***
***Für manche Pferde ist es ungewohnt, sich auf der rechten Seite führen zu lassen. Da wir aber ein Pferd anstreben, das sich von beiden Seiten problemlos führen lässt, trainieren wir schon in den Vorübungen den Hand- und Seitenwechsel. Was auf der Linksvolte noch ziemlich einfach erscheint, kann auf der Rechtsvolte zur Herausforderung werden. Achten Sie hier besonders darauf, dass das Pferd Ihr Tempo einhält und sich weder zurückfallen lässt, was anfangs wahrscheinlich ist, noch nach vorne drängelt.***

## Volten von innen und außen geführt

Bei dieser Übung wird das Führen in der Volte von innen und von außen geübt. Das Pferd ist dabei vom Menschen weggestellt und gebogen. Achten Sie darauf, dass es ausreichend gestellt ist, wenn es von außen geführt wird.

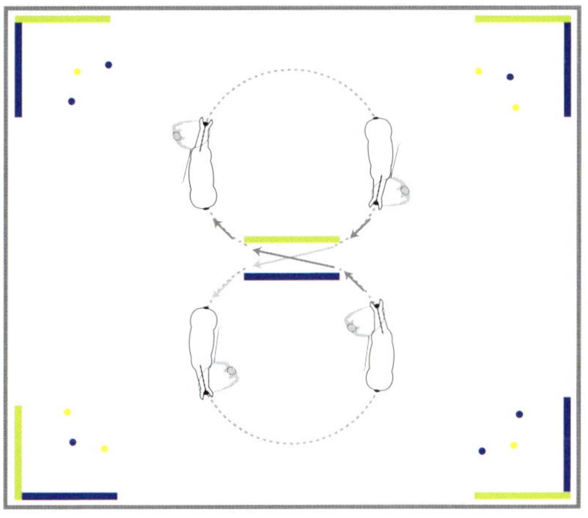

*Abb. 4:*
*Gehen Sie zunächst aus einer Linksvolte, von links geführt, in die Gasse hinein. Sobald der Kopf des Pferdes das Ende der Gassen erreicht hat, stellen Sie das Pferd nach rechts und biegen auf die Rechtsvolte ab.*

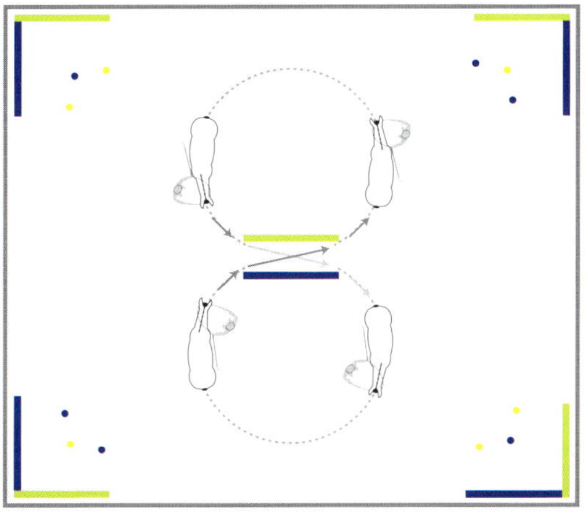

*Abb. 5:*
*Wechseln Sie wieder die Führseite, indem Sie das Pferd erneut an der Hand übertreten lassen. Wiederholen Sie die Übung auf der anderen Hand.*

*Gehen Sie bewusst an den Kopf, wenn nötig vor den Kopf des Pferdes. Sie begrenzen mit der Gerte die Schulter und sorgen dafür, dass das Pferde in dieser Position seine Vorhand auf die Kreislinie einstellt.*

## Das Halten in den Gassen

Durch das korrekte Anhalten in den Gassen lernt das Pferd, gerade zu stehen und nicht mit der Hinterhand nach links oder rechts auszuweichen. Die Gasse bietet eine Anlehnung – ähnlich wie eine Bande.

Das Ziel ist es, das Pferd im letzten Drittel der Gasse anzuhalten, damit es komplett in diesem Streifen steht. Das muss das Pferd erst einmal verstehen. Lassen Sie das Pferd zuerst im ersten Drittel der Gasse stehen. Es kann durchaus sein, dass die Hinterhand zunächst noch ausweicht.

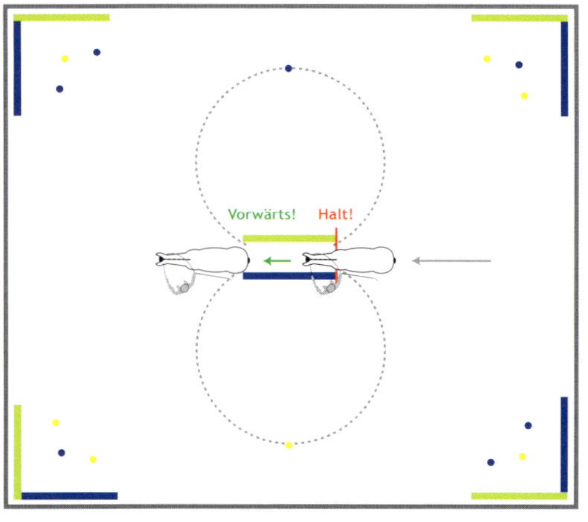


*Abb. 6:*
*Führen Sie das Pferd in die Gasse hinein. Bereiten Sie es mit einem langgezogenen »… uuund« auf das Stehen vor. Geben Sie einen Impuls am Kappzaum nach oben und sagen dann »Steh«. Halten Sie im ersten Drittel der Gassen an.*

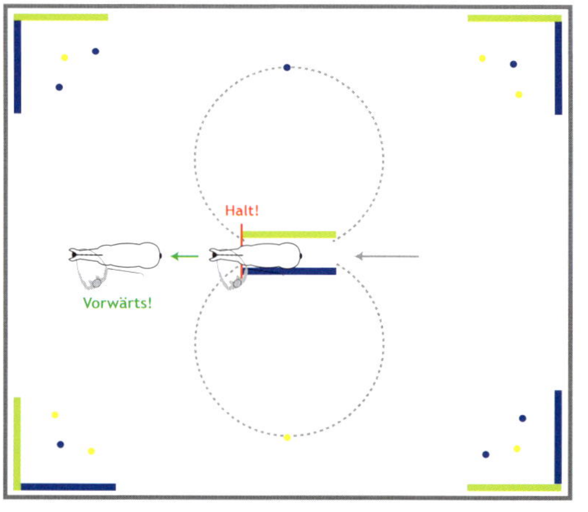


*Abb. 7:*
*Hält das Pferd zuverlässig im ersten Drittel, kann man im zweiten anhalten und die Gassen können als Rahmen genutzt werden, damit die Hinterhand nicht ausfällt.*

### Info

**Wenn Sie das Stillstehen mit einem Pferd üben, das Schwierigkeiten damit hat, achten Sie darauf, dass Sie es nur einige Augenblicke stehen lassen. Darauf müssen Sie warten. Wichtig dabei ist, dass sie es wieder anführen, solange es noch bereit ist zu stehen. Lassen Sie nicht Ihr Pferd den Moment entscheiden, an dem es gilt, loszulaufen. Auf diese Weise bringen Sie Ihrem Pferd bei, auf Sie zu warten und sich von Ihnen führen zu lassen.**

## Rückwärtsrichten

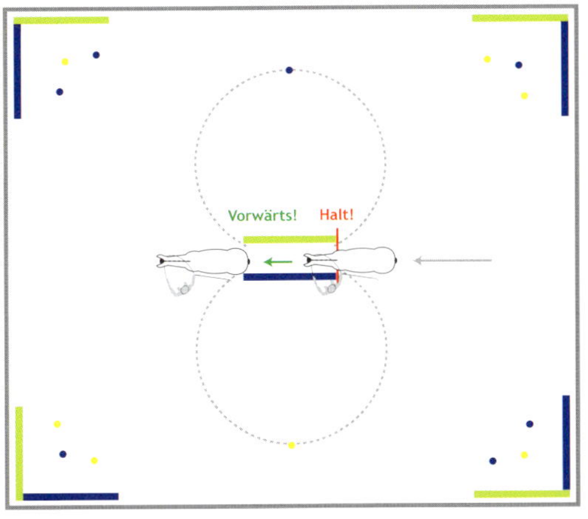


*Abb. 8:*
*Hält Ihr Pferd zuverlässig auf dem Punkt in der Gasse an, richten Sie es die ganze Länge der Gasse zurück, bis die Vorderbeine am Anfang der Gasse stehen.*
*Sie stehen dabei seitlich zum Pferd gedreht außerhalb der Gasse.*
*Achten Sie auch bei dieser Position darauf, dass der Kopf des Pferdes gerade bleibt, damit das Pferd gerade rückwärtstreten kann.*

*Die Führposition vor dem Pferd ist hervorragend dazu geeignet, es in den Gassen gerade rückwärtstreten zu lassen. Bedenken Sie jedoch immer, dass sich Ihr Pferd erschrecken könnte.*

*Schon leicht in die Aufrichtung gebracht, tritt Noel rückwärts.*

*Achten Sie darauf, dass das Pferd locker bleibt. Ein verspanntes Tier wird den Rücken wegdrücken und die Hinterbeine können nicht untertreten. Das Pferd sollte losgelassen sein, damit seine Tritte nicht ins Stocken geraten. Das gilt auch für Bewegungen nach vorne.*

## Die Achterschlaufen in die Ecken/ aus den Ecken

Nun werden die Übungen an der kurzen Seite der Bande geübt. Stellen Sie sich die Pylonen als Markierung in die Ecke, so dass Sie und Ihr Pferd noch bequem zwischen den Pylonen und der Bande hindurchgehen können.

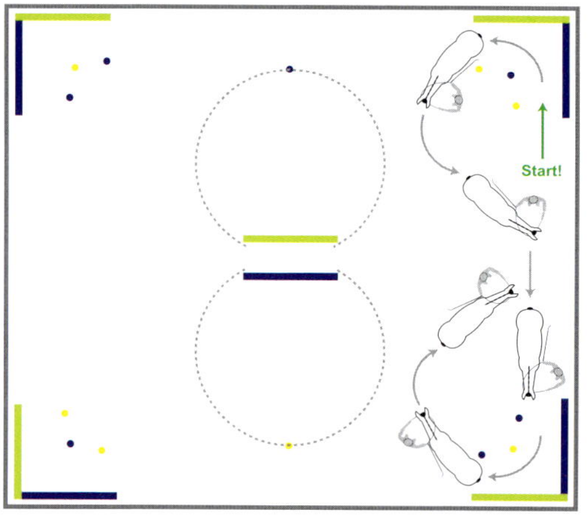


*Abb. 9*
*Beginnen Sie an der Mitte der kurzen Seite von links geführt auf der linken Hand. Führen Sie Ihr Pferd im Schritt in die erste Ecke hinein und wenden nach den Pylonen ab, um wieder auf den Hufschlag zurückzukehren.*
*Gehen Sie auf der rechten Hand, das Pferd von links geführt, in die zweite Ecke der kurzen Seite und wenden Sie erneut ab. Dabei führen Sie Ihr Pferd von außen und es ist nach innen gestellt und gebogen.*

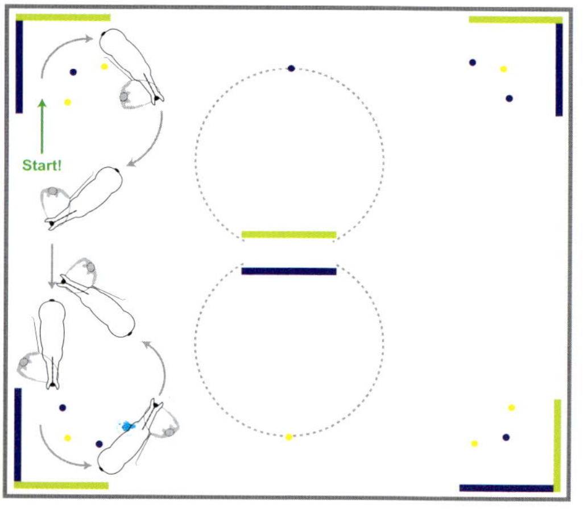


*Abb. 10*
*Wiederholen Sie diese Übung nach einem Seiten- und Handwechsel von der rechten Seite geführt auf der rechten Hand. Start ist wieder etwa Mitte der kurzen Seite.*

## An der Bande übertreten lassen

Um Pferden und Menschen das Übertreten anfangs leichter zu machen und damit Sie und Ihr Pferd ein Gefühl dafür bekommen, beginnen wir ganz klassisch an der Bande der kurzen Seite.

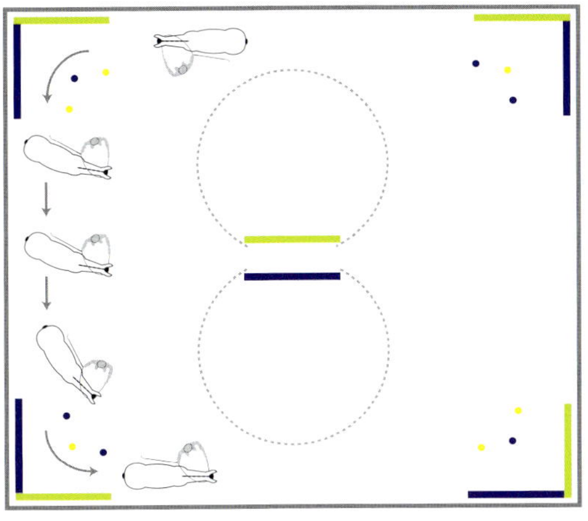

*Abb. 11*
*Führen Sie Ihr Pferd aus der Ecke heraus und stellen Sie es mit der Vorhand im ca. 45°-Winkel ins Bahninnere. Das Pferd ist leicht gegen die Bewegungsrichtung gestellt.*
*Ein Impuls am Kappzaum geht immer in die Vorwärtsbewegung. Aus dem Stand heraus zur Seite die Beine zu koordinieren fällt dem Pferd anfangs noch schwer.*

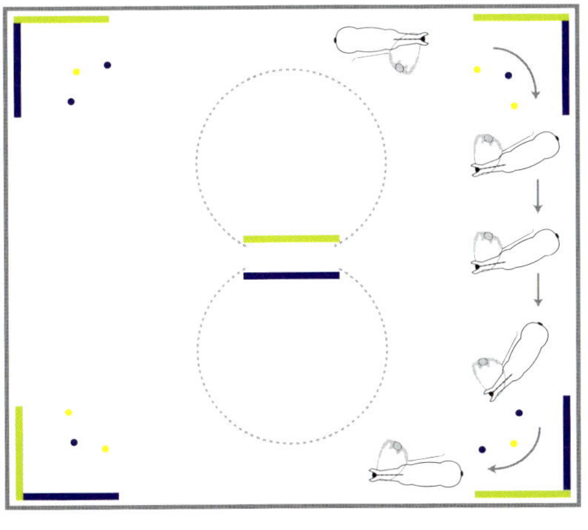

*Abb. 12:*
*Wiederholen Sie das Übertreten auf der rechten Hand von rechts geführt.*

## Aus den Achterschlaufen übertreten lassen

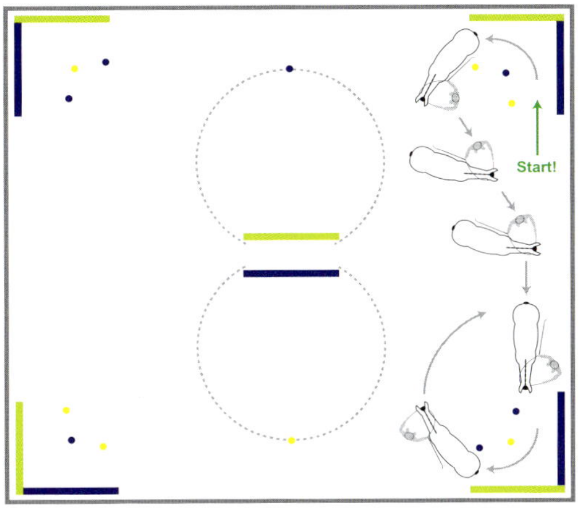


*Abb. 13*
*Lassen Sie Ihr Pferd aus der Ecke heraus zur Bande übertreten. Danach führen Sie Ihr Pferd in einer Kehrtvolte von außen geführt erneut auf den Hufschlag zurück.*

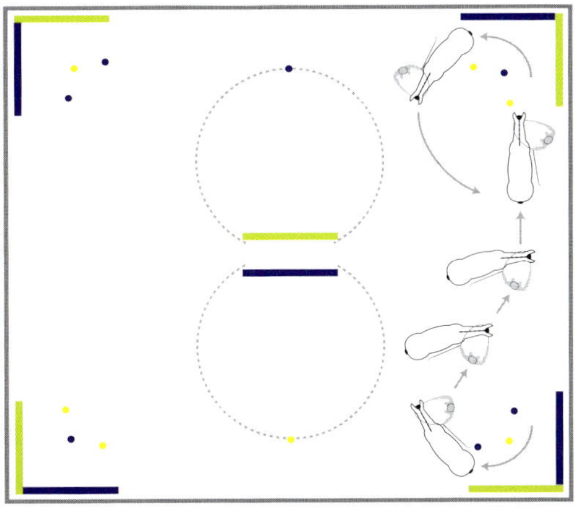

*Abb. 14:*
*Nach der linken Achterschlaufe wiederholen Sie die Übung auf der rechten Hand und von rechts geführt.*

## Übertreten auf der Volte

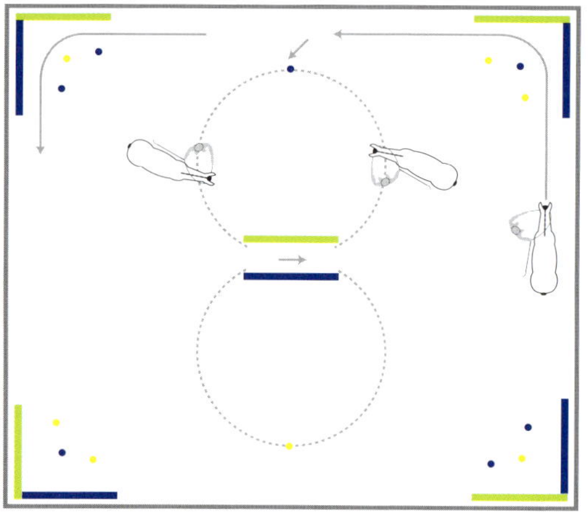

*Abb. 15:*
*Führen Sie Ihr Pferd durch die Gasse hindurch. Wenden Sie in die Volte ab und lassen Sie es übertreten.*

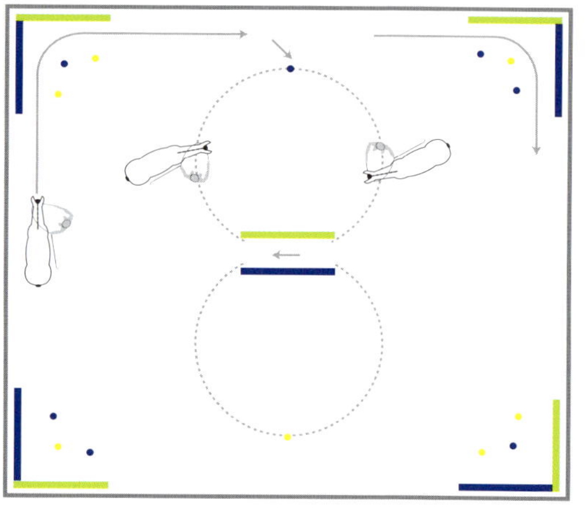

*Abb. 16:*
*Das Übertreten auf der Volte wird auch von der rechten Seite geübt.*

***Achten Sie beim Übertreten immer darauf, die äußere Schulter zu begrenzen. Sie können die frontale oder die seitliche Führposition wählen.***

# Die Vorübungen aneinanderreihen

Auf den folgenden Seiten zeigen wir Ihnen, wie Sie die einzelnen Vorübungen aneinanderreihen können und so diverse Elemente der Parcours einzeln trainieren. Führen Sie immer von beiden Seiten, d.h. von innen und außen. Abbildungen 17 bis 33 zeigen die Elemente: einfache Volten, Anhalten, Rückwärtsrichten, Achterschlaufen, Übertreten an der kurzen Seite, Übertreten aus der Ecke und Übertreten auf der Volte. Diese Elemente können dann zu einem größeren Parcours zusammengebaut werden.

## Einfache Volten auf der rechten und linken Hand, von rechts und links geführt

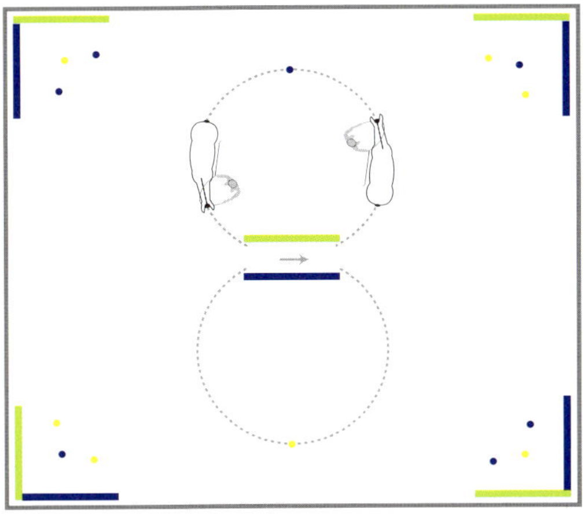

*Abb. 17*
*1. Wir beginnen die EquiClassic-Work mit der Volte von links geführt und auf der linken Hand. Die Gassen sind parallel gelegt, so dass Sie mit dem Pferd bequem hindurchgehen können. Lassen Sie Ihr Pferd antreten. Gehen Sie durch die Gasse hindurch und biegen am Ende der Gasse auf die Linksvolte ab.*

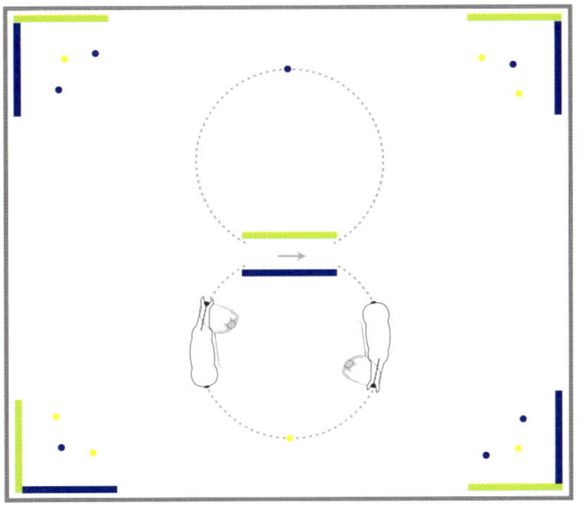

*Abb. 18*
*2. Wechseln Sie die Führseite und auf die rechte Hand. Führen Sie Ihr Pferd in der Rechtsvolte vier Mal durch die Gasse hindurch.*

## Führen Sie das Pferd von innen und außen

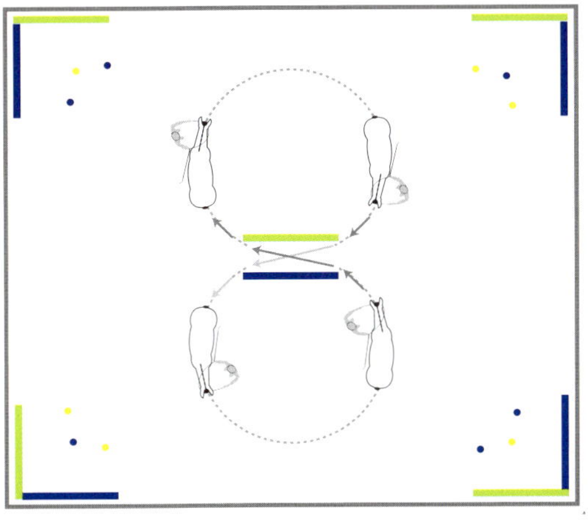

*Abb. 19*
*3. Wechseln Sie durch die Gassen auf die Linksvolte, von links geführt. Danach wenden Sie wieder durch die Gasse auf die Rechtsvolte ab, weiterhin von links geführt.*
*Wiederholen Sie diese Übung mit je vier Volten auf jeder Seite.*

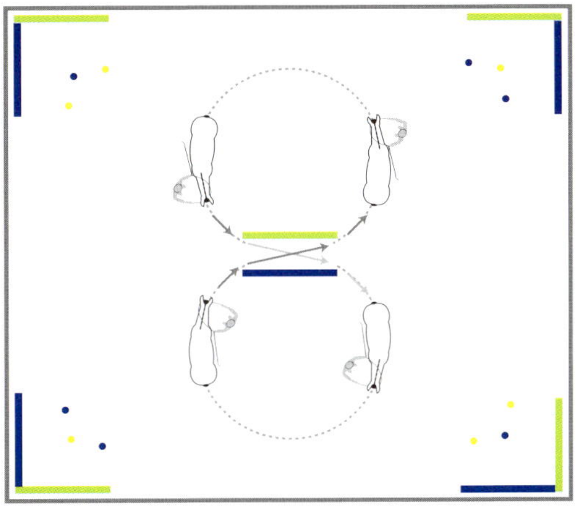

*Abb. 20*
*4. Wiederholen Sie diese Übung von rechts geführt, mit der Rechtsvolte beginnend.*

## Bauen Sie das das Anhalten von beiden Seiten ein.

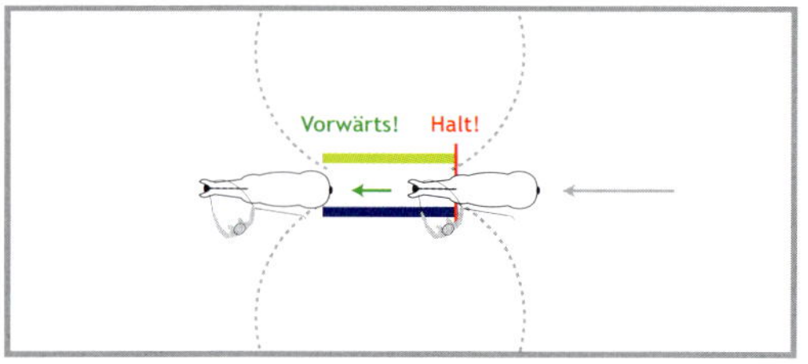


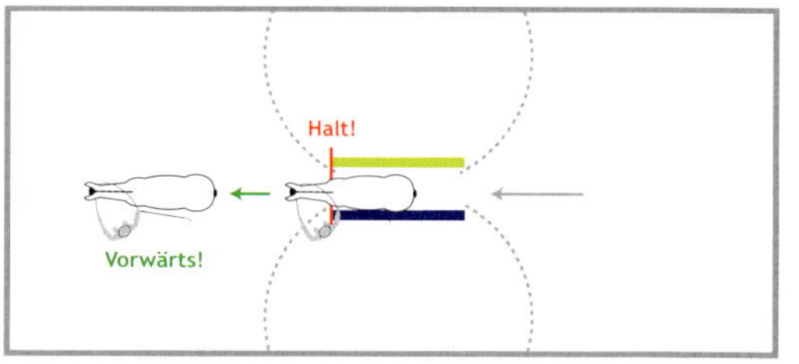


*Abb. 21 und 22*
*5. Nach einem Hand- und Seitenwechsel nach links üben Sie das Anhalten in den Gassen. Zunächst halten Sie Ihr Pferd im ersten Drittel der Gassen an. Gibt es da keine Probleme, können Sie das Pferd am Ende der Gassen anhalten.*

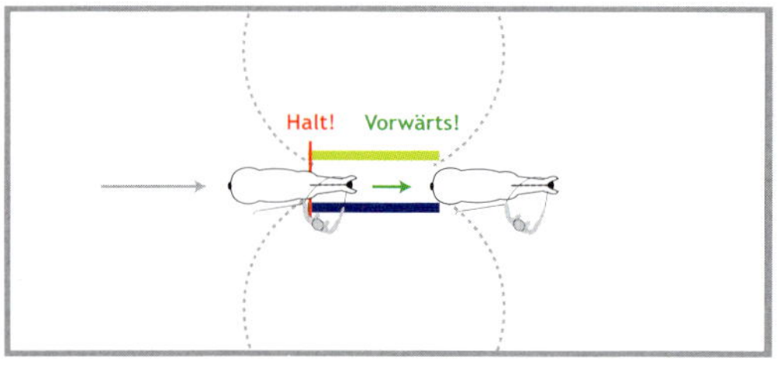


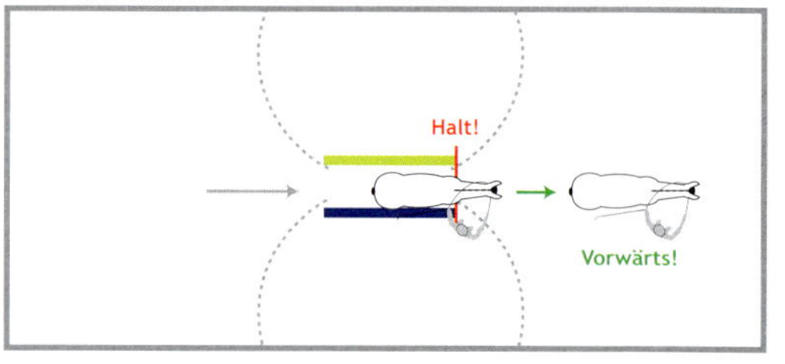


*Abb. 23 und 24*
*6. Selbstverständlich wird das Anhalten nach einem Seiten- und Handwechsel auch von rechts vier Mal durchgeführt.*

## Das Rückwärtsrichten von beiden Seiten

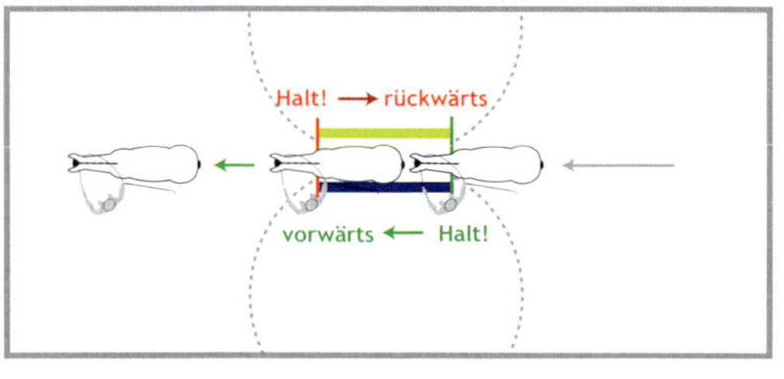


*Abb. 25*
*7. Wir befinden uns wieder auf der linken Hand von links geführt. Üben Sie nun das Rückwärtsrichten. Halten Sie am Ende der Gasse an und lassen Sie Ihr Pferd bis zum Anfang der Gasse zurück- und wieder antreten. Wiederholen Sie die Übung vier Mal.*

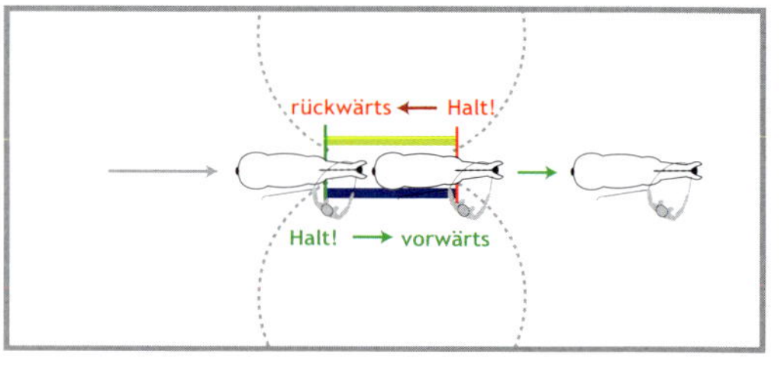


*Abb. 26*
*8. Auch von der rechten Seite auf der rechten Hand beginnend wird das Rückwärtsrichten in der Gasse geübt.*

## Die Achterschlaufen aus den Ecken

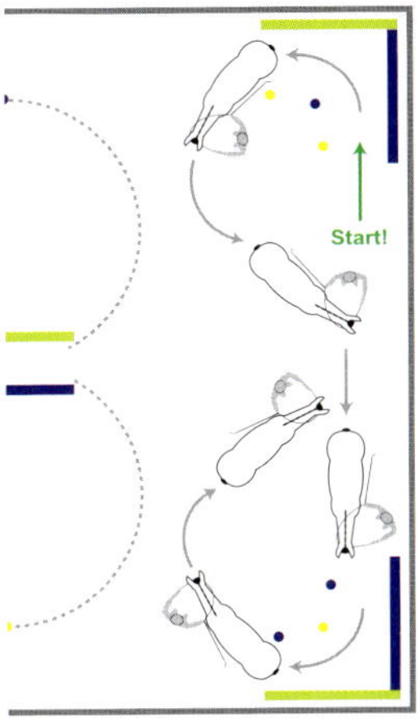


*Abb. 27*
*9. Sie beginnen Mitte der kurzen Seite auf der linken Hand, das Pferd wird von links geführt. Führen Sie das Pferd hinter den Pylonen in die Ecke hinein und biegen aus der Ecke Richtung Bande ab. Aus der nächsten Ecke biegen Sie erneut ab. Diese Ecke wird von außen geführt. Achten Sie dabei unbedingt auf Ihre Position. Die Pferde drängeln hier gerne nach vorne. Arbeiten Sie diese Achterschlaufe im Schritt.*

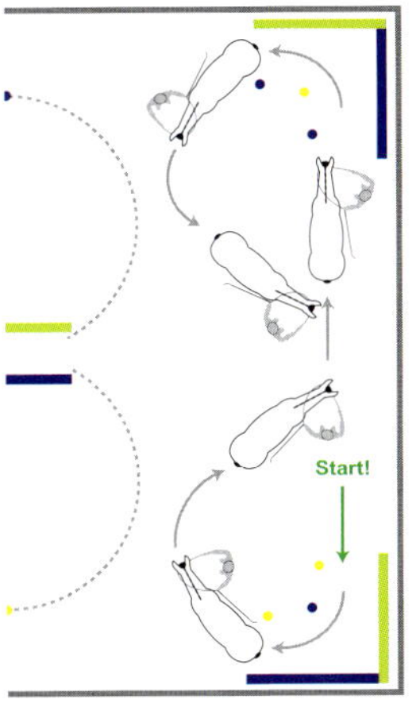


*Abb. 28*
*10. Wiederholen Sie diese Übung auf der rechten Hand, von rechts geführt. Sie können die Achterschlaufen anstatt aus der Ecke kehrt, auch mit der Lektion »In die Ecke kehrt« ausführen.*

## Einfaches Übertreten an der Bande

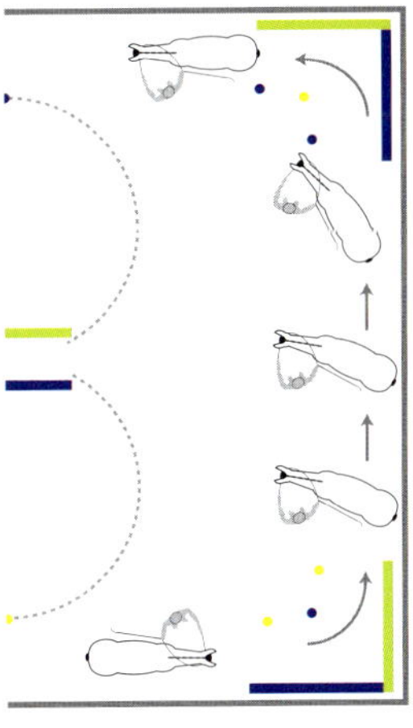

*Abb. 29*
*11. Üben Sie das Übertreten zunächst von der linken Seite geführt und lassen Sie das Pferd an der kurzen Seite der Bande übertreten.*

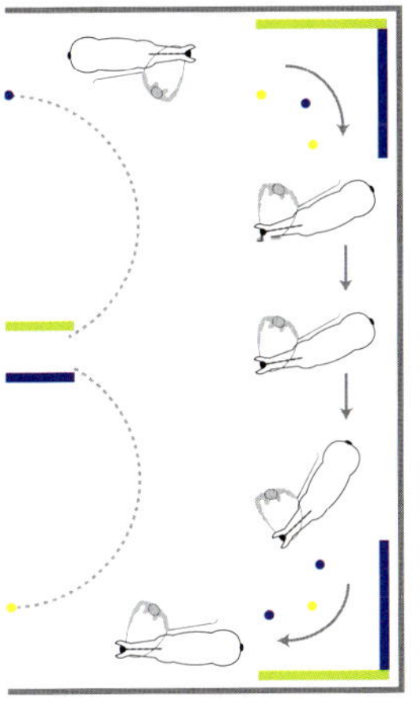

*Abb. 30*
*12. Wechseln Sie Hand und Führseite nach rechts und lassen Ihr Pferd wieder an der Bande der kurzen Seite übertreten.*

## Das Übertreten aus den Ecken

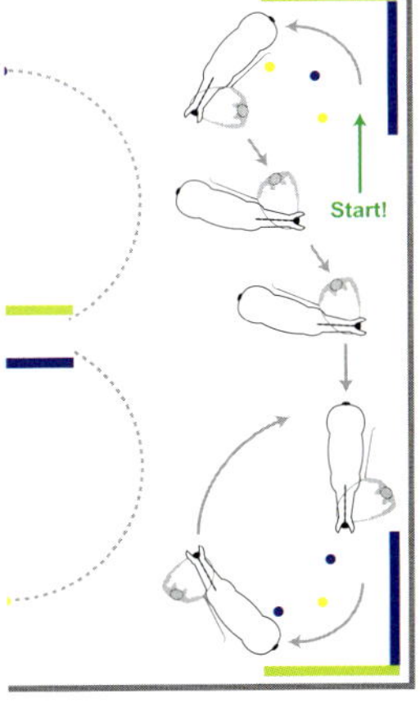


*Abb. 31*
*13. Bleiben Sie an der kurzen Seite der Bande. Wechseln Sie erneut die Führseite und die Hand nach links und beginnen damit, Ihr Pferd in die Achterschlaufen zu führen. Dort lassen Sie es aus der Ecke zur Bande übertreten.*

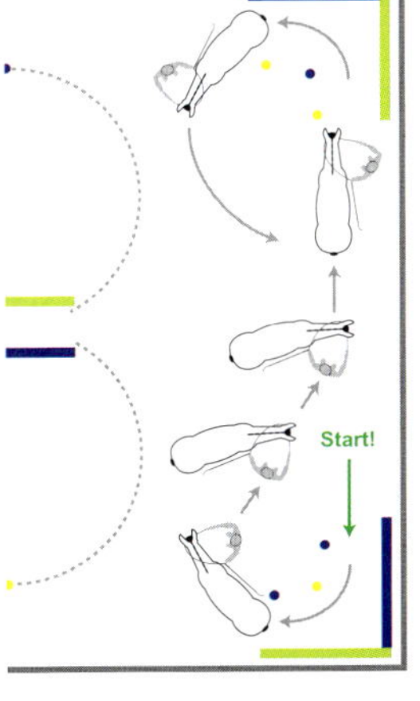


*Abb. 32*
*14. Wechseln Sie nach rechts und lassen Ihr Pferd von der rechten Seite geführt aus den Ecken übertreten.*

### Übertreten in der Volte von links und von rechts

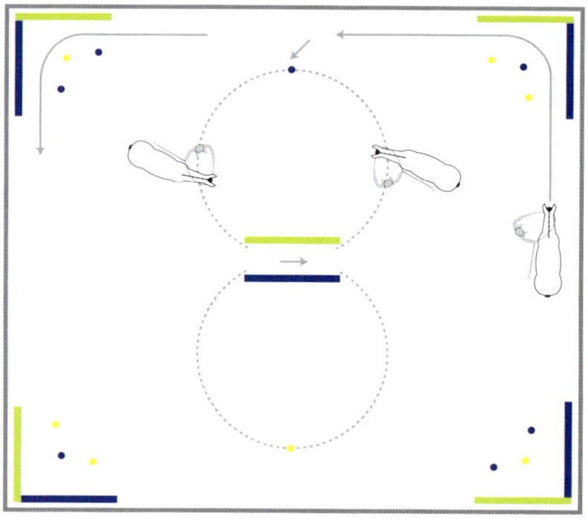

*Abb. 33*
*15. Zu guter Letzt lassen Sie Ihr Pferd auf der linken Hand, von links geführt, auf der Volte übertreten. Dazu gehen Sie zuerst erneut durch die beiden Gassen. Am Ende der Gassen führen Sie Ihr Pferd heraus und lassen es auf der Volte Übertreten, richten es wieder gerade und fädeln erneut in die Gasse ein.*

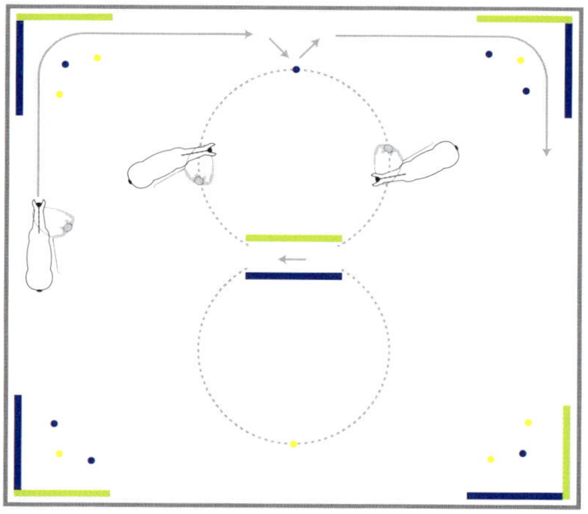

*Abb. 34*
*16. Wiederholen Sie die Übung auf der rechten Hand, von rechts geführt.*

# Von den Vorübungen zum ersten Parcours im Schritt

Sie können nun Parcours 1 bis 3 aneinanderfügen, indem Sie den ersten Parcours einmal von der linken und einmal von der rechten Seite führen, anschließend fügen Sie die Lektionen aus dem Parcours 2 ein, einmal auf der linken und einmal auf der rechten Hand usw.

Sie können aber auch jeden Parcours einzeln in der vorgegebenen Zeit absolvieren. Gearbeitet wird in maximal sechs Arbeitseinheiten mit jeweils drei Minuten, egal ob Sie die Parcours kombinieren oder einzeln ausführen. Weniger ist immer erlaubt.

Wenn Ihr Pferd nach drei Einheiten am Limit seiner Aufnahmekapazität angelangt ist, was bei Jungpferden durchaus vorkommt, beenden Sie Ihr Training. Sie können die Parcours im Schritt ausführen oder mit Trab-Sequenzen kombinieren.

## Parcours 1

Das Zeitsystem beinhaltet maximal sechs Einheiten á drei Minuten mit jeweils 60 Sekunden Pause. (Bilder Seite 89)
Wiederholen Sie den Parcours auf der rechten Hand, von rechts geführt. (Bilder auf Seite 90)

**Der Überblick: Parcours 1, von links geführt**

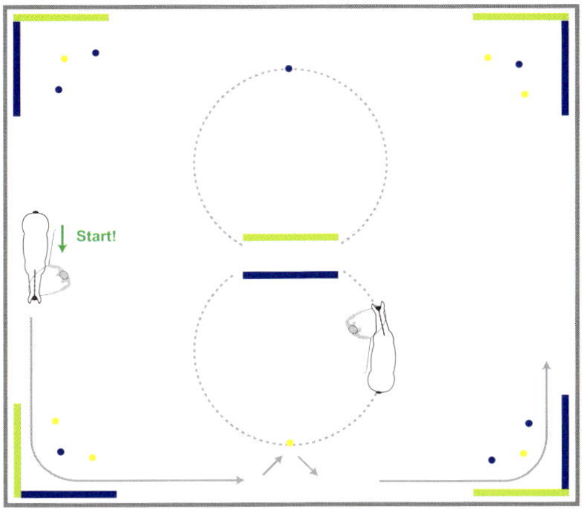


*Übung 1*
*Sie beginnen auf der linken Hand Mitte der kurzen Seite. Das Pferd wird von links geführt. Lassen Sie es antreten, und biegen Sie an der langen Seite auf eine Volte ab. Lassen Sie das Pferd durch die Gassen gehen. Sie bleiben außerhalb der Gassen. Das Pferd ist dabei gestellt und gebogen. Die Volte beginnt auf dem Hufschlag und endet auf dem Hufschlag. Gehen Sie weiter bis zur nächsten kurzen Seite.*

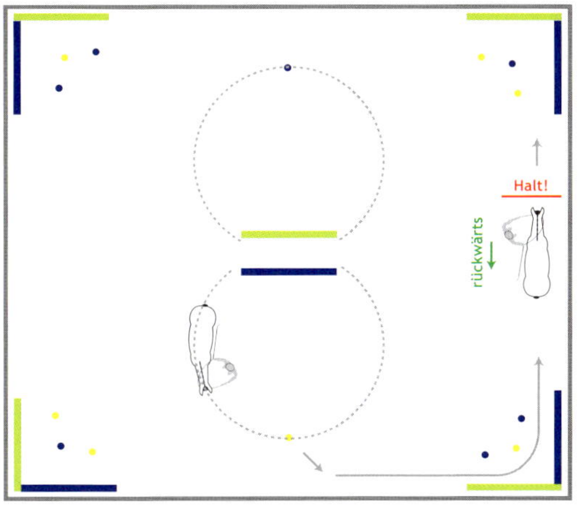


*Übung 2*
*Halten Sie Ihr Pferd Mitte der kurzen Seite an, lassen Sie es vier Tritte rückwärtstreten, optimal wären viereinhalb, damit das Pferd geschlossen steht. Lassen Sie Ihr Pferd einige Sekunden stehen und erneut antreten.*

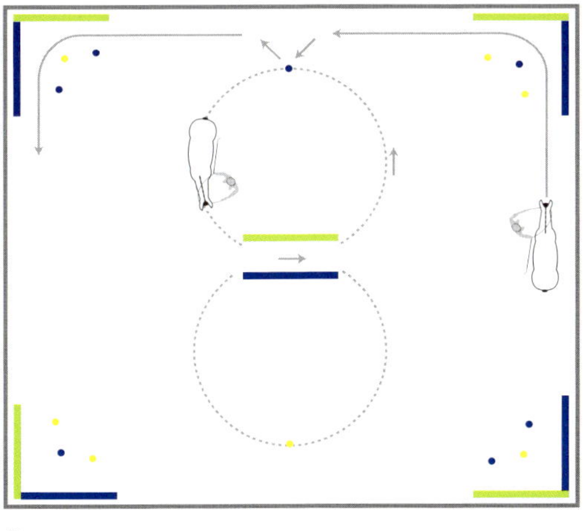

*Übung 3*
*An der nächsten langen Seite wiederholen Sie die Volte in die Gassen.*

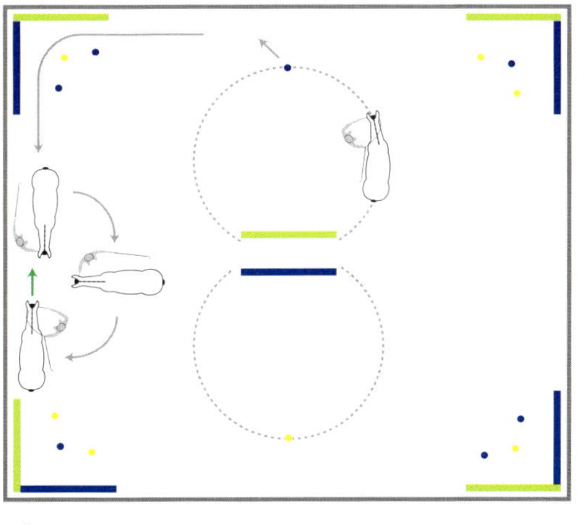

*Übung 4 / Handwechsel*
*An Ihrem Startpunkt angekommen, wechseln Sie die Hand und die Führseite nach rechts, indem Sie das Pferd an der Bande in Form einer Vorhandwendung übertreten lassen.*

**Parcours 1, von rechts geführt**

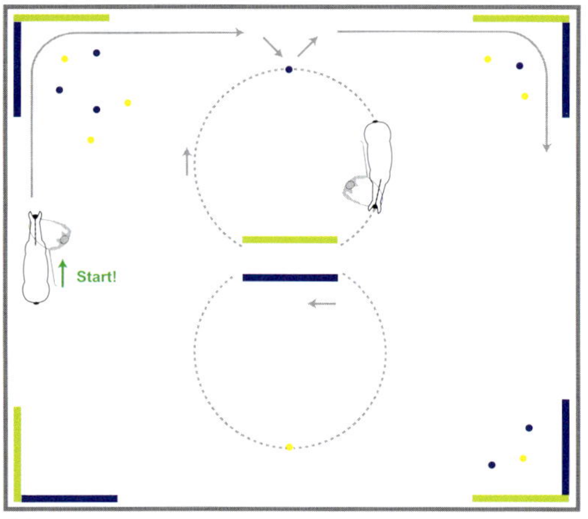


*Übung 1*

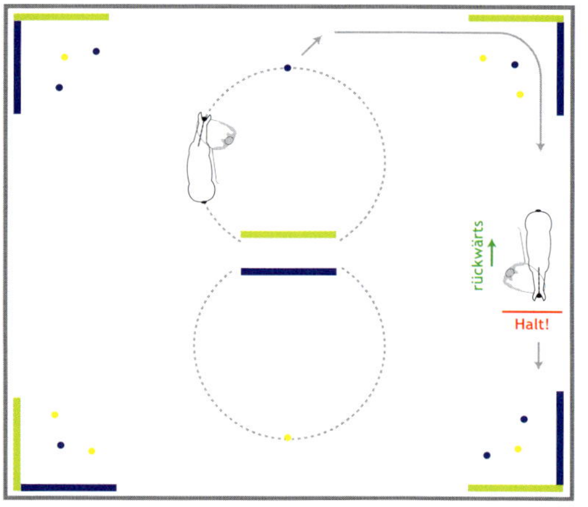


*Übung 2*

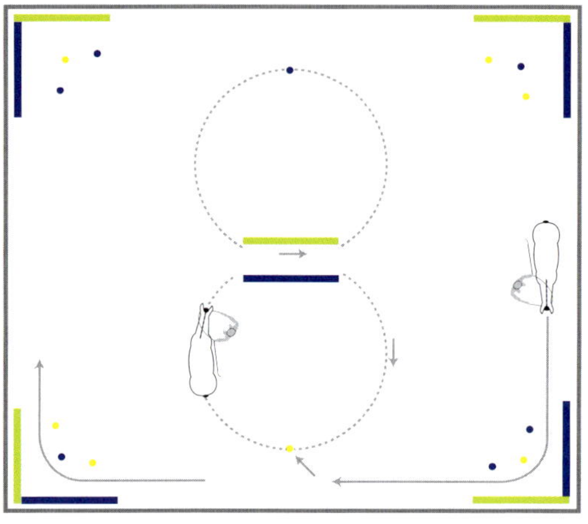

*Übung 3*

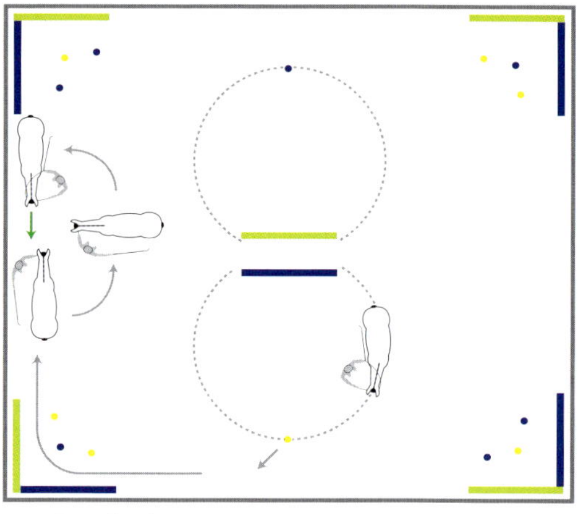

*Handwechsel*

*Wiederholen Sie den Parcours von Seite 89 von der rechten Hand und führen Sie das Pferd dabei von rechts.*

**Der Überblick: Parcours 2, von links geführt**

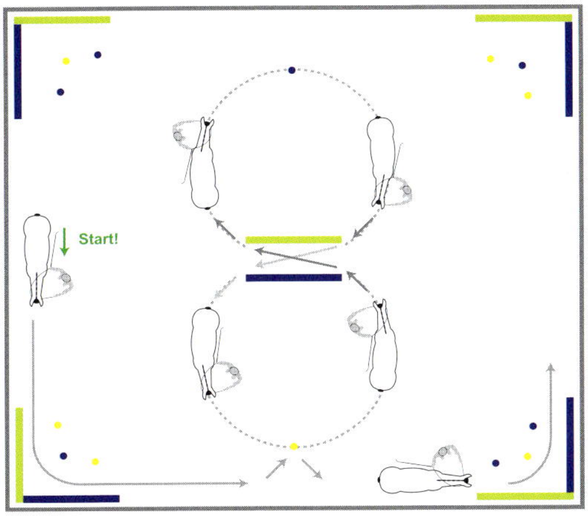


*Übung 1*

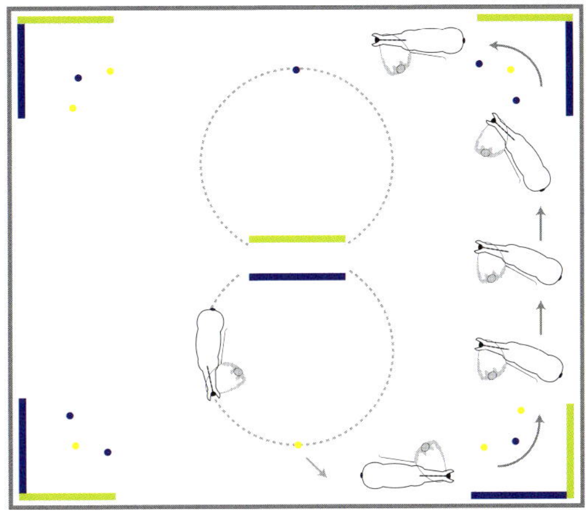

*Übung 2*

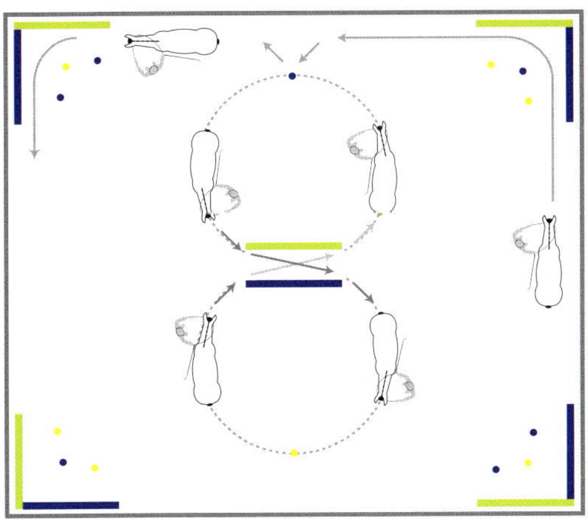

*Übung 3*

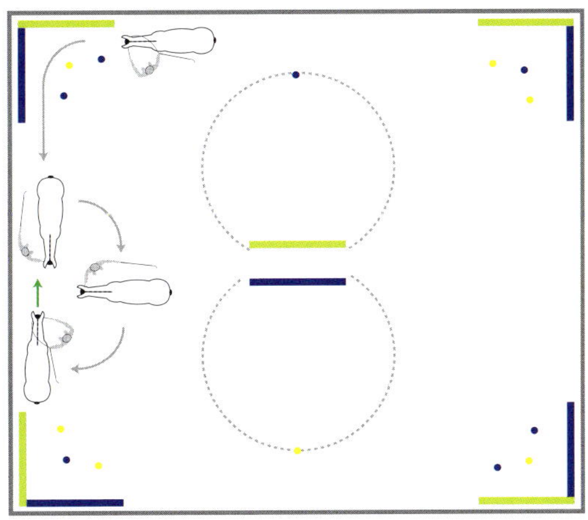

*Handwechsel*

## Parcours 2

Ihr Zeitsystem beträgt max. sechs Einheiten á drei Minuten mit jeweils 60 Sekunden Pause.

Nach dem Hand- und Seitenwechsel wiederholen Sie den Parcours von rechts geführt.

## Übung 1: Die Acht

Auf dem Programm steht nun eine geführte Acht. Beginnen Sie Mitte der ersten langen Seite.

Starten Sie wie in Parcours 1 auf der linken Hand von links geführt und führen Sie Ihr Pferd an der langen Seite zunächst auf der halben Volte in die Gasse.

Stellen Sie Ihr Pferd am Ende der Gasse nach rechts, Sie führen weiter auf der linken Seite. Gehen Sie die gesamte Volte wieder zurück in die Gassen, biegen Sie am Ende der Gassen erneut nach links ab, um auf den Hufschlag zu gelangen.

**Tipp für den Trab**

Lassen Sie Ihr Pferd am Startpunkt antraben. Traben Sie eine halbe Volte bis in die Gasse hinein. Parieren

**Parcours 2, von rechts geführt**

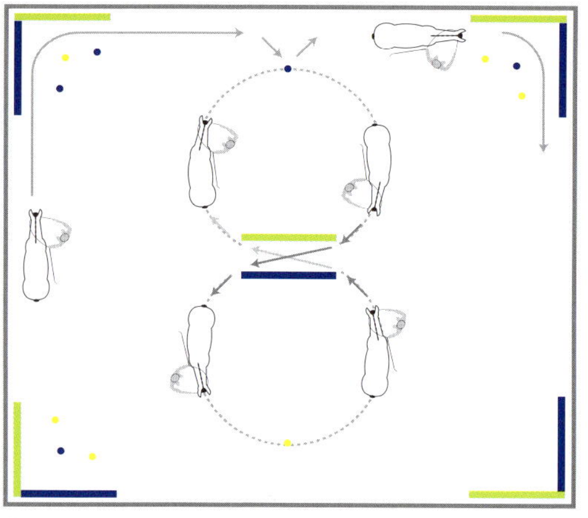

*Übung 1*

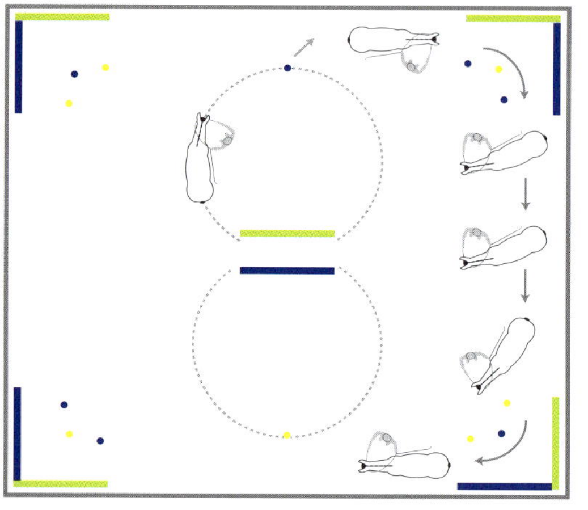

*Übung 2*

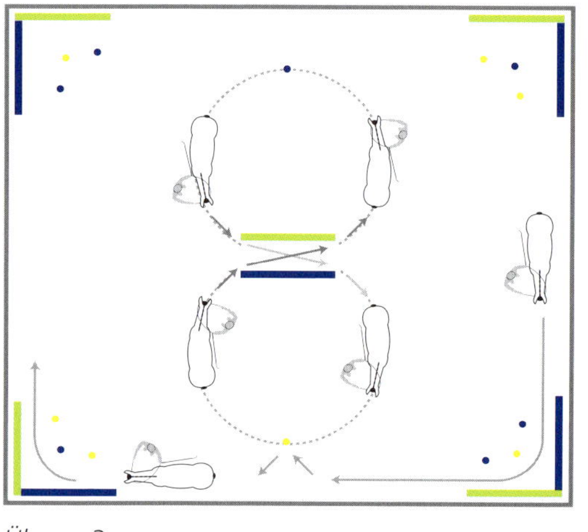

*Übung 3*

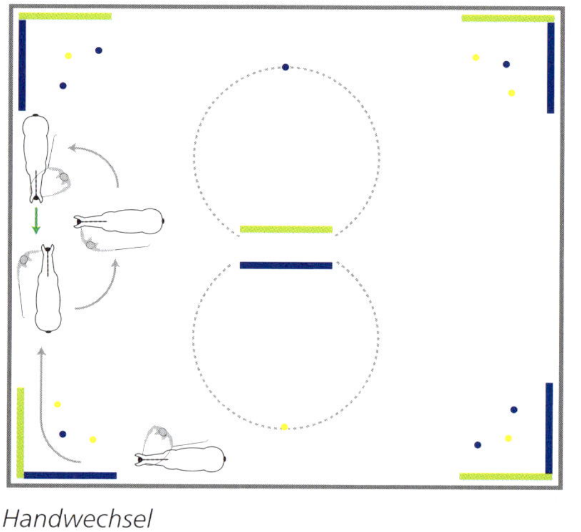

*Handwechsel*

Sie Ihr Pferd am Anfang der Gasse durch, anschließend gehen Sie die Rechtsvolte von links geführt im Schritt weiter. Wieder am Anfang der Gasse angekommen, lassen Sie Ihr Pferd erneut antraben und beenden die Linksvolte. Geübte Paare können diese Acht komplett im Trab absolvieren.

Bereiten Sie Ihr Pferd auf das Anhalten vor und überfallen Sie es nicht. Setzen Sie dabei ein Stimmkommando – z.B. ein lang gezogenes »… und« – und leichte Impulse am Kappzaum nach oben ein. Auf das erneute Antraben nach dem Schritt sollte das Pferd ebenfalls vorbereitet werden.

## Übung 2: Übertreten an der Bande

Wenn Sie das Gefühl haben, dass Ihr Pferd mit dem wiederholten Übertreten überfordert ist, lassen Sie es nur ein paar Tritte seitwärts gehen.
Gehen Sie an der langen Seite zunächst wieder in die Volte. An der kurzen Seite lassen Sie Ihr Pferd übertreten. Danach folgt erneut eine Volte.

**Tipp für den Trab**

Lassen Sie Ihr Pferd am Startpunkt antraben und in die Volte gehen. An der kurzen Seite parieren Sie es zum Schritt durch und lassen es übertreten. An der langen Seite erfolgt ein erneuter Übergang zum Trab. Das Übertreten erfolgt IMMER im Schritt.

## Übung 3: Die Acht

Nach dem Übertreten erfolgt von der zweiten langen Seite aus erneut eine geführte Acht in die Gasse. Sie sind nun wieder am Startpunkt. Wechseln Sie die Führseite und die Hand nach rechts und wiederholen Sie die Übung auf dieser Hand.

## Parcours 3

Ihr Zeitsystem beträgt max. sechs Einheiten à drei Minuten mit jeweils 60 Sekunden Pause.

**Der Überblick: Parcours 3, von links geführt**

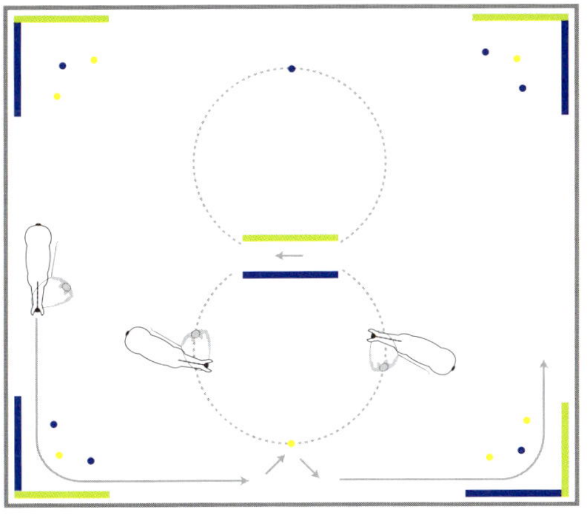

*Übung 1*

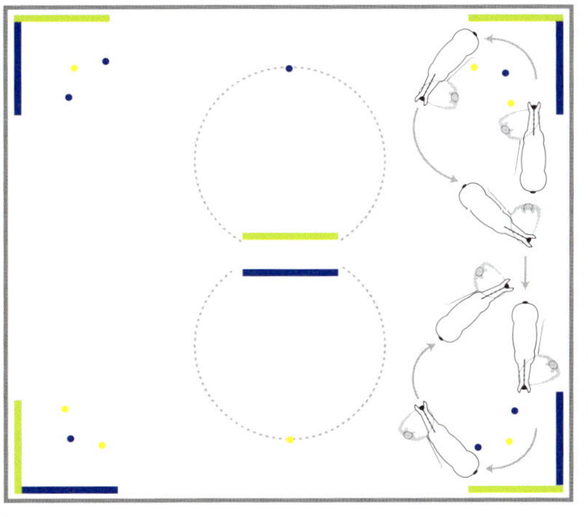

*Übung 2*

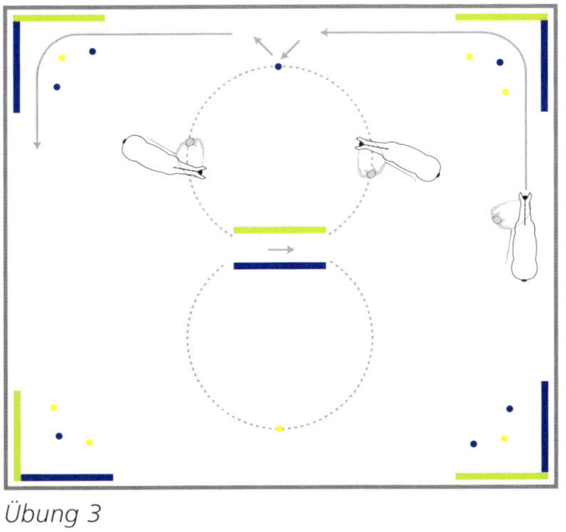

*Übung 3*

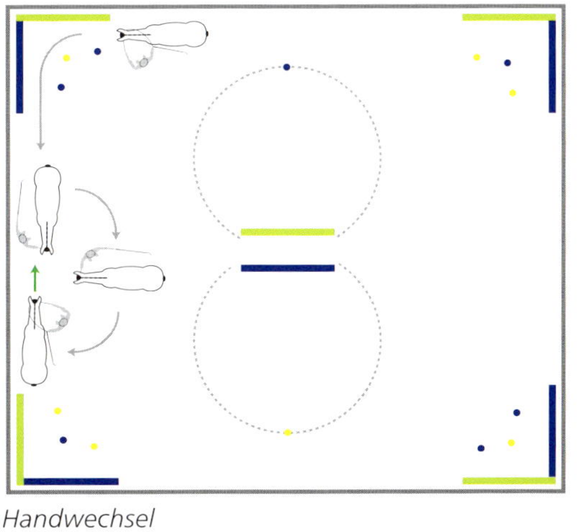

*Handwechsel*

**Parcours 3, von rechts geführt**

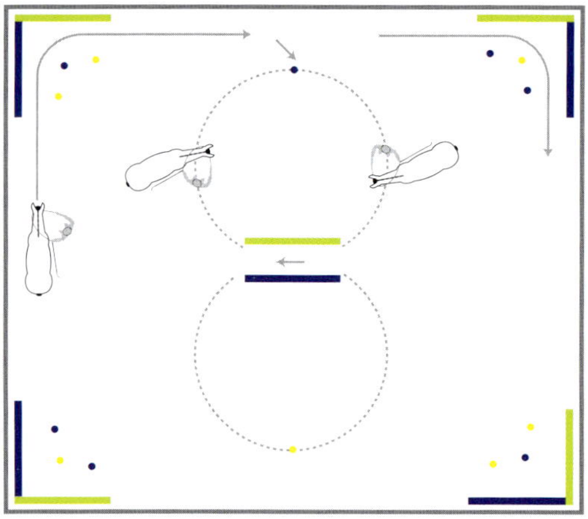

*Übung 1*

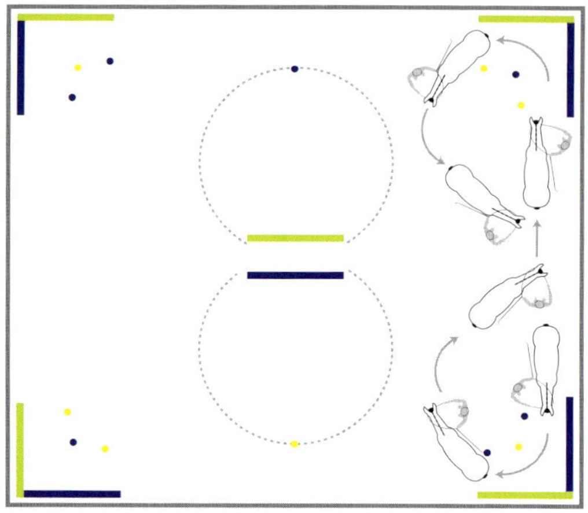

*Übung 2*

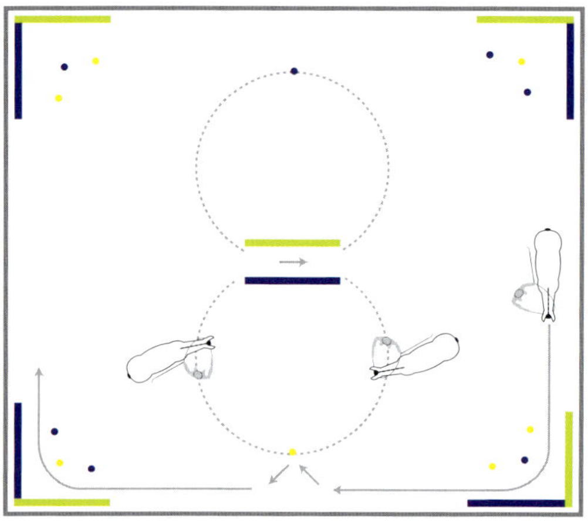

*Übung 3*

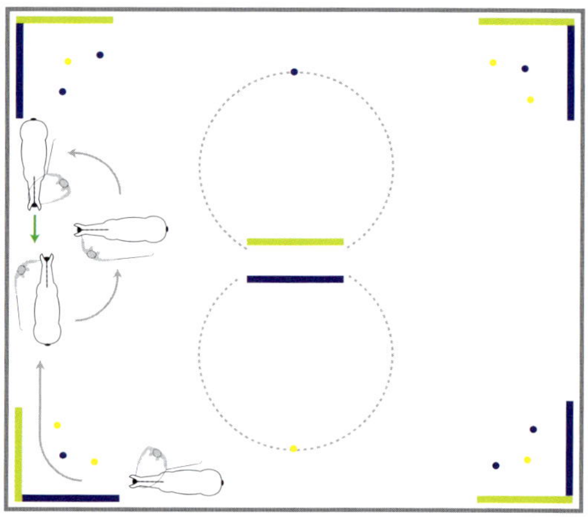

*Handwechsel*

## Übung 1: Das Übertreten auf der Volte

Beginnen Sie am Startpunkt Mitte der kurzen Seite. Lassen Sie Ihr Pferd auf der halben Volte eininge Schritte übertreten. An den Gassen angekommen, gehen Sie am hingegebenen Zügel durch die Gasse hindurch, damit das Pferd sich strecken kann und beenden anschließend das Übertreten auf der Volte zurück zum Hufschlag.

## Übung 2: Die Achterschlaufe

Führen Sie Ihr Pferd die kurze Seite entlang bis zur zweiten Ecke und einmal in die Achterschlaufe. Nach der Achterschlaufe lassen Sie es noch einmal an der langen Seite auf die Volte übertreten.

Wechseln Sie auf die rechte Hand. Führen Sie Ihr Pferd von rechts durch den Parcours.

**Tipp für den Trab**

Traben Sie Ihr Pferd am Startpunkt an und parieren es Mitte der langen Seite zum Schritt durch. Lassen Sie Ihr Pferd langsam auf der Volte übertreten. Wieder am Hufschlag angekommen, traben Sie Ihr

Pferd an. Bleiben Sie noch die erste Kehrtvolte der Achterschlaufe im Trab. An der Mitte der kurzen Seite angekommen, parieren Sie durch zum Schritt. Den zweiten Teil der Achterschlaufe, von außen geführt, führen Sie im Schritt durch. Sie traben wieder an, sobald Sie am Hufschlag ankommen.

## Parcours 4

Dieser Parcours enthält den Trab und alle Übungen von 1 bis 3 im Schritt.

Ihr Zeitsystem beträgt sechs Einheiten à drei Minuten mit jeweils 60 Sekunden Pause. Der Handwechsel erfolgt immer am Start- und Endpunkt. Lassen Sie dazu Ihr Pferd übertreten.

Für den Trab haben wir Parcours 1 gewählt.

**Parcours 4 – Beginnen Sie mit Parcours 1 von links geführt im Schritt.**

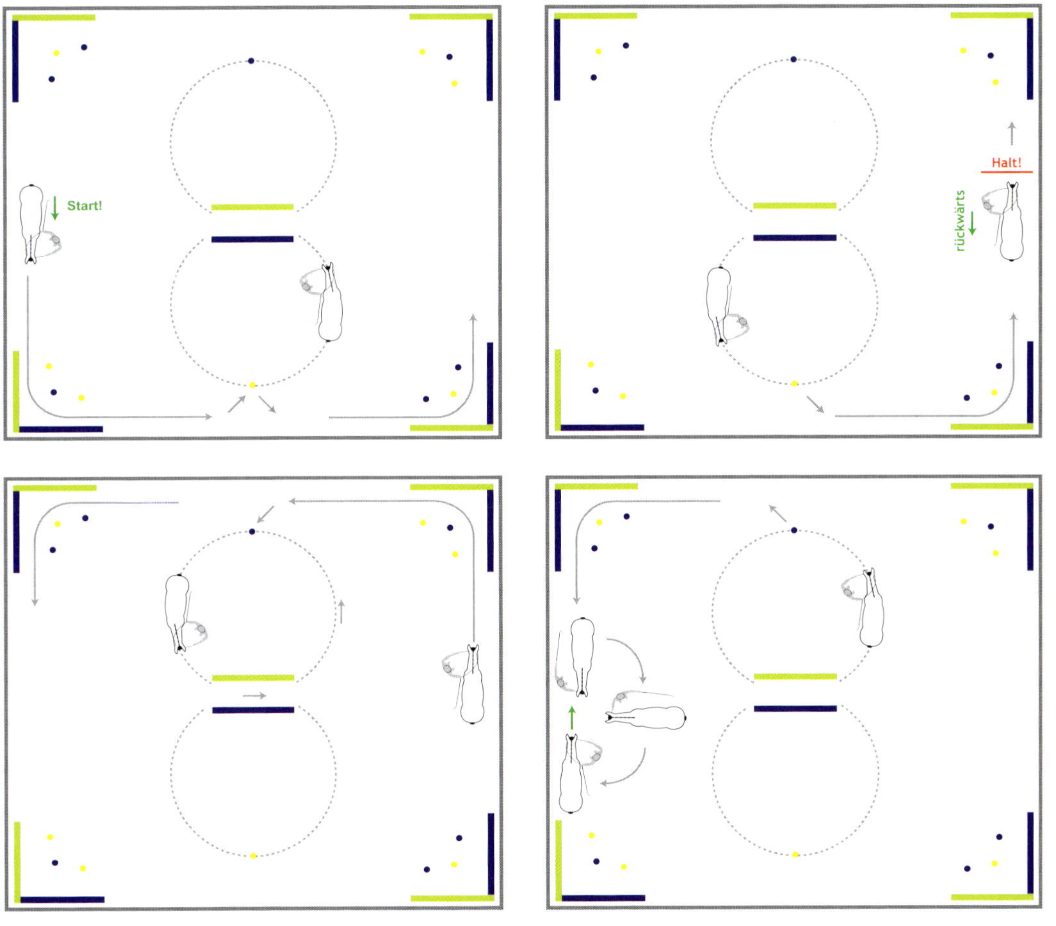

Parcours 4 – Wiederholen Sie die Übungen von der rechten Hand, rechts geführt.

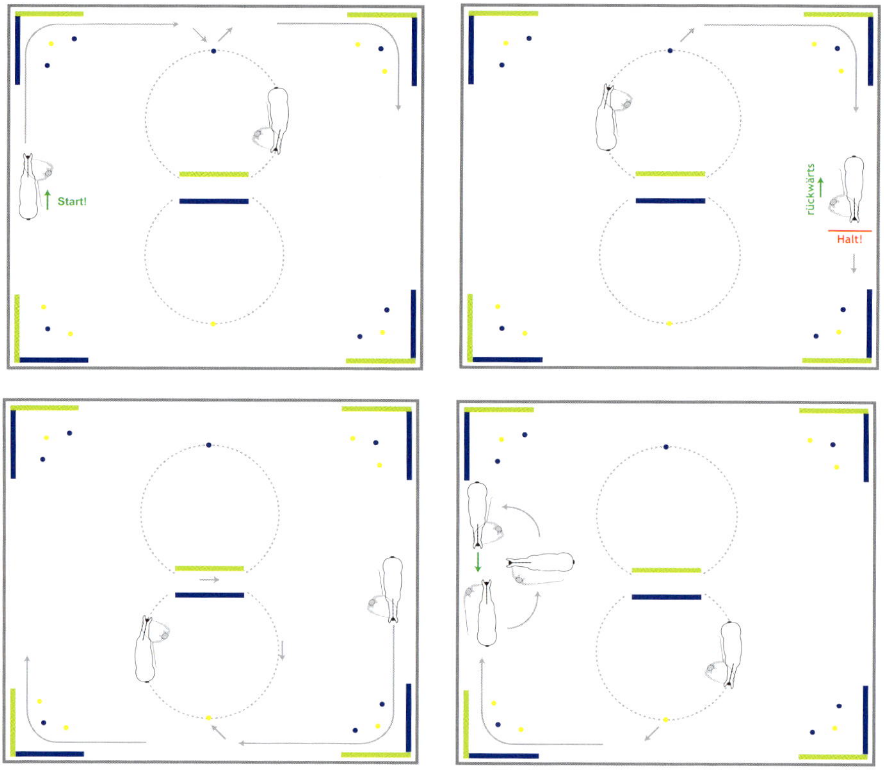


Parcours 4 – Nach dem erneuten Handwechsel nach links fügen Sie Parcours 2 ein.

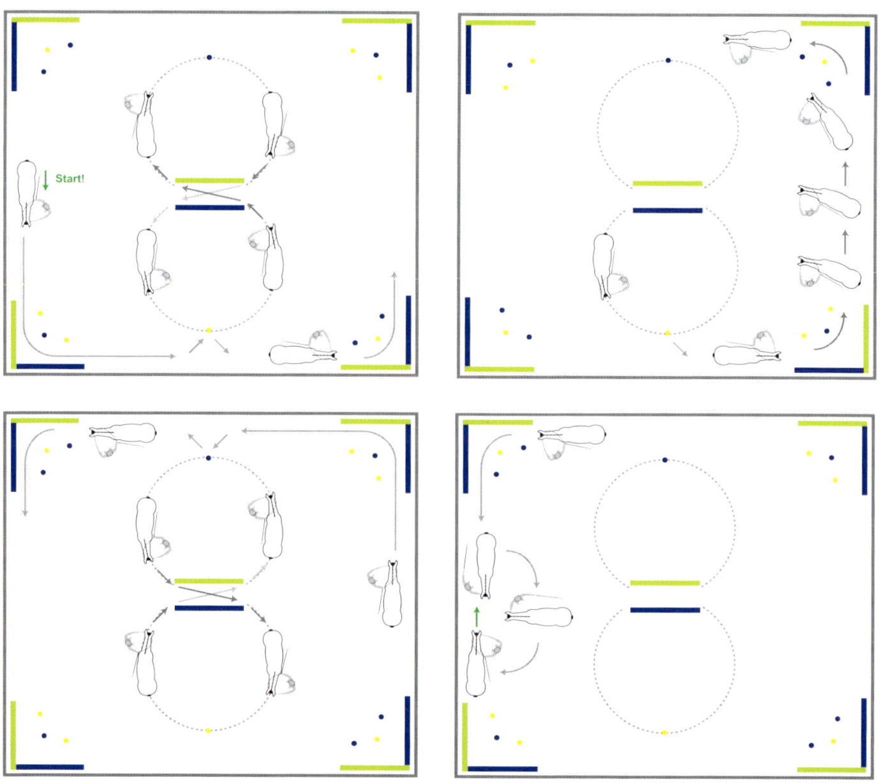

Parcours 4 – Nach dem Hand- und Seitenwechsel wiederholen Sie den Parcours 2 von rechts geführt.

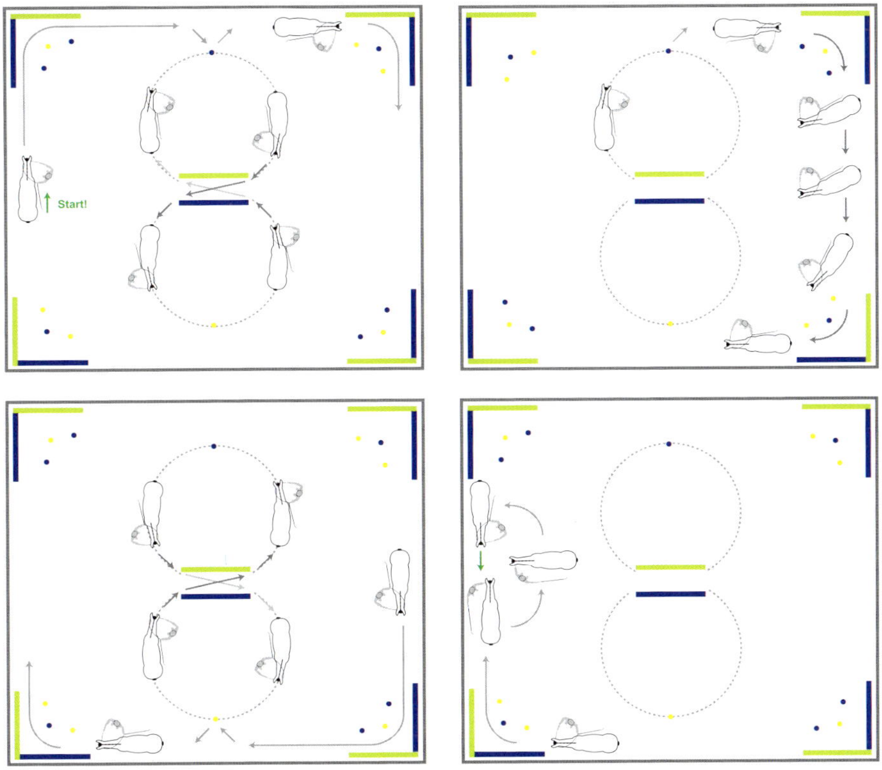


Parcours 4 – Es folgt erneut ein Handwechsel an Ihrem Ausgangspunkt auf die linke Hand, dann wird Parcours 3 eingefügt, von links geführt.

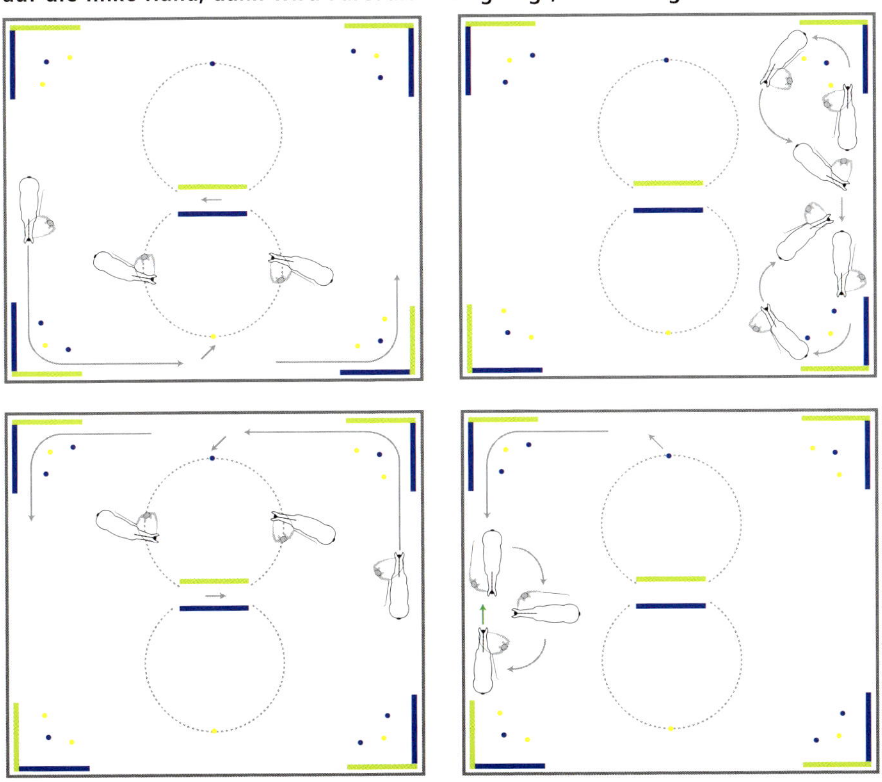

**Parcours 4 – Wiederholen Sie Parcours 3 von rechts geführt.**

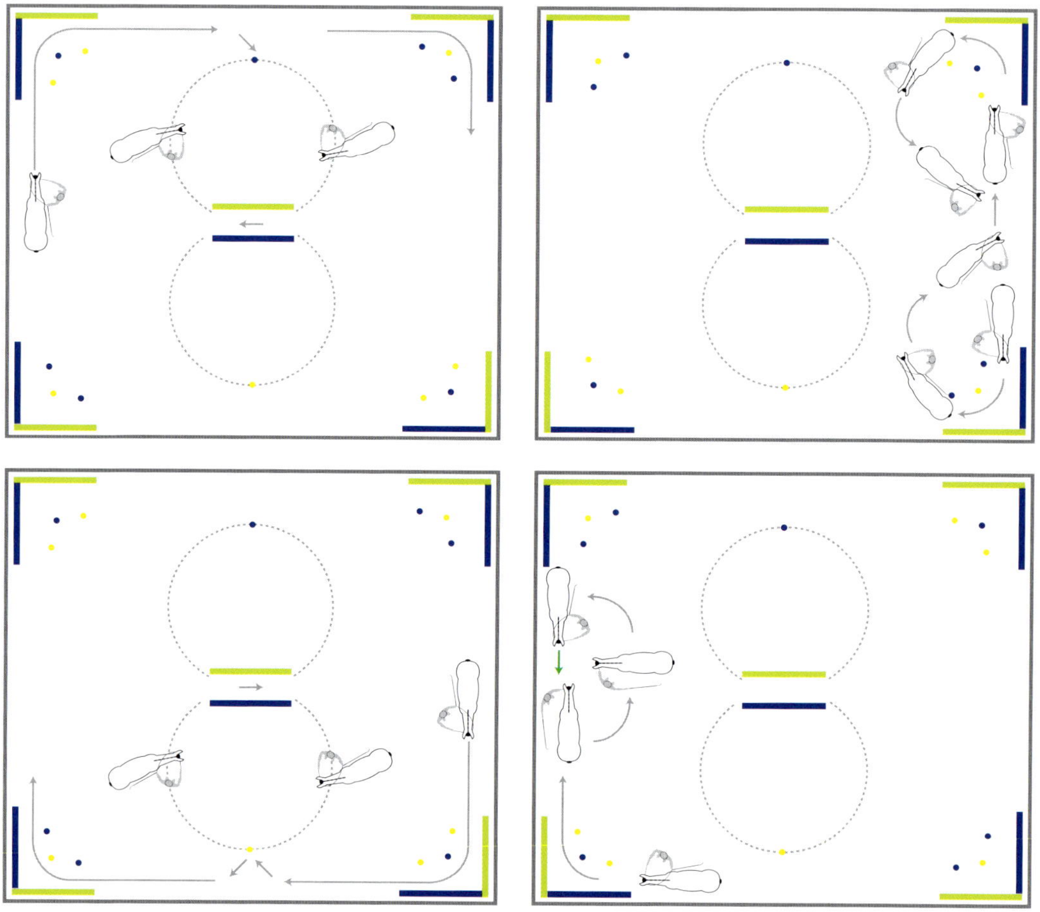

## Trab

Für den Trab empfehlen wir zunächst Parcours 1. Sie können bei den Parcours 2 und 3 den Trab hinzufügen und außerdem Übergänge integrieren. Das Übertreten erfolgt wie gehabt im Schritt.

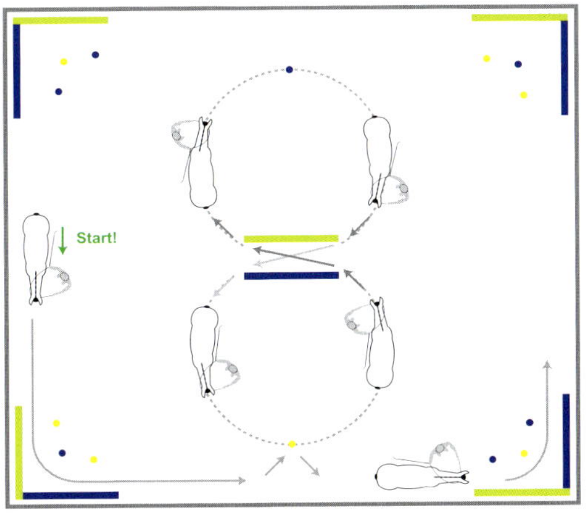


*1. Sie beginnen im Trab und führen Ihr Pferd von innen auf die erste halbe Linksvolte. Vor der Gasse durchparieren zum Schritt, in der Gasse wieder antraben und die zweite Hälfte der Volte von außen geführt im Trab beenden. Geübte Paare können die Acht komplett im Trab absolvieren.*

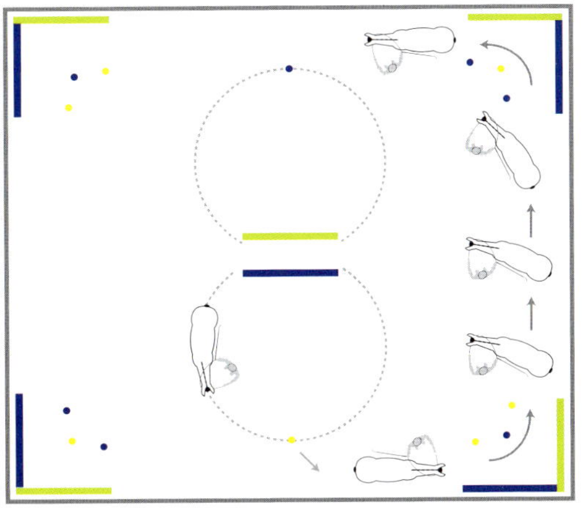

*2. An der kurzen Seite angekommen, parieren Sie durch zum Schritt und lassen Ihr Pferd langsam mit Kopf zum Bahninneren übertreten.*

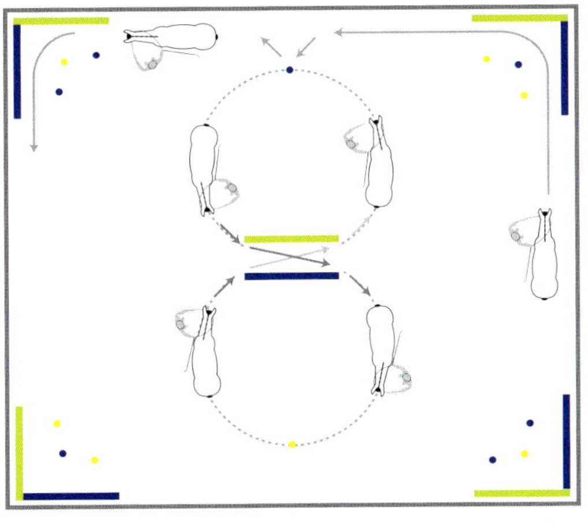

*3. An der langen Seite wieder antraben und die Achten wiederholen. Führen Sie Ihr Pferd im Trab auf die erste halbe Linksvolte. In der Gasse parieren Sie durch zum Schritt und gehen im Schritt auf die Rechtsvolte, bis Sie wieder in der Gasse sind. (Das Pferd wird jetzt von außen geführt.)*
*In der Gasse lassen Sie Ihr Pferd erneut antraben und beenden die zweite Hälfte der ersten Volte.*

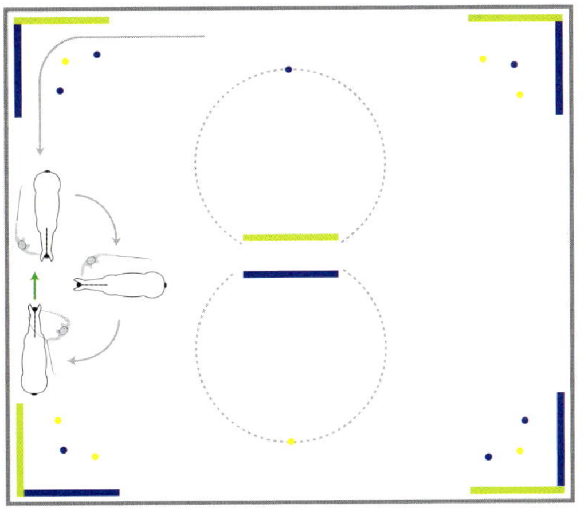

*4. Haben Sie die Acht beendet, lassen Sie das Pferd weiter bis zu Ihrem Ausgangspunkt traben, halten dort an und wechseln auf die rechte Hand.*

# Das Kleeblatt als Basisfigur im EquiClassic-Work

Das Kleeblatt ist eine Basisfigur im EquiClassic-Work. Achten Sie darauf, beim Kleeblatt immer blaue und gelbe Gassen im Wechsel auszulegen. Die Abstände innerhalb der Gassen müssen so gewählt werden, dass Sie noch bequem mit dem Pferd hindurchgehen können. Ziehen Sie die Gassen in der Mitte etwa 1–1,50 m auseinander. Legen Sie die Gassen nicht Kante an Kante, sondern lassen Sie auch dazwischen etwa einen Meter Abstand.
Setzen Sie Pylonen als Markierungen ein.

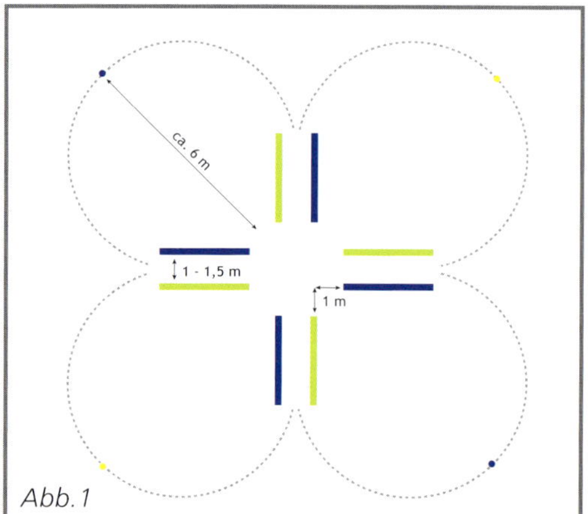


Abb. 1

Das Zeitsystem beträgt sechs Arbeitseinheiten à drei Minuten, anschließend jeweils 60 Sekunden Pause. Die Pause wird außerhalb der Gassen verbracht, dabei kann Ihr Pferd stehen bleiben oder locker am langen Zügel geführt werden.
Die Kleeblattform ermöglicht, jede Übung von jeweils beiden Führseiten und auf beiden Händen auszuführen.
Die ersten Übungen werden im Schritt durchgeführt, darauf folgt der Trab. Möchten oder können Sie mit Ihrem Pferd nicht traben, wiederholen Sie einfach die Schrittübungen.

## Übersicht Schritt und Trab

1. Sie befinden sich auf der linken Hand und starten in der Mitte des Kleeblatts. Das Pferd wird von links geführt. (Abb. 2–6)
Lassen Sie Ihr Pferd im Schritt antreten. Am Ende der ersten Gasse biegen Sie auf die erste Linksvolte ab und führen Ihr Pferd in den nächsten Eingang des Kleeblattes. Gehen Sie durch die Gasse hindurch, nehmen Sie dabei das Pferd aus der Stellung heraus. Biegen Sie am Ende erneut auf die Linksvolte ab. Wiederholen Sie das Ganze noch zwei Mal, sodass Sie alle vier Volten geführt haben.

2. Nachdem Sie die Volten des Kleeblattes auf der linken Hand durchschritten haben, machen Sie in der Mitte des Kleeblattes einen Hand- und Seitenwechsel und führen das Pferd von der rechten Seite auf die Rechtsvolten. (Abb. 7-13)

3. Halten und Rückwärtsrichten im Kleeblatt
Wechseln Sie in der Mitte des Kleeblattes wieder auf die linke Hand und lassen Sie Ihr Pferd erneut von der linken Seite geführt antreten. Dann halten Sie es am Ende der zweiten Gasse an und lassen es vier Tritte rückwärts treten. Anfangs sollte das Pferd danach kurz stillstehen, bevor Sie es erneut antreten lassen. Ihr Pferd soll lernen, sofort stehen zu bleiben, wenn Sie es dazu auffordern. Das gilt auch nach dem Rückwärts. Es soll warten und nicht einfach loslaufen. (Abb. 14)

4. Es folgt ein erneuter Hand- und Seitenwechsel. Gehen Sie in die Rechtsvolte und lassen Sie Ihr Pferd auch auf dieser Seite zwei Mal je vier Tritte rückwärts treten. (Abb. 15)

5. Wir üben die Volten von außen geführt im Kleeblatt. Beginnen Sie in der Mitte des Kleeblattes, Sie befinden sich links vom Pferd. Gehen Sie geradeaus durch die Gasse und stellen Sie Ihr Pferd am Ende nach rechts. Sie führen es von außen (links) zum nächsten Eingang des Kleeblattes und gehen durch die längs gelegte Gasse geradeaus, dabei wird das Pferd wieder aus der Stellung genommen. Am Ende der Gasse biegen Sie erneut auf die Rechtsvolte ab. Insgesamt machen Sie zwei Volten. Danach folgt in der Mitte des Kleeblattes ein erneuter Hand- und Seitenwechsel. Sie führen das Pferd nun von rechts in die Linksvolten, bis das Kleeblatt komplett ist. In der Mitte wechseln Sie die Führseite, so dass Sie wieder links vom Pferd stehen. (Abb. 16)

6. Wiederholen Sie diese Übung nochmals wie oben beschrieben, diesmal von rechts geführt.

7. Linksvolten im Trab
Absolvieren Sie das Kleeblatt zunächst im Trab auf den Linksvolten. Sie befinden sich in der Mitte des Kleeblattes und haben nach den Schrittvolten rechts einen Seitenwechsel auf die linke Seite durchgeführt. Jetzt stehen Sie also links vom Pferd. (Abb. 17)

Lassen Sie Ihr Pferd antraben. Anfangs fällt das Antraben aus dem Stand noch schwer – die Pferde müssen erst das punktgenaue Reagieren lernen. Schafft Ihr Pferd das noch nicht, lassen Sie es aus dem Schritt antraben, dabei führen Sie es im Schritt an und lassen es in den Gassen antraben. Haben Sie das Ende der Gasse erreicht, biegen Sie im Trab auf die Linksvolte ab – so, wie Sie es zuvor in der Schrittvolte geübt haben – und fädeln nach einer Dreiviertel-Volte erneut in das Kleeblatt ein. Die ersten vier Volten werden nur im Trab ohne Übergänge gemacht, sie kommen in der zweiten Runde dazu, wie zuvor im Schritt.

8. Die Rechtsvolten
Nachdem Sie die Volten im Kleeblatt auf der linken Hand geführt haben, machen Sie in der Mitte des Kleeblattes einen Hand- und Seitenwechsel und lassen das Pferd von der rechten Seite auf den Rechtsvolten antraben. (Abb. 18)

9. Das Rückwärtsrichten in den Gassen
Wir befinden uns nach dem Handwechsel wieder in den Linksvolten. Das Pferd wird von links geführt. Wiederholen Sie die Übung 7 und fügen Sie in einer Gasse das Rückwärtsrichten mit erneutem Antraben ein. (Abb. 19)
Aus dem Trab folgt das Halten. Das Pferd wird genau vier Tritte rückwärts gerichtet. Es soll nicht geschlossen stehen. Diagonales Rückwärtstreten und das erneute Antraben aus der Bewegung heraus sind anfangs nicht ganz so einfach. Aber genau darum üben wir es. Die Übung schult das Zuhören und die Schub- und Tragkraft.

10. Parieren Sie Ihr Pferd erneut in der Mitte des Kleeblattes durch. Machen Sie einen Handwechsel und lassen es die Volten (von rechts geführt) auf der rechten Hand im Trab durchführen. Während dieser Voltentour lassen Sie das Pferd einmal rückwärtstreten. (Abb. 20)

**Die einzelnen Übungen:**

## Übung 1

Gehen Sie zunächst mit Ihrem Pferd geradeaus. Stellen Sie es nach links, sobald es mit dem Kopf am Ende der Gassen angelangt ist. Geben Sie dabei mit dem inneren Zügel leichte Impulse am Kappzaum, begrenzen Sie mit dem äußeren Zügel die Schulter.

Führen Sie das Pferd in einer Linksvolte wieder in den nächsten Eingang des Kleeblatts. Gehen Sie gerade durch die nächste Gasse, dabei nehmen Sie das Pferd aus der Stellung heraus und richten Kopf und Hals gerade, um das Pferd am nächsten Ausgang wieder links einzustellen.
(Abbildung 2, rechts.)

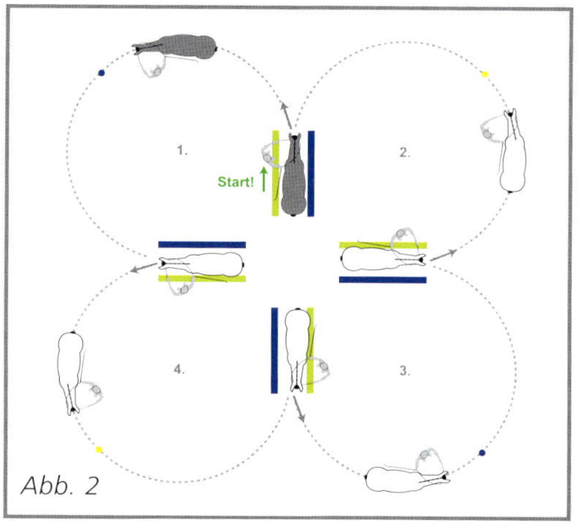

*Abb. 2*

## So führen Sie das Pferd auf allen vier Volten durch das Kleeblatt

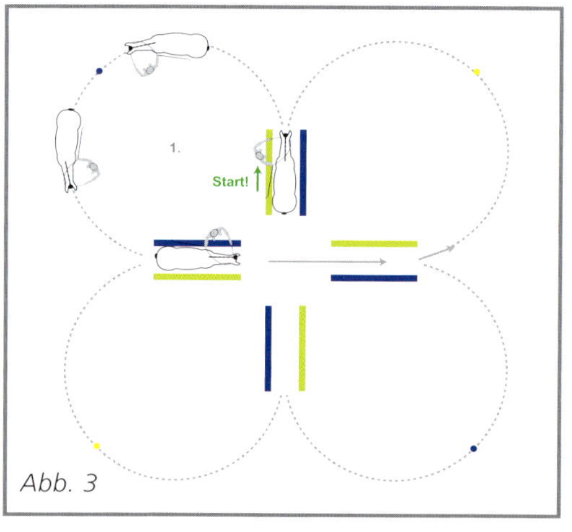

*Abb. 3*

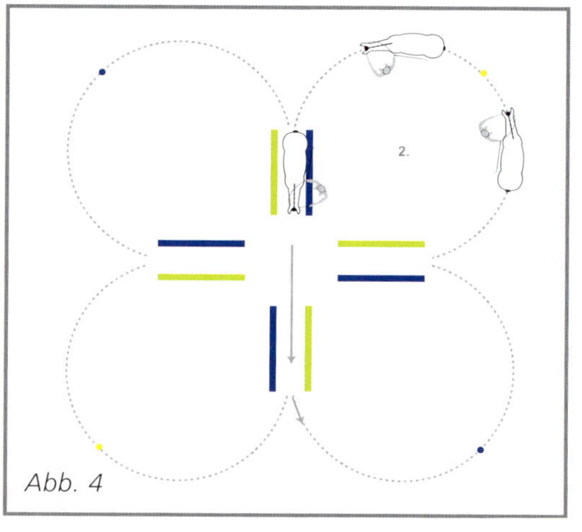

*Abb. 4*

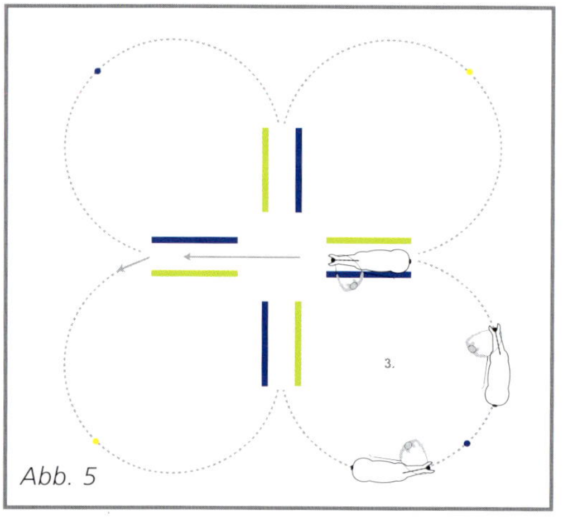

*Abb. 5*

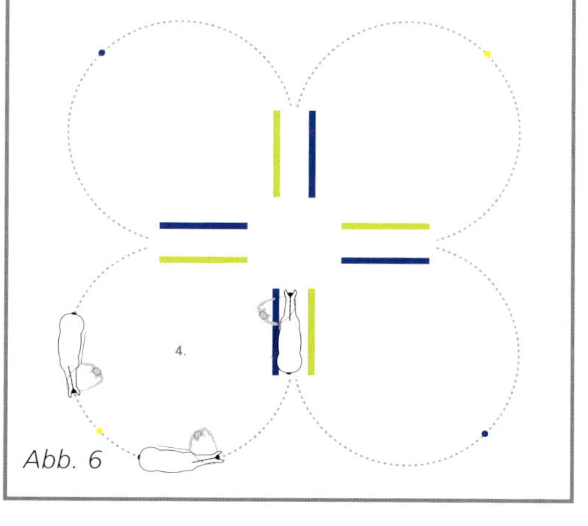

*Abb. 6*

## Der Seitenwechsel in die Rechtsvolten

So funktioniert der Seitenwechsel im Kleeblatt: Halten Sie in der Mitte des Kleeblattes an und richten Sie aus dieser Position Ihr Pferd ein bis zwei Schritte rückwärts. Drehen Sie sich, ohne einfach auf die andere Seite zu laufen, auf die rechte Seite des Pferdes (siehe frontale Führposition/Handwechsel). Wenn Sie auf der rechten Seite des Pferdes stehen, holen Sie Ihr Pferd wieder neben sich.

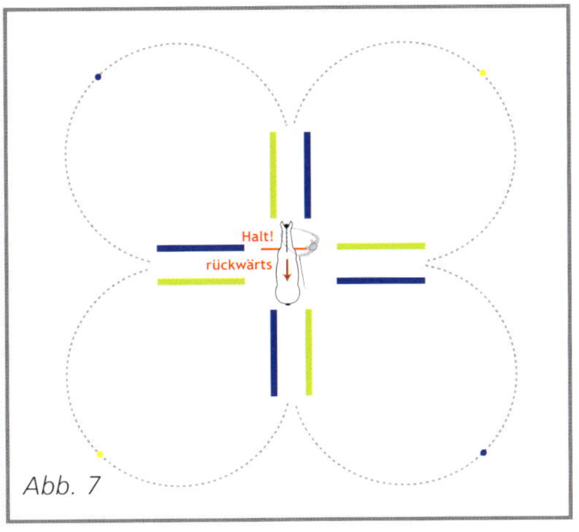

Abb. 7

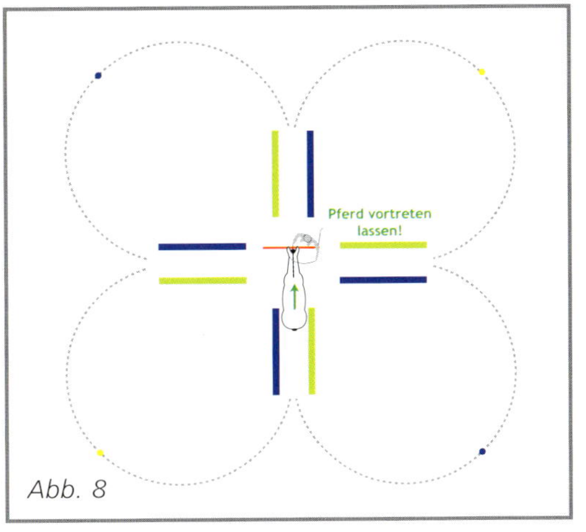

Abb. 8

**Info**

**Denken Sie daran, die Pausen außerhalb der Gassen zu verbringen. Pause macht man nicht am Schreibtisch, sondern in der Kantine.**

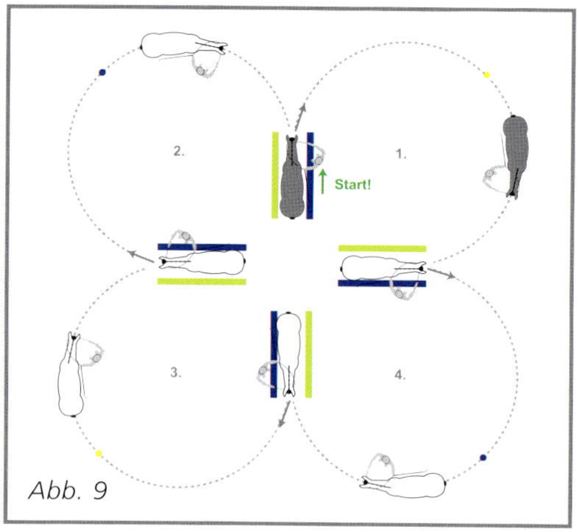


Abb. 9

## Übung 2
## Das Kleeblatt von rechts geführt

Nach den Linksvolten und dem Handwechsel führen Sie Ihr Pferd in vier Rechtsvolten durch das Kleeblatt. (Abb. 9–13)

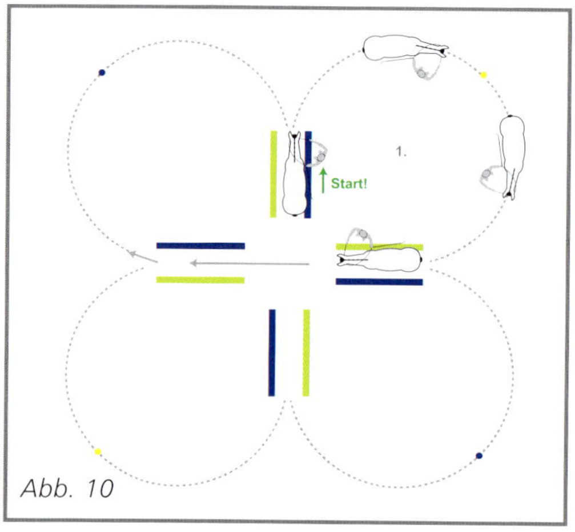


Abb. 10

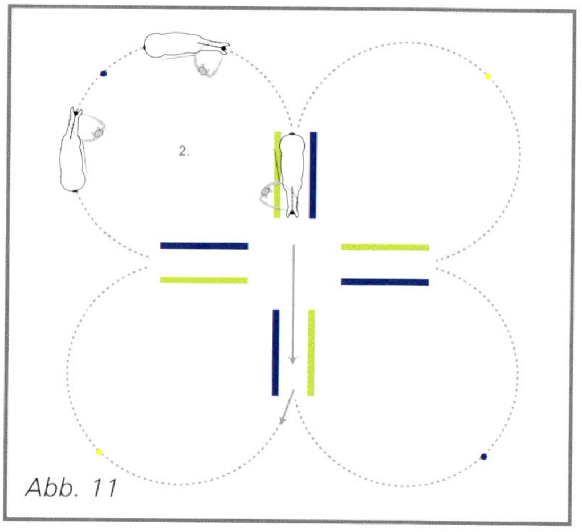


Abb. 11

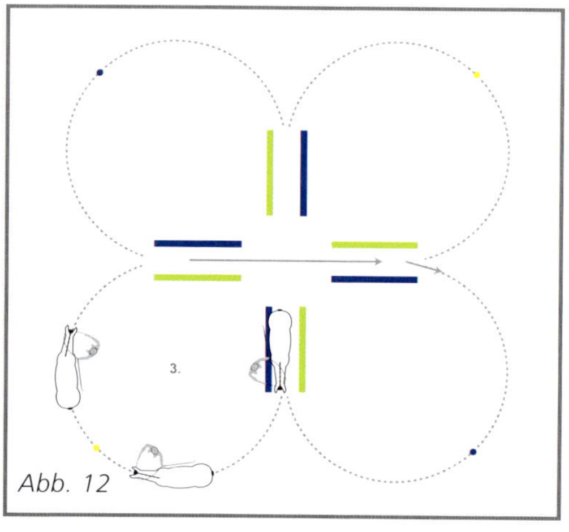


Abb. 12

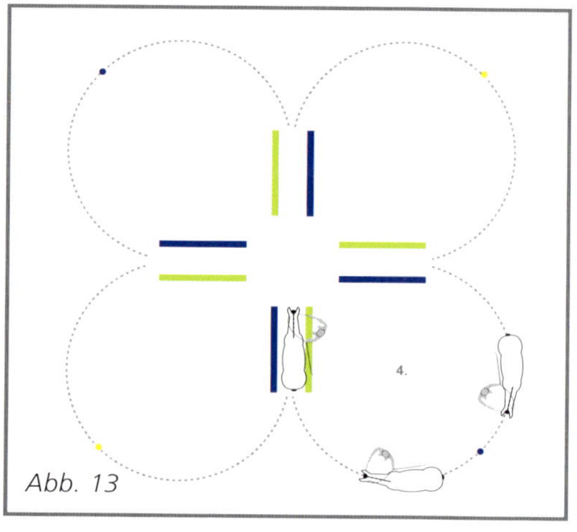


Abb. 13

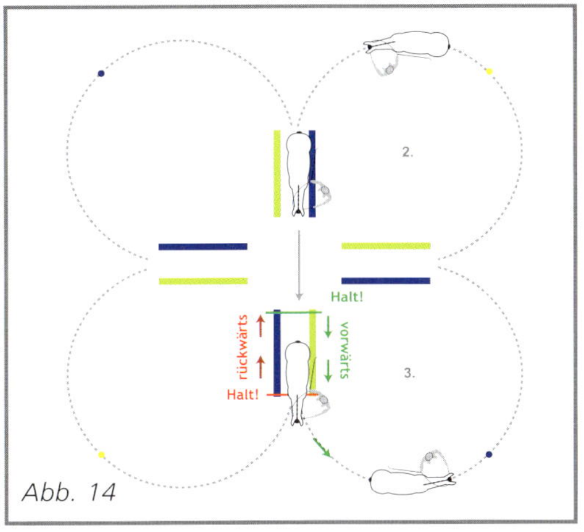

Abb. 14

## Übung 3
## Das Rückwärtsrichten im Kleeblatt

Wiederholen Sie die Linksvolten. Bauen Sie ein- bis zweimal das Anhalten/Rückwärts und Antreten mit ein: Am Ende der zweiten Gasse anhalten, das Pferd rückwärtsrichten und erneut antreten lassen. Damit das Pferd geschlossen steht, richten Sie es viereinhalb Tritte zurück.

Wichtig: Bereiten Sie Ihr Pferd anfangs mit einem langgezogenen »uuund« auf das Halten vor und überfallen es nicht mit einem Blitzstop!

*Die Begrenzungen des Kleeblattes helfen dabei, das Pferd im Rückwärts gerade zu halten.*

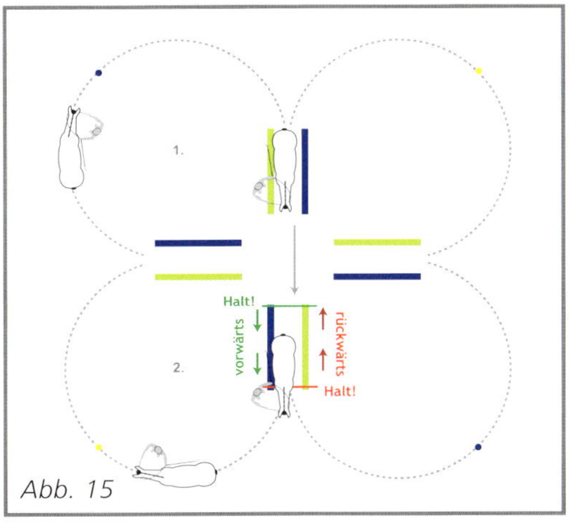

Abb. 15

## Übung 4
## Anhalten und Rückwärtsrichten auf der rechten Hand

## Übung 5 und 6
## Die Volten von außen geführt

Beginnen Sie in der Mitte des Kleeblattes. Führen Sie Ihr Pferd von links auf zwei Rechtsvolten. In der Mitte folgt dann der Hand- und Seitenwechsel. Führen Sie dann zwei Linksvolten von rechts. Wiederholen Sie die Übung.

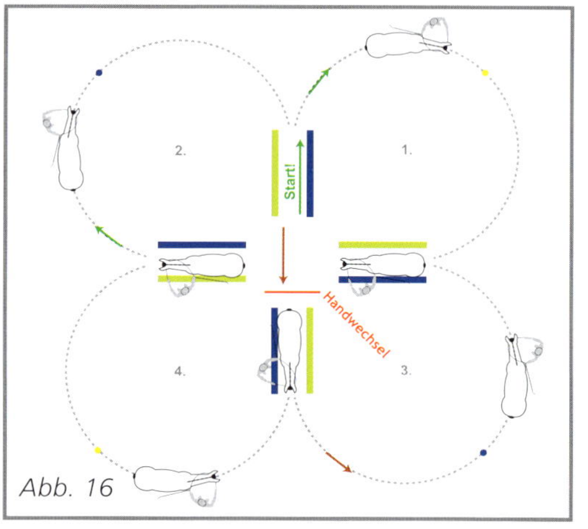


## Übung 7
## Die Volten im Trab

Absolvieren Sie die Linksvolten von links geführt im Trab.

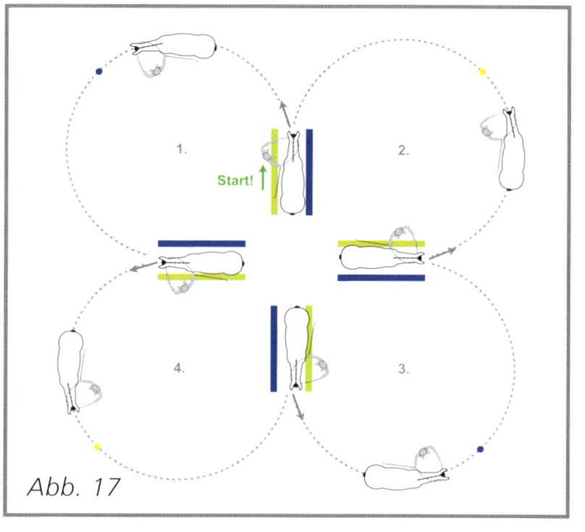


*Der versammelte Trab in Aufrichtung.*

*Der Trab in der Dehnungshaltung.*

## Übung 8
## Die Rechtsvolten im Trab von rechts geführt

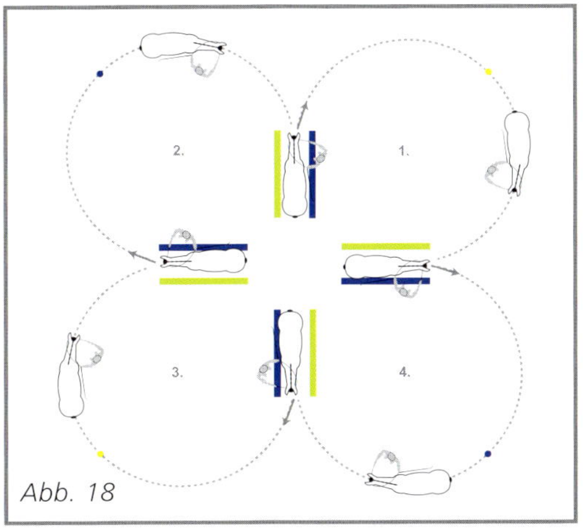


Abb. 18

Wiederholen Sie die Voltentouren und fügen Sie das Halten/Rückwärts/Antraben in den Links- und in den Rechtsvolten mit ein.

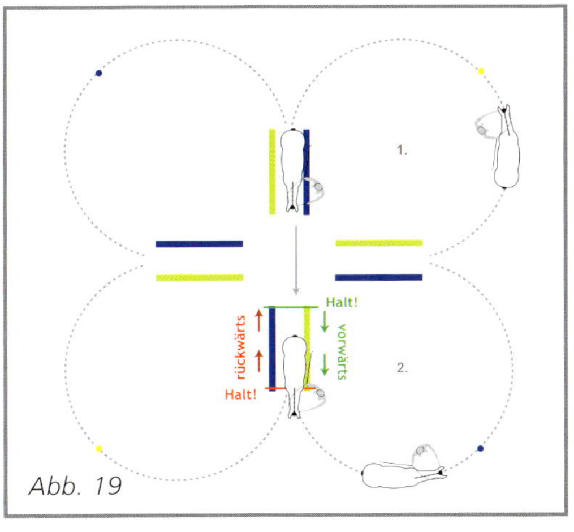


Abb. 19

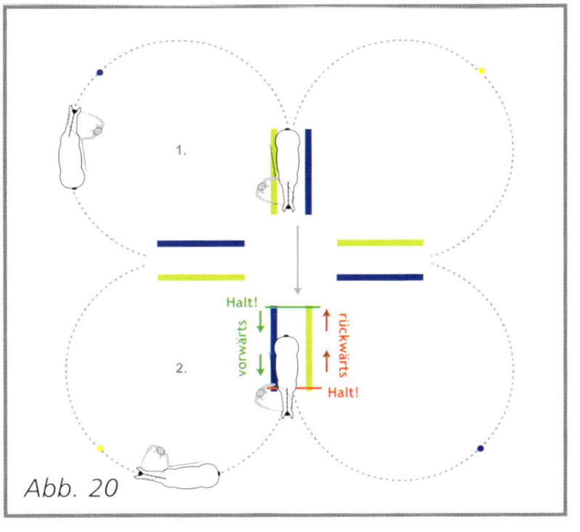


Abb. 20

## Was tun, wenn ...

Lassen Sie uns durchgehen, was so alles schiefgehen kann, denn das ist eine ganze Menge. Aber wie für fast alles gibt es auch hier Lösungen.

## Das Anhalten und Rückwärtsrichten

Ihr Pferd muss zunächst lernen, aus dem Trab anzuhalten. Wenn Sie mit den Trabübungen im Kleeblatt beginnen, üben Sie zunächst genau das. Hält es nicht zuverlässig und punktgenau beispielsweise am Ende der Gasse an, auch wenn Sie es noch so schön mit einem lang gezogenen »uund« darauf vorbereitet haben, vergessen Sie kurz das Halten und fügen, anstatt eines Rückwärtsrichtens, einen Schrittübergang ein. Beginnen Sie damit schon am Anfang der Gasse und nicht erst am Ende. Das Pferd wird am Anfang der Gasse in den Schritt durchpariert und am Ende der Gasse angehalten.

Klappt das gut, halten Sie aus dem Schritt am Anfang der Gasse an. Wir arbeiten darauf hin, dass das Pferd immer weniger Schritte macht und schließlich aus dem Trab zum Halten kommt. Das Rückwärtsrichten haben wir bereits in den Vorübungen mit einem Zertifikat abgeschlossen.

Richten Sie Ihr Pferd nun vier Tritte rückwärts und lassen Sie es daraus antraben. Das Antreten aus dem Schritt funktioniert schon wunderbar. Antraben aus dem Halten oder Rückwärts ist nun allerdings eine andere Hausnummer. Nicht, dass Ihr Pferd das nicht könnte. Ist es jedoch unaufmerksam oder bringen Sie Ihren Wunsch nicht klar zum Ausdruck, wird es herumbummeln, bevor es in Erwägung zieht, anzutraben. Es muss lernen, dass ein Signal von Ihnen verbindlich ist und sofort befolgt werden soll.

## Hilfen für das Anhalten

Will Frau oder Herr Pferd nicht anhalten, ziehen Sie den inneren Zügel nicht nach hinten. Druck erzeugt bekanntlich Gegendruck und das Pferd wird sich im Hals verspannen und erst recht nach vorne gehen. Arbeiten Sie bevorzugt mit Arrêts, also nach oben gerichteten Zügelhilfen. Das Pferd wird dabei kurz aus dem Gleichgewicht gebracht und langsamer werden. Bei jeder annehmenden Zügelhilfe arbeitet man ebenfalls nur mit Impulsen und baut keinen dauerhaften Zug auf.

Verbinden Sie diese Hilfe mit einem Stimmkommando und Ihrer Körpersprache. Bitte werfen Sie sich nicht vors Pferd. Sie bleiben an der Seite des Pferdes und fahren lediglich Ihr Energielevel herunter. Ein leichtes (!) Drehen Ihres Oberkörpers zum Pferd verstärkt die Anhalte-Hilfen. Sobald Ihr Pferd stillsteht, geben Sie die Zügelverbindung auf und loben es kurz.

## Hilfen für das Antreten

Vor allem beim Antraben aus dem Halten ist es wichtig, Energie in Ihren eigenen Körper zu bringen. Bauen Sie Spannung am Pferd auf. Das Pferd wird die Veränderung merken und aufmerksam sein. Sprechen Sie Ihr Pferd mit einer Stimmhilfe – etwa »Pass auf« – an. Dann ein kurzes gesprochenes »Trab«, »Schritt« oder Schnalzen mit der Zunge, verbunden mit einem kurzen Touchieren der Hinterhand mit der Gerte. Und schon trabt das Pferd an. Okay, beim einen oder anderen Pferd muss das ein- bis zweimal mehr geübt werden. Tritt oder trabt das Pferd willig an, wenn Sie im Moment keine Hand frei haben, loben Sie mit der Stimme – mit einem kurzen »Brav«, »Fein« oder auch »Gut«.

Touchieren kommt vom französischen toucher und bedeutet übersetzt berühren. So sollte es auch sein. Das Gertensignal ist eine Hilfe, die für Vorwärts und »mehr Energie« eingesetzt wird. Es gibt allerdings Pferde, die Sie etwas deutlicher berühren müssen, damit sie wieder aus dem Traumland zur Arbeit zurückkehren und reagieren. Hier dient die Gerte als ein kurzes »Hallo-Wach«. Wir setzen jedoch an dieser Stelle einfach voraus, dass jeder versteht, dass nicht grob auf das Pferd eingeschlagen wird.

## Achterschlaufen und Kleeblatt in Kombination

Sie können die Achterschlaufen mit dem Kleeblatt kombinieren. Wir halten den Parcours einfach:
Ihr Zeitsystem beträgt maximal sechs Arbeitseinheiten à drei Minuten mit jeweils 60 Sekunden Pause dazwischen.

Beginnen Sie die Achterschlaufen auf der linken Hand, das Pferd wird links geführt. Nach vier kompletten Achten wechseln Sie die Führseite und die Hand nach rechts.

Nach einer Arbeitseinheit und der Pause wechseln Sie ins Kleeblatt. Hier führen Sie einmal das komplette Kleeblatt von links auf der linken Hand. Nach dem Handwechsel folgen die Volten von rechts auf der rechten Hand. Das Ganze geht so lange, bis die drei Minuten vorbei sind, anschließend wechseln Sie erneut in die Achterschlaufen.

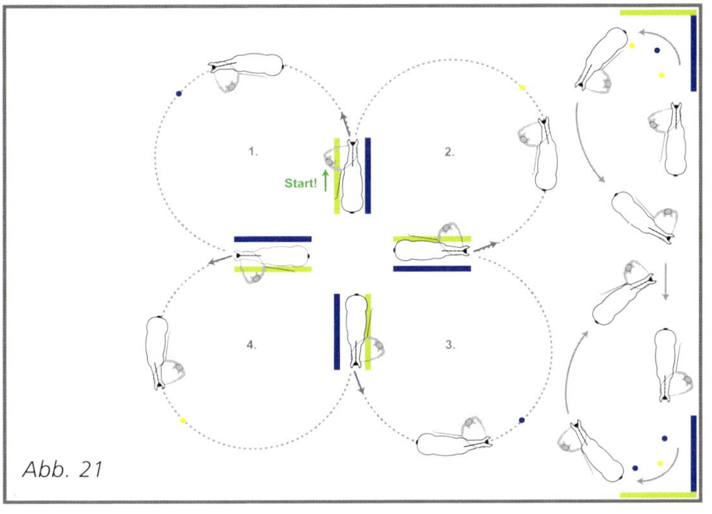

Abb. 21

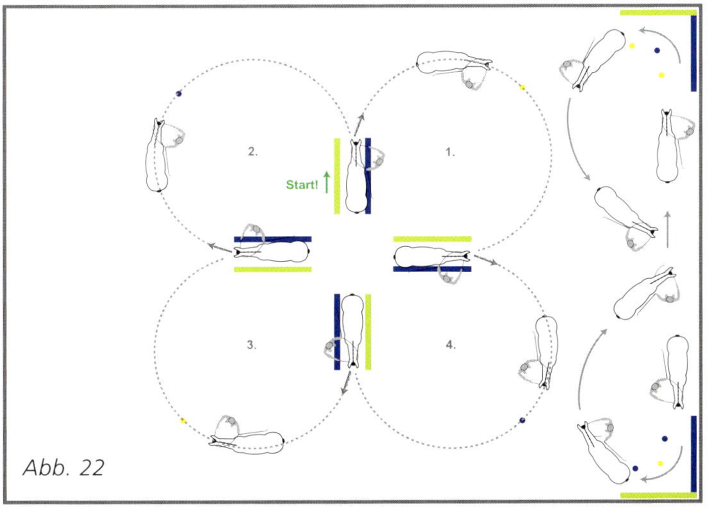

Abb. 22

## Parcours

### Das Kleeblatt »one fits all«

Wir haben einige Übungen sinnvoll kombiniert in das Kleeblatt eingebaut:
Jetzt sind Sie fit und können sich auch den Ablauf der Übungen einprägen. Gearbeitet wird in folgendem Zeitintervall: sechs bis acht Arbeitseinheiten à drei Minuten mit jeweils 60 Sekunden Pause.
Sollte Sie das Kleeblatt in dieser Zeit nicht schaffen, zeigt es nur, dass Ihnen die Übungen nicht flüssig von der Hand gehen und noch weitergeübt werden muss. Dazu sind die Parcours ja auch da. Schaffen Sie es nicht in der Maximalzeit, beenden Sie diesen Parcours. Wir arbeiten niemals über das Zeitlimit von acht Mal drei Arbeitseinheiten! Mit ein wenig Übung ist dieser Parcours aber bald in der angegebenen Zeit zu meistern.

### Übungen im Schritt

1. Gehen Sie die Schrittvolten einmal in einer kompletten Tour auf der linken Hand durch. Das Pferd wird von links geführt. Lassen Sie es jeweils einmal am Ende einer Gasse anhalten und rückwärtstreten. (Abb. 23)

2. Nach einem Seiten- und Handwechsel in der Mitte des Kleeblattes führen Sie das Pferd auf die Rechtsvolten und bauen erneut das Rückwärtstreten ein. (Abb. 24)

3. Wechseln Sie wieder nach links. Gehen Sie nach zwei Volten von links geführt in die Rechtsvolte.
4. Nach dem Seiten- und Handwechsel in der Mitte des Kleeblattes gehen Sie von rechts geführt auf die Linksvolte. (Abb. 25)

5. Nach einem erneuten Seiten- und Handwechsel lassen Sie das Pferd in den Volten des Kleeblattes nach links übertreten. In den Geraden der Gasse wird das Pferd am hingegebenen Zügel geführt, damit es die Möglichkeit bekommt, sich zu strecken. (Abb. 26)

6. Auf der rechten Hand lassen Sie das Pferd auf den Volten nach rechts übertreten, in den Gassen lassen Sie die Zügel lang. (Abb. 27)

7. Nach dem Übertreten im Schritt und einem Seiten- und Handwechsel folgt der Trab. Machen Sie einmal das komplette Kleeblatt durch. Lassen Sie Ihr Pferd in der Mitte – linke Hand – antraben. Fügen Sie in die Voltentour einmal Halten, Rückwärtsrichten und erneutes Antraben ein. (Abb. 28)

8. Wiederholen Sie den Trab auf der rechten Hand, von rechts geführt. (Abb. 29)

9. Nach dem Handwechsel fügen Sie die Schritt-Trab-Übergänge ein. In den Geraden traben Sie und in den Volten gehen Sie Schritt. (Abb. 30)

10. Wiederholen Sie den Trab auf der rechten Hand von rechts geführt. (Abb. 31)

11. Sie sind nun auf der linken Hand und führen das Pferd von links. Es folgt ein erneutes Antraben bis zum Ende der Gasse. Dort angelangt, parieren Sie durch zum Schritt. Auf der folgenden Volte lassen Sie Ihr Pferd übertreten. Beim Erreichen des Eingangs in das Kleeblatt bringen Sie Ihr Pferd wieder in den Trab. Traben Sie beide Gassen durch, um am Ende wieder in den Schritt durchzuparieren und das Pferd auf der Volte übertreten zu lassen, bis das Kleeblatt komplett ist. (Abb. 32)

12. Überraschung! Wir wiederholen die Übung auf der rechten Hand von rechts geführt. (Abb. 33)

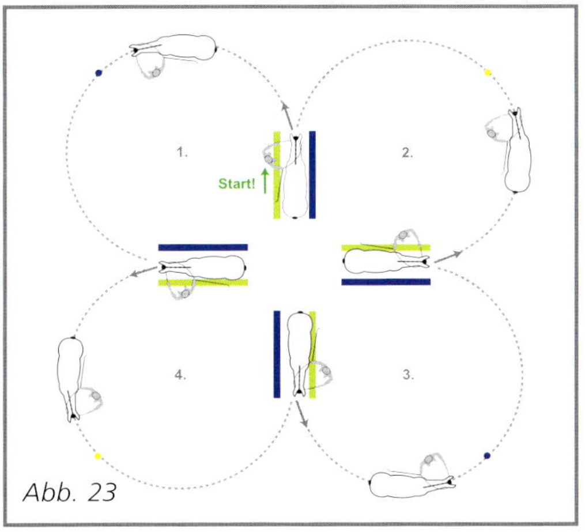


Abb. 23

*1. Die Volten auf der linken Hand und von links geführt sind am einfachsten zu absolvieren. Achten Sie darauf, das Pferd nicht zu überstellen. Machen Sie einmal das komplette Kleeblatt durch. Fügen Sie Halten, Rückwärtsrichten und Antreten ein.*

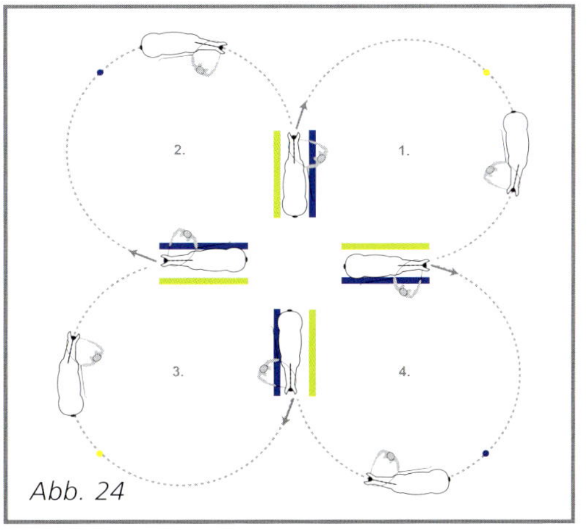


Abb. 24

*2. Die Volten auf der rechten Hand und von rechts geführt stellen wieder eine kleine Herausforderung dar. Es muss darauf geachtet werden, dass das Pferd genügend gestellt ist. Machen Sie einmal das komplette Kleeblatt durch. Fügen Sie Halten, Rückwärtsrichten und Antreten ein.*

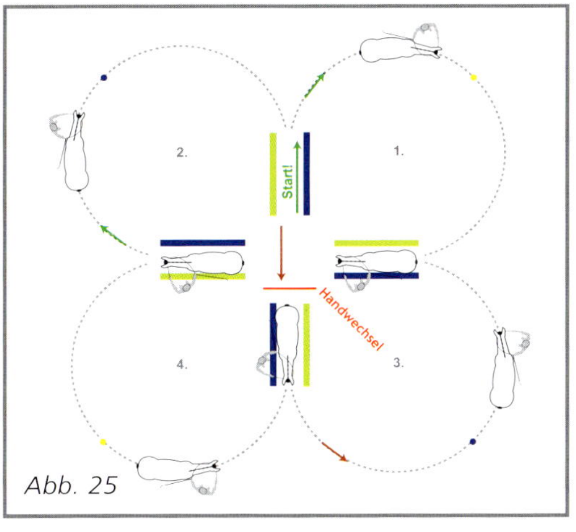


Abb. 25

*3. und 4. Das Pferd von außen geführt auf beiden Händen. Achten Sie besonders darauf, dass Ihr Pferd nicht drängelt. Das tun Pferde gerne, da sie den kürzeren Laufweg haben und ihr Tempo nicht aufgeben wollen. Zudem überprüfen Sie, ob das Pferd genug nach innen gestellt und gebogen ist. Die Übung dient nicht nur zur Vorbereitung auf höhere Lektionen, sondern minimiert auch die Gefahr, dass Pferde auf die innere Schulter fallen.*

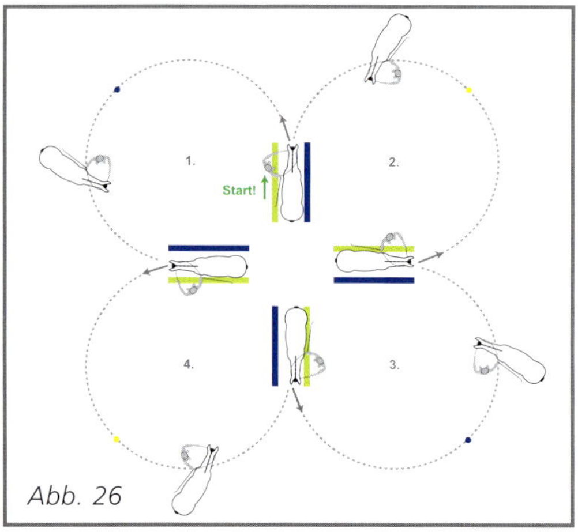


*5. Beim Übertreten führen Sie das Pferd langsam aus den Gassen auf die Volte. Lassen Sie es nicht in die Volte hineinrennen. Achten Sie darauf, dass das Pferd nicht überstellt wird und auf die äußere Schulter fällt. Auch hier können Sie wahlweise die seitliche oder frontale Führposition wählen.*

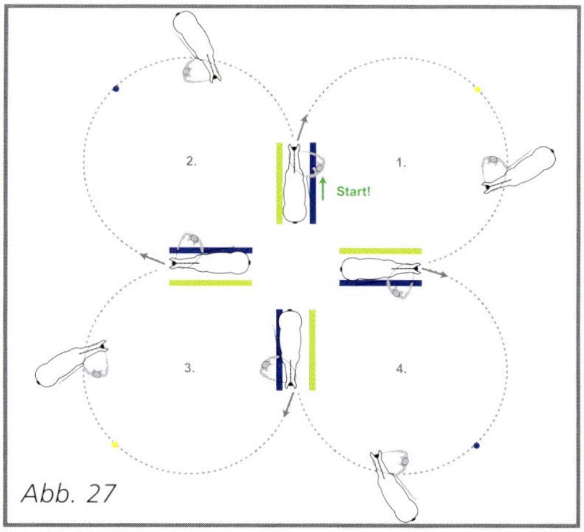


*6. Die Händigkeit des Pferdes zeigt sich auch beim Übertreten auf den Volten. Auf der Rechtsvolte fällt das Übertreten oft schwerer; die Pferde haben Mühe, in den Takt zu finden und ihre Beine zu sortieren. Achten Sie auf Takt und Gleichmäßigkeit.*

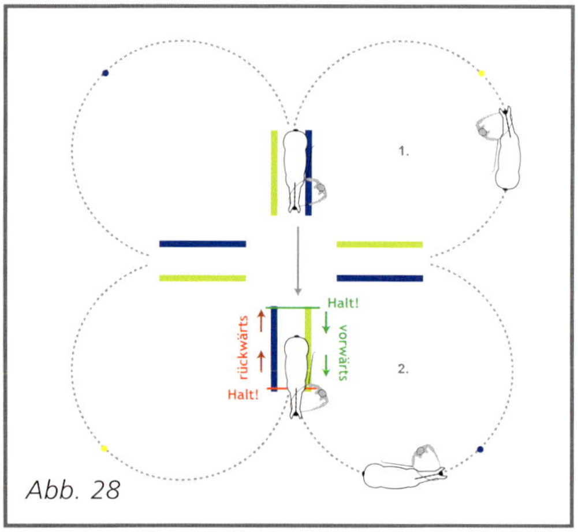


*7. Die Linksvolten im Trab. Fügen Sie Halt-Rückwärts-Antraben-Übergänge ein.*

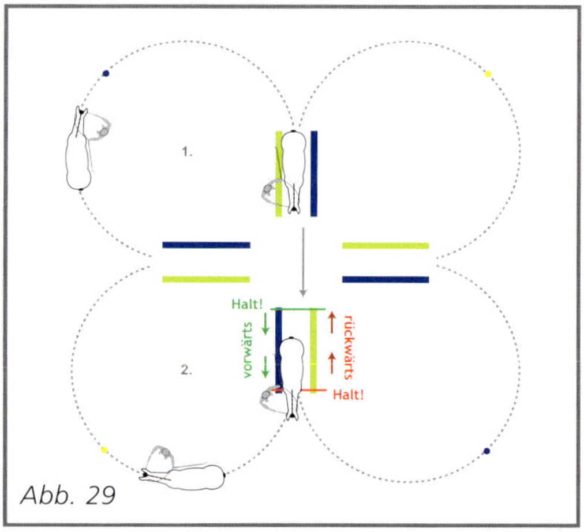


*8. Wiederholen Sie die Übung auf der rechten Hand, von rechts geführt.*

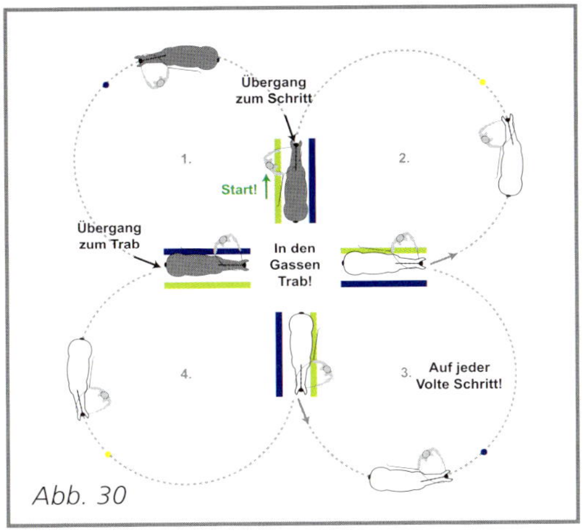


*Abb. 30*

*9. und 10. Die Trab-Schritt-Übergänge.
Starten Sie auf der linken Hand in der Mitte des Kleeblattes. Das Pferd wird von links geführt. Lassen Sie dabei Ihr Pferd aus dem Stand bis zum Ende der Gassen antraben. Nun folgt der Schrittübergang. Biegen Sie im Schritt auf die Volte ab. Beim Erreichen des nächsten Einganges des Kleeblattes nehmen Sie Ihr Pferd aus der Stellung heraus und lassen es wieder antraben. Gehen Sie im Trab durch beide Gassen hindurch, bevor wieder der Schrittübergang zur nächsten Volte folgt. Sie gehen die vier Volten im Schritt und die Geraden im Trab. Wiederholen Sie diese Übung auf der rechten Hand.*

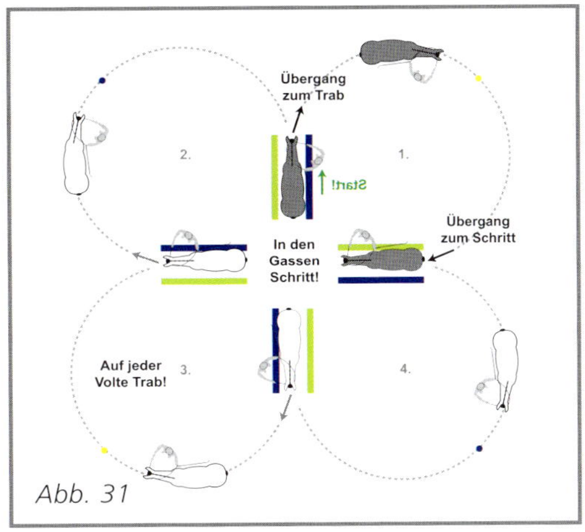


*Abb. 31*

***Tipp:***
*Es gibt Pferde, die sehr stürmisch und voller Tatendrang sind. Das heißt, diese Pferde hören nicht zu und haben weder Balance noch Koordination. Sie geben meist Gas in den längs gelegten Gassen. Sie werden Mühe haben, bei ihnen hinterherzukommen. Drehen Sie in dem Fall die Übungen um. Gehen Sie in den Geraden Schritt und lassen Sie das Pferd in der Volte antraben.*

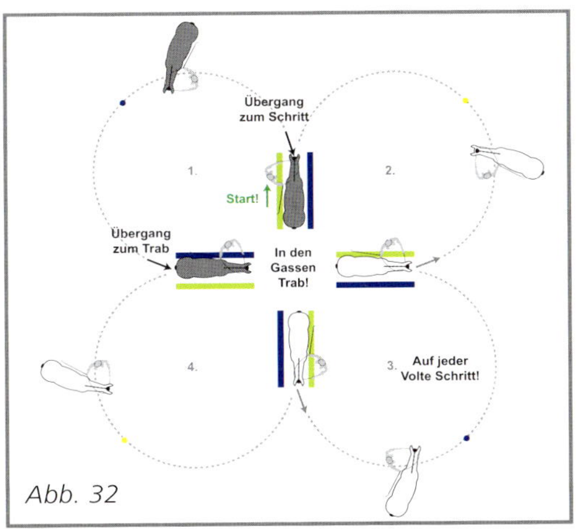


*Abb. 32*

*11. und 12. Übertreten im Schritt auf den Volten und Trab in den längs gelegten Gassen.
Hier wechseln Übertreten auf den Volten und der Trab in den Gassen ab. Nachdem Sie am Startpunkt angetrabt sind, parieren Sie am Ende der Gassen durch und lassen Ihr Pferd langsam auf der Volte bis zum Erreichen des nächsten Einganges übertreten. Danach traben Sie in den Gassen wieder an, bis Sie das komplette Kleeblatt durchgearbeitet haben. Wiederholen Sie die Übung auf der rechten Hand.*

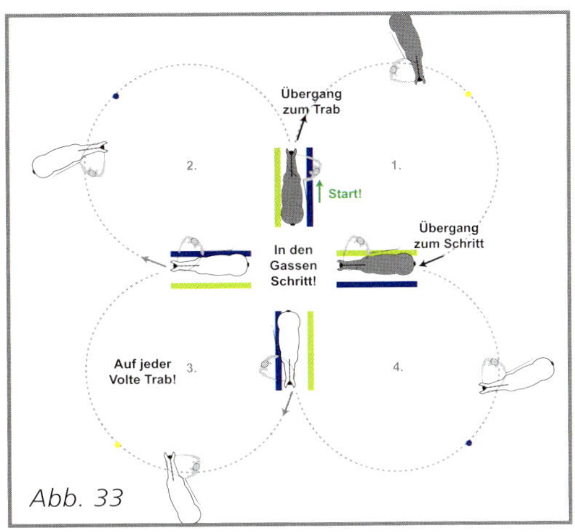


*Abb. 33*

***Tipp:***
*Sie halten während des Trabs das Pferd in Anlehnung entweder in der Dehnungshaltung oder der Aufrichtung. Sie können jedoch ein oder zwei längs gelegte Gassen auswählen, um die Zügel einmal nachzugeben, damit sich das Pferd strecken kann.*

# Die Arbeit in der Quadratvolte

Die Quadratvolte ist ein weiteres Hindernis in unseren EquiClassic-Work-Parcours. Das Grundmaß der Quadratvolte beträgt von Hufschlag zu Hufschlag ca. zwölf Meter. Der Abstand zwischen den Gassen wird so gewählt, dass Sie mit Ihrem Pferd bequem hindurchgehen können. Sie benötigen acht Gassen und eventuell vier Pylonen. Stellen Sie sich in die Ecken der Quadratvolte Pylonen, quasi als Marker und Orientierungspunkt. (Abb. 1)

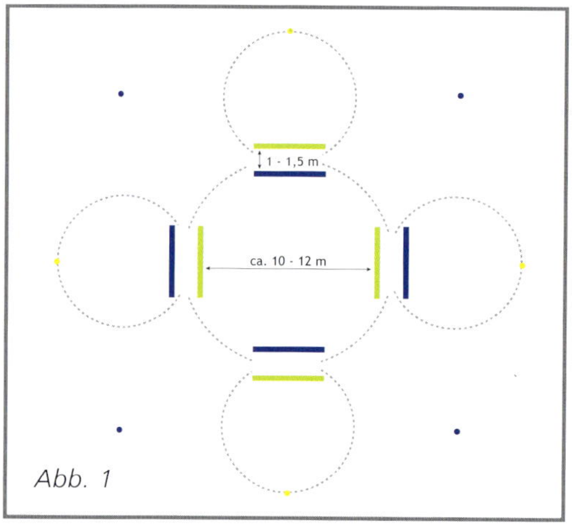

Abb. 1

## Parcours 1

Im ersten kleinen Parcours beginnen Sie mit den Schritt-Halt-Übergängen sowie den Volten und dem Übertreten in den Ecken. Der Parcours wird im Schritt geübt. Das Zeitsystem beträgt maximal sechs Arbeitseinheiten à drei Minuten und dazwischen 60 Sekunden Pause. Es ist wie immer die maximale Arbeitszeit.

Reduzieren Sie die Arbeitseinheiten, sollte sich das Pferd zu sehr anstrengen müssen. Die Pausen werden immer außerhalb der Gassen gemacht.

## Ausführung Parcours 1

1. Sie befinden sich mit Ihrem Pferd auf der linken Hand und führen es von links durch die Quadratvolte. Das Pferd geht in der Gasse, Sie gehen außerhalb. Das Pferd ist nach innen gestellt und gebogen. Halten Sie etwa nach der Hälfte der Quadratvolte in einer Gasse an. Lassen Sie das Pferd kurz stillstehen und wieder antreten. Gehen Sie zu Ihren Startpunkt zurück und lassen Sie es die Hand wechseln. (Abb. 2)

2. Nach dem Handwechsel führen Sie Ihr Pferd in Innenstellung von rechts auf der rechten Hand durch die Quadratvolte. Halten Sie es an und lassen es wieder antreten. Danach erfolgt ein Handwechsel nach links. (Abb. 3)

3. Wieder auf der linken Hand gehen Sie nach der Gasse eine Volte nach innen, fädeln wieder in die Gassen ein und führen Ihr Pferd danach erneut auf die Innenvolte. (Abb. 4)

4. Wiederholen Sie die Übung auf der rechten Hand von rechts geführt. (Abb. 5)

5. Das Übertreten: Nach dem Hand- und Seitenwechsel nach links führen Sie Ihr Pferd zunächst durch die erste Gasse. In der ersten Ecke lassen Sie es bis zur nächsten Gasse übertreten. Danach fädeln Sie erneut in die Gasse ein. Geben Sie in den Gassen die Zügel kurz nach.

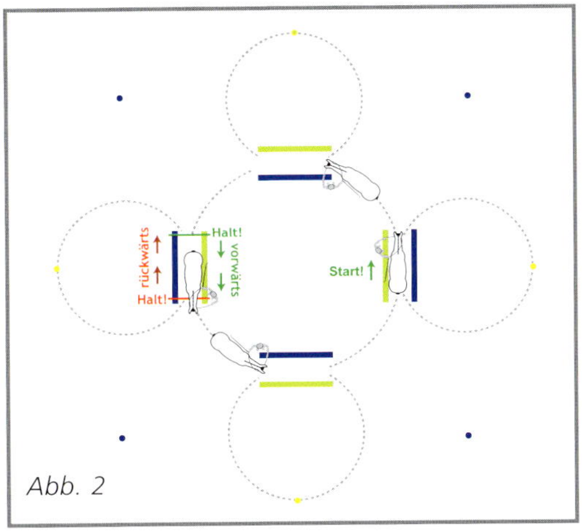

*Abb. 2*

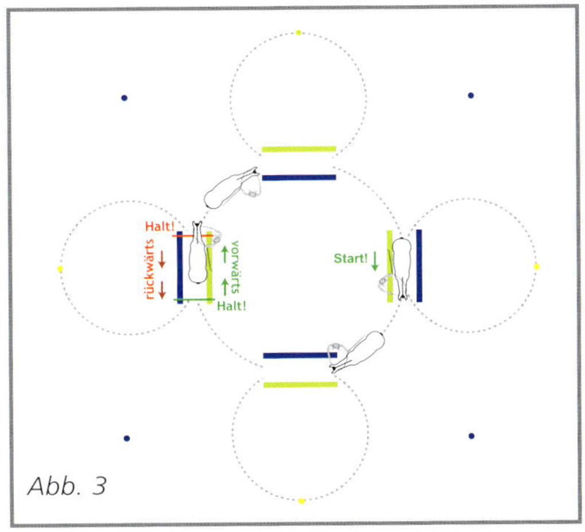

*Abb. 3*

*1. und 2.*
*Führen Sie Ihr Pferd im Schritt an.*
*Wählen Sie eine Gasse, in der Sie das Anhalten und Antreten üben können. Halten Sie das Pferd am Ende einer Gasse an und lassen Sie es erneut antreten.*
*Ihr Körper ist dem Pferd leicht zugewandt, damit es nicht in die Quadratvolte drängelt.*

*Nach dem Handwechsel führen Sie die Übung auf der rechten Hand von rechts geführt durch.*

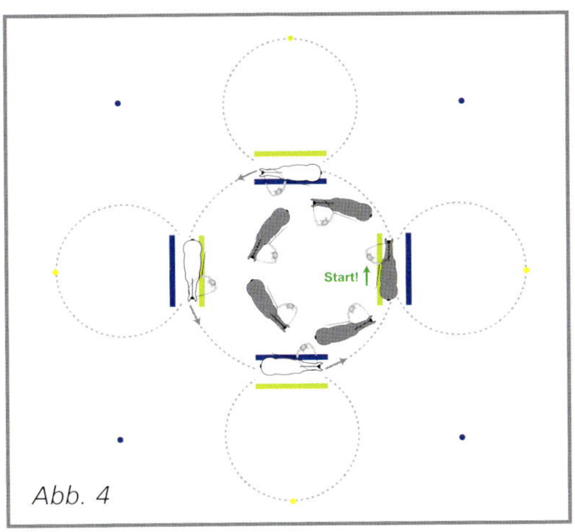

*Abb. 4*

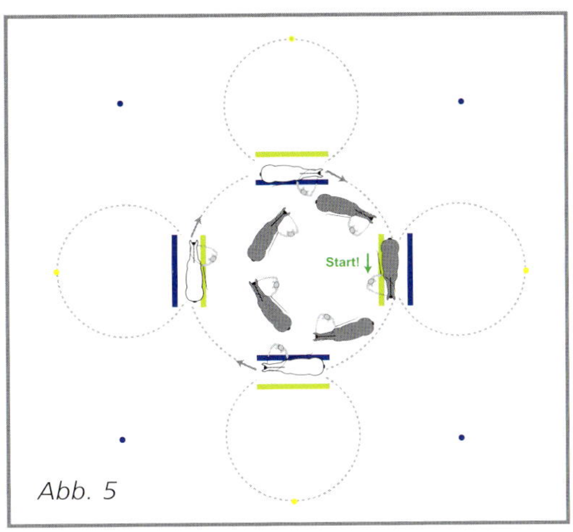

*Abb. 5*

*3. und 4.*
*Wieder auf der linken Hand führen Sie Ihr Pferd nach Durchschreiten einer Gasse nach innen auf eine Volte. Nutzen Sie den Platz der Quadratvolte aus und machen Sie die Volte nicht zu klein. Nach der ersten Volte fügen Sie noch eine zweite Volte hinzu.*

*Es folgen nach einem erneuten Handwechsel die Volten nach innen von rechts geführt.*

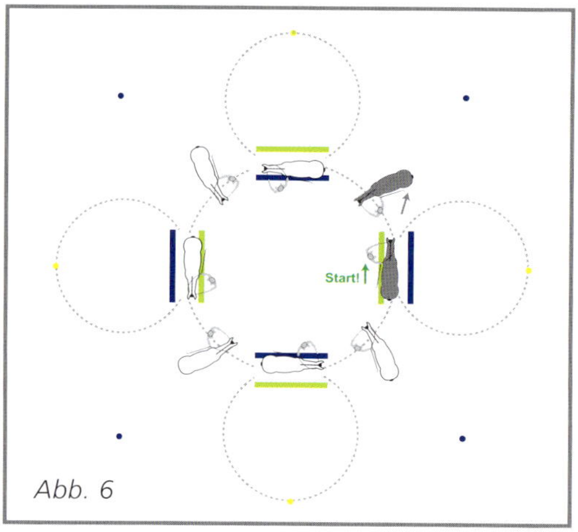


Abb. 6

*5. und 6.*
*Das Übertreten in den Ecken, die eigentlich Viertel-Volten sind, leiten Sie ein, wenn Sie eine Gasse verlassen. Sie können das Pferd seitlich stehend oder in der frontalen Führposition übertreten lassen. Nach dem Übertreten fädeln Sie erneut in die Gassen ein. Lassen Sie Ihr Pferd in allen vier Ecken übertreten.*

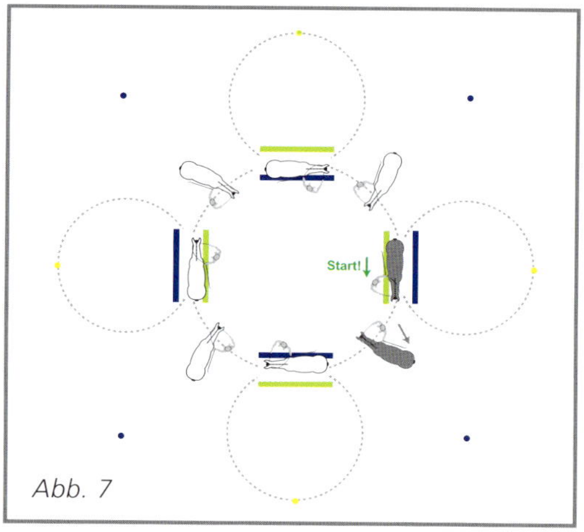


Abb. 7

*Wiederholen Sie die Übung auch auf der rechten Hand.*

***Tipp:***
***Der Parcours ist im Schritt vorgesehen. Wollen Sie dennoch in den Trab wechseln, lassen Sie das Übertreten am Schluss weg und traben die Quadratvolte auf jeder Hand einmal durch. Bei Pferden, die schwer im Trab in den Takt finden, lassen Sie anfangs auch die Volte weg und üben die Quadratvolte nur linke und rechte Hand im Trab, bevor Sie in die kleinen Volten gehen.***

In der nächsten Ecke lassen Sie Ihr Pferd wieder übertreten und fädeln erneut in die Gasse ein usw. Das machen Sie, bis Sie das Pferd an allen vier Ecken haben übertreten lassen. (Abb. 6)

6. Nach dem Hand- und Seitenwechsel führen Sie Ihr Pferd von rechts auf der rechten Hand durch die Quadratvolte und lassen es in allen vier Ecken übertreten. (Abb. 7)

## Parcours 2

Im zweiten Parcoursvorschlag werden die Volten von innen und außen geführt sowie das Rückwärtsrichten geübt. Ihr Zeitsystem beträgt wie gehabt maximal sechs Arbeitseinheiten à drei Minuten und 60 Sekunden Pause.

1. Beginnen Sie auf der linken Hand, das Pferd wird von links geführt. Gehen Sie im Schritt einmal komplett durch die Quadratvolte. Bauen Sie in eine Gasse das Rückwärtsrichten ein. Wiederholen Sie die Übung nach einem Hand- und Seitenwechsel von rechts. (Abb. 8 und 9)

2. Die große Acht

Beginnen Sie erneut auf der linken Hand. Sie führen Ihr Pferd dabei von links und lassen es im Schritt antreten. Gehen Sie nach der halben Quadratvolte durch eine Gasse hindurch und biegen Sie unmittelbar danach zur Mitte der Quadratvolte ab. Führen Sie Ihr Pferd durch die ganze Diagonale, bis Sie an der gegenüberliegenden Gasse ankommen. Dort stellen Sie das Pferd nach rechts und fädeln in die Gasse ein. Ihr Pferd bleibt währenddessen in Stellung und Biegung. Am Ende der Gasse biegen Sie wieder auf die Diagonale der Quadratvolte ab und fädeln in die Gasse ein, in der Sie die große Acht begonnen haben.

Wiederholen Sie diese Übung nach einem Seiten- und Handwechsel von rechts. (Abb. 10 und 11)

3. Das Übertreten auf der Diagonalen

Nachdem Sie mit dem Pferd eine halbe Quadratvolte linke Hand und von links geführt durchschritten haben, halten Sie nach einer Gasse in der Ecke an. Lassen Sie Ihr Pferd eine halbe Volte lang übertreten. Ihr Pferd steht jetzt in der entgegengesetzten Richtung und Sie können es auf der Diagonalen in die gegenüberliegende Ecke übertreten lassen. Fädeln Sie wieder in die Gasse ein und lassen die Zügel lang. Viele Pferde haben danach das Bedürfnis, sich zu strecken. Wiederholen Sie die Übung nach einem Hand- und Seitenwechsel von rechts. (Abb. 12 und 13)

4. Die kleine Acht

Führen Sie Ihr Pferd an. Biegen Sie nach einer Gasse auf die Linksvolte in der Quadratvolte ab. Wieder in der Gasse angekommen, stellen Sie Ihr Pferd nach rechts und biegen aus der Quadratvolte auf die Volte nach rechts ab. Führen Sie das Pferd erneut in die Gasse zurück. Wiederholen Sie die kleine Acht in den gegenüberliegenden Gassen der Quadratvolte. (Abb. 14 und 15)

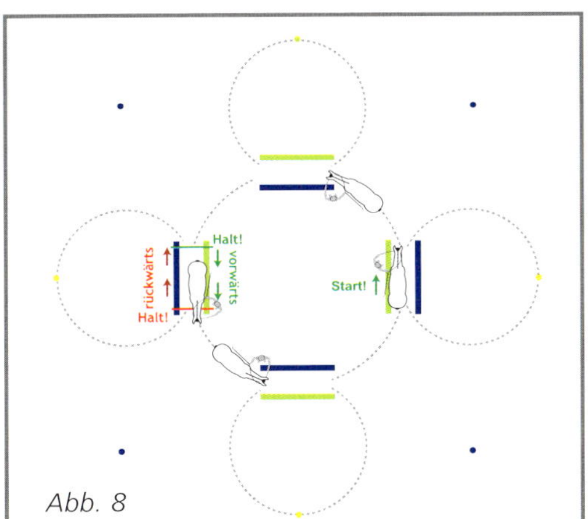

Abb. 8

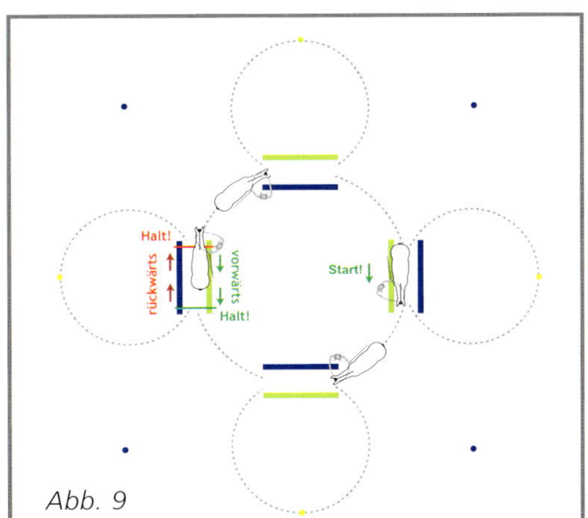

Abb. 9

*1. Führen Sie Ihr Pferd im Schritt an.*
*Halten Sie am Ende einer Gasse an und lassen Sie Ihr Pferd erneut antreten. Sie können in der seitlichen Position, in die entgegengesetzte Richtung oder in der frontalen Führposition vor dem Pferd stehen. An dieser Stelle wieder der Hinweis, dass sich Ihr Pferd erschrecken könnte: Sind Sie also unsicher, stellen Sie sich seitlich ans Pferd.*

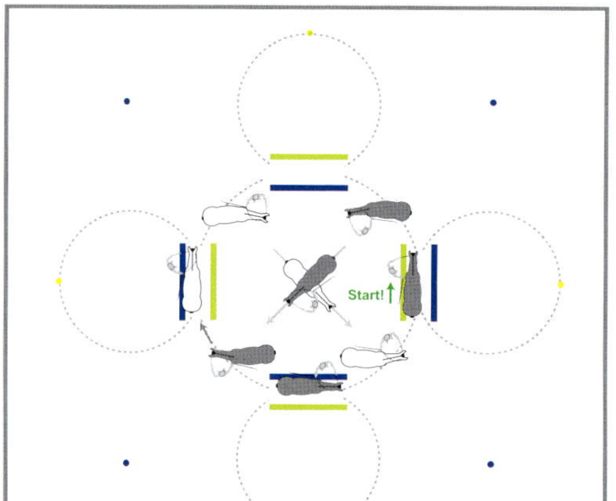


Abb. 10

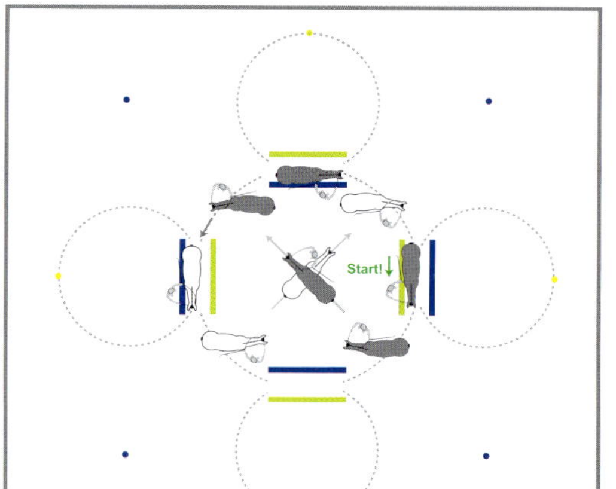


Abb. 11

*2. Die große Acht*
*Biegen Sie nach der Gasse wieder auf eine Volte ab. Danach nehmen Sie Ihr Pferd aus der Stellung heraus und führen es gerade in den Eingang der gegenüberliegenden Gasse in der Quadratvolte. Verlangsamen Sie hier den Schritt des Pferdes – Sie gehen Ihr Tempo weiter, das Pferd sollte etwas langsamer gehen. Pferde neigen an dieser Stelle zum Drängeln. Stellen Sie das Pferd nach links und führen es gestellt und gebogen durch die Gasse durch. Biegen Sie am Ende der Gasse wieder in die Mitte der Quadratvolte ab. Gehen Sie ohne Stellung auf der Diagonalen wieder in die gegenüberliegende Gasse hinein. Stellen Sie das Pferd nach links und biegen erneut in die Ausgangsgasse ein.*

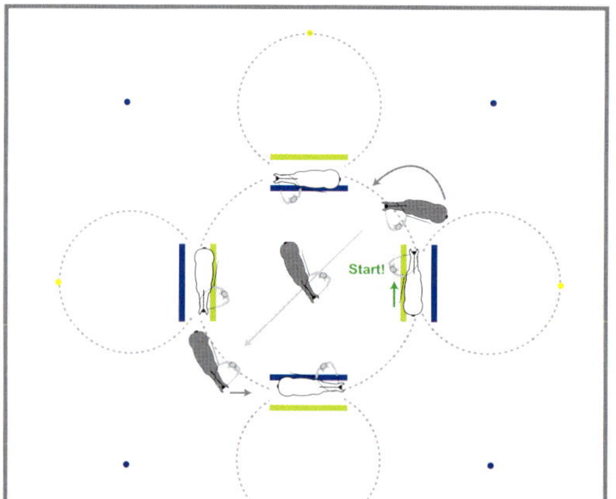


Abb. 12

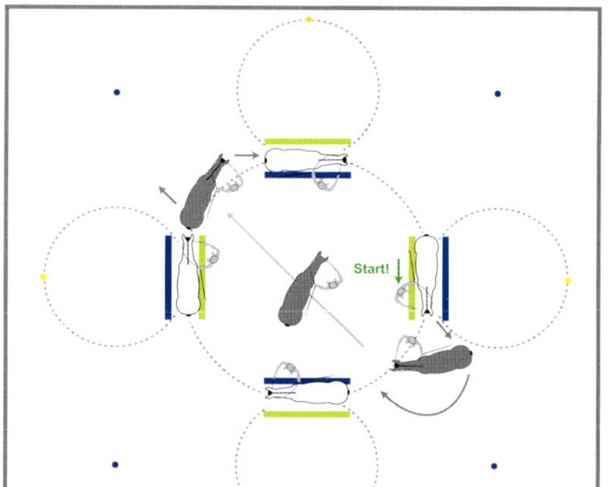


Abb. 13

*3. Übertreten auf der Diagonalen*
*Lassen Sie Ihr Pferd nach der Gasse eine halbe Volte auf der Stelle übertreten (in Form einer Vorhandwendung). Führen Sie es diagonal in die gegenüberliegende Ecke und lassen es dabei weiterhin übertreten.*
*Fädeln Sie anschließend erneut in die Gassen ein. Sie können in der Diagonalen die frontale oder die seitliche Führposition wählen. Nach einem Handwechsel wiederholen Sie das diagonale Übertreten auf der rechten Hand, von rechts geführt.*

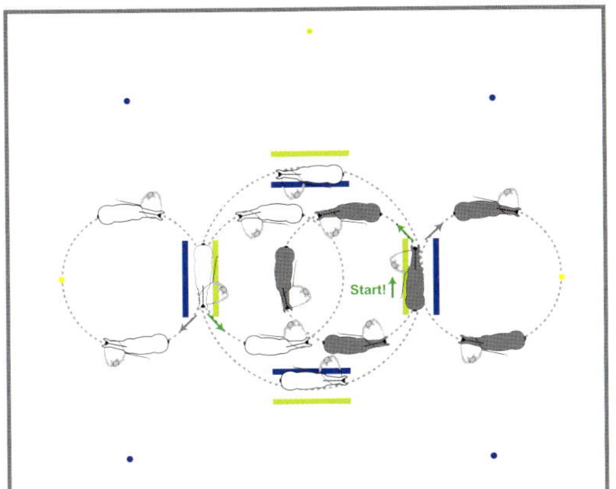


Abb. 14

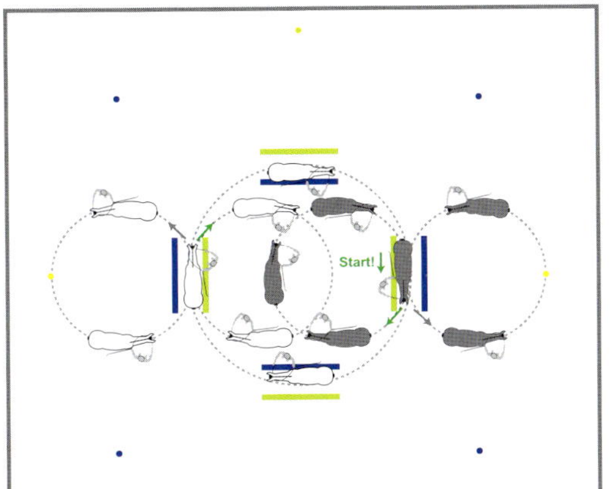


Abb. 15

*4. Die kleine Acht*
*Führen Sie Ihr Pferd auf einer Volte nach innen und erneut in die Gasse hinein. In der Gasse verlangsamen Sie das Tempo des Pferdes, Ihres behalten Sie bei. Stellen Sie das Pferd am Ende der Gasse nach rechts und führen es auf der Rechtsvolte erneut in die Gasse. Wiederholen Sie diese kleine Acht auf der gegenüberliegenden Seite. Nach dem Handwechsel nach rechts machen Sie die kleine Acht zweimal auf der rechten Hand.*

## Parcours 3

Wenn Sie bisher dachten, die vorgestellten Abläufe könnte man sich schwer merken, wird Sie Parcours 3 hoffentlich nicht allzu sehr verwirren. Keine Angst, sobald Ihnen die Reihenfolge der Lektionen geläufig ist, werden Sie merken, dass es ein sehr effektiver Parcours ist, von dem Ihr Pferd stark profitieren wird.
Dieser Parcours enthält alle Basisübungen, die Sie für die EquiClassic-Work benötigen.

Die Übungen wechseln zwischen versammelnden und lösenden Lektionen ab und sind von einfach bis etwas schwieriger aufgebaut.

**Die Schrittphase**

1. und 2.
Starten Sie auf der linken Hand im Schritt. In einer Gasse lassen Sie das Pferd anhalten, rückwärtstreten und erneut antreten. Wechseln Sie die Hand und die Führseite nach rechts und wiederholen Sie die Übung. (Abb. 16 und 17)

3. und 4.
Nach einem Hand- und Seitenwechsel führen Sie Ihr Pferd erneut auf der linken Hand und lassen es in allen vier Ecken übertreten. Wechseln Sie die Hand und die Führseite nach rechts und wiederholen Sie die Übung. (Abb. 18 und 19)

5. und 6.
Die große Acht wiederholen Sie zweimal auf der linken Hand, von links geführt. Nach dem Hand- und Seitenwechsel folgt die Übung rechte Hand von rechts geführt. (Abb. 20 und 21)

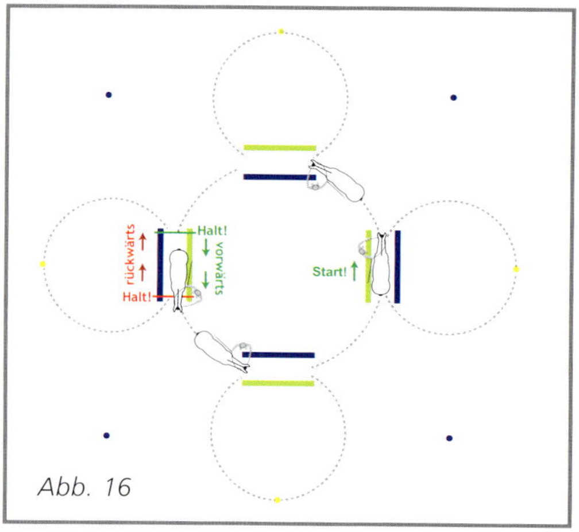

Abb. 16

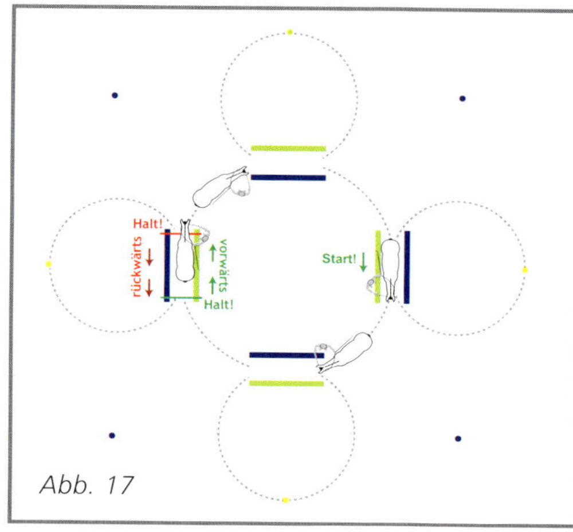

Abb. 17

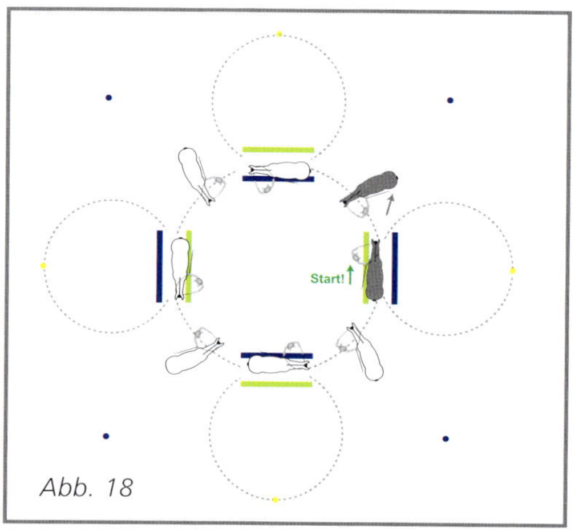

Abb. 18

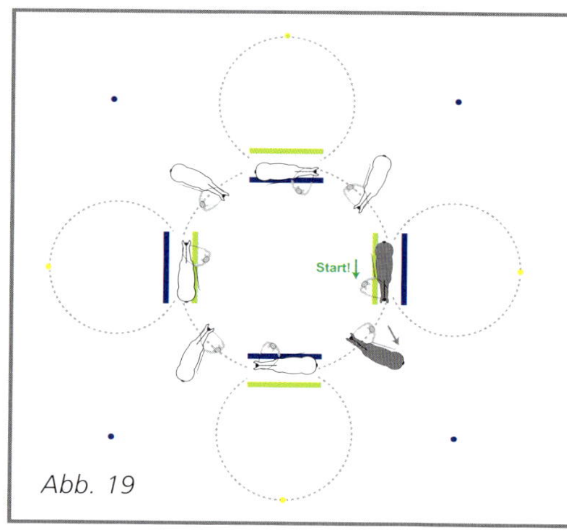

Abb. 19

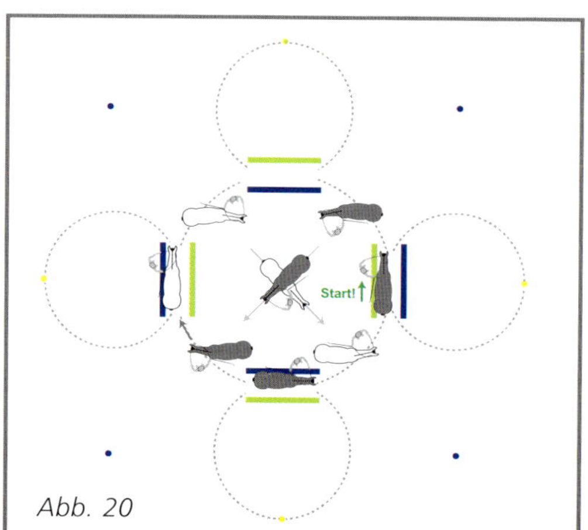

Abb. 20

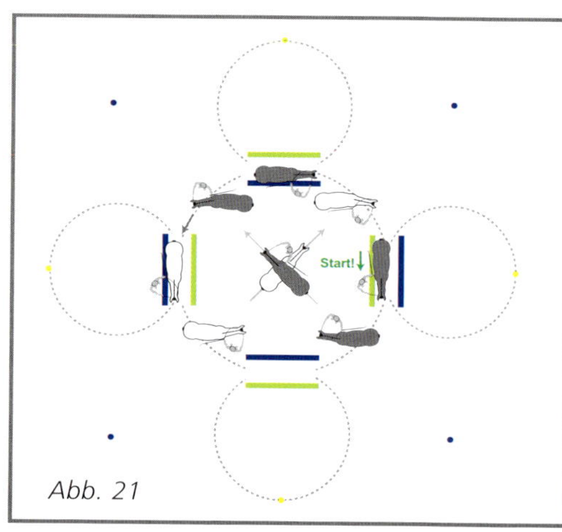

Abb. 21

*Die große Acht gehen Sie zweimal auf jeder Hand.*

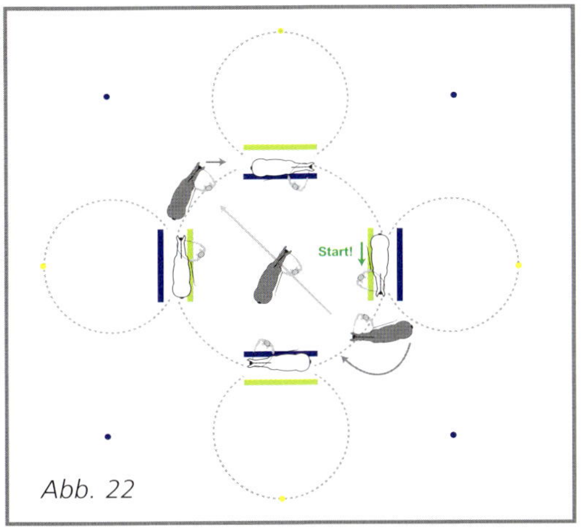


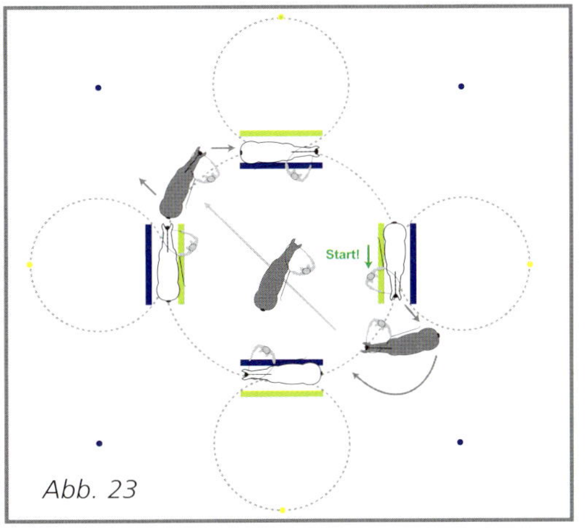


*Die Schwierigkeit liegt darin, das Pferd genau in die gegenüberliegende Ecke übertreten zu lassen. Das Übertreten in der Quadratvolte ist eine lösende Übung. Nach dem Übertreten wollen viele Pferde sich strecken. Geben Sie die Zügel nach und nehmen Sie diese kurz vor dem nächsten Übertreten wieder auf.*

7. und 8.
Das Übertreten auf der Diagonalen wiederholen Sie ebenfalls zweimal von der linken und von der rechten Hand. (Abb. 22 und 23)

9. und 10.
Die kleine Acht, d.h. die Volten einmal von innen und einmal von außen geführt, beginnen Sie erneut auf der linken Hand. Danach wechseln Sie zur rechten Hand und führen das Pferd von rechts in die kleine Acht. Wiederholen Sie diese Übung ebenfalls zweimal auf jeder Hand. (Abb. 24 und 25)

**Die Trabphase**
11. und 12.
Lassen Sie Ihr Pferd auf der linken Hand, von links geführt, antraben. Halten Sie am Ende einer Gasse an, lassen Sie Ihr Pferd die gesamte Länge der Gasse rückwärtstreten und erneut antraben.
Wiederholen Sie das Rückwärtsrichten nach einem Handwechsel von rechts. (Abb. 26 und 27)

13. und 14.
Auf der linken Hand von links geführt folgen die zwei Volten nach innen. Wiederholen Sie die Volten, sodass das Pferd auf jeder Hand viermal die Volten nach innen im Trab durchlaufen hat.
(Abb. 28 und 29)

15. und 16.
In der letzten Einheit haben wir den Übergang »Übertreten und Trab« eingefügt. Traben Sie Ihr Pferd zunächst auf der linken Hand. Am Ende einer Gasse parieren Sie es zum Schritt durch und lassen es auf der Diagonalen übertreten, um beim Erreichen der Ecke in die Gasse hinein wieder anzutraben. (Abb. 30 und 31)
Wiederholen Sie Übertreten und Traben auf der rechten Hand von rechts geführt.

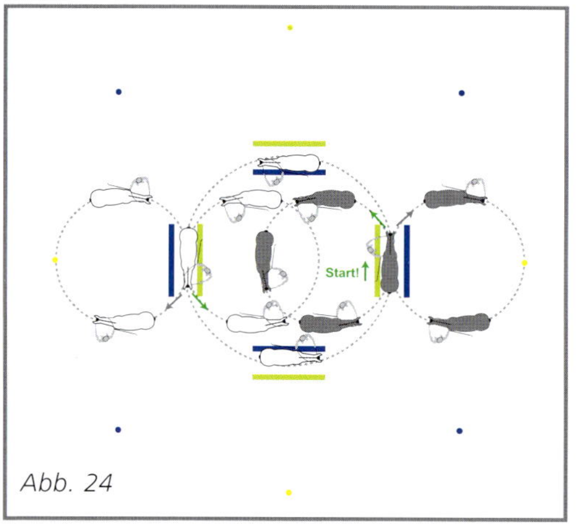


Abb. 24

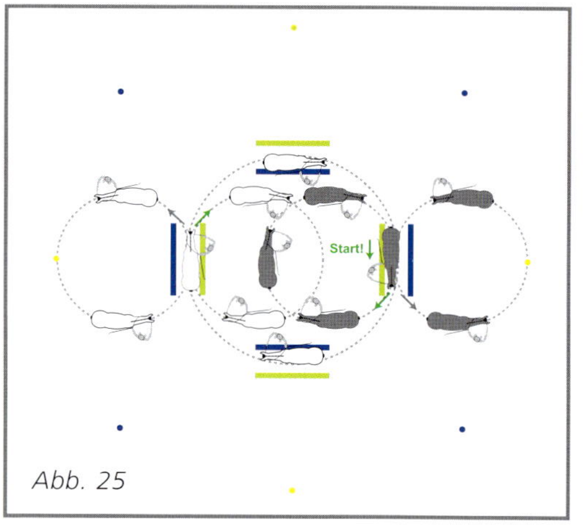


Abb. 25

*Achten Sie darauf, dass sich Ihr Pferd bei der von außen geführten Volte Ihrem Tempo anpasst. Da das Pferd den kürzeren Laufweg hat, möchte es sein Tempo beibehalten. Gehen Sie Ihr Tempo, das nicht zu eilig sein sollte.*

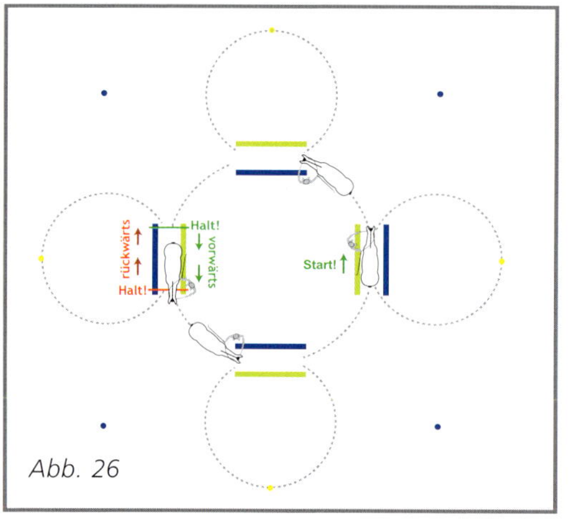


Abb. 26

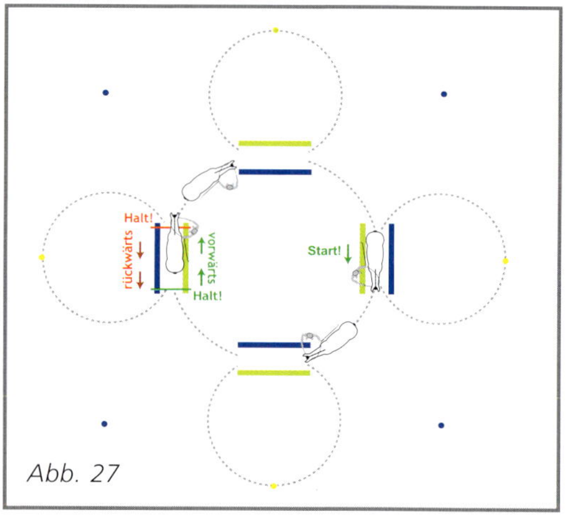


Abb. 27

*Halten Sie Ihr Pferd aus dem Trab an, richten Sie es vier Tritte rückwärts und lassen Sie es erneut antraben. Achten Sie dabei auf genaue Übergänge. Diese sollten auf den Punkt erfolgen. Nach dem Rückwärtstreten kann das Pferd anfangs noch kurz stillstehen, um zu vermeiden, dass es das Antraben vorwegnimmt.*

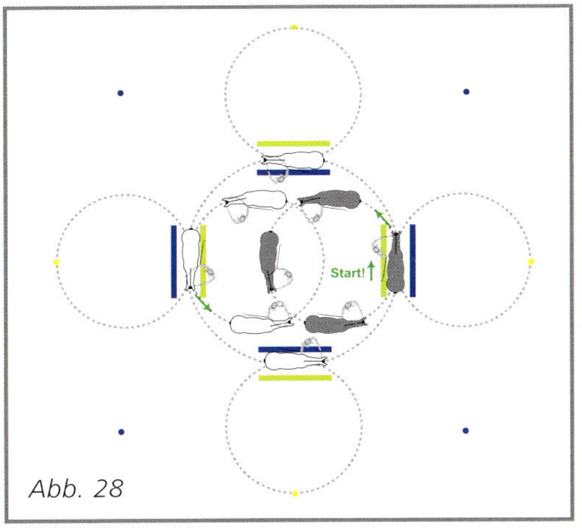


Abb. 28

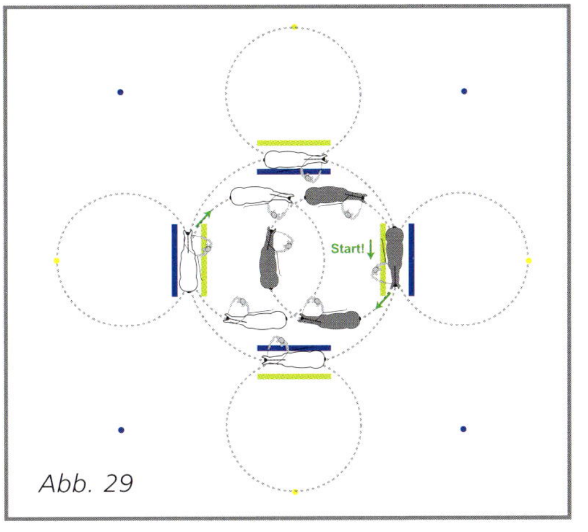


Abb. 29

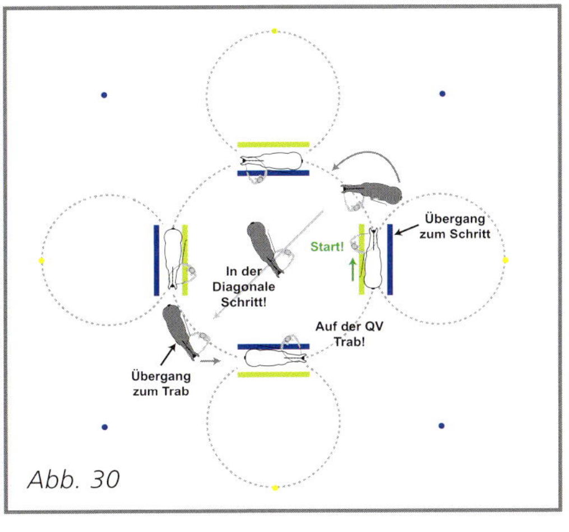


Abb. 30

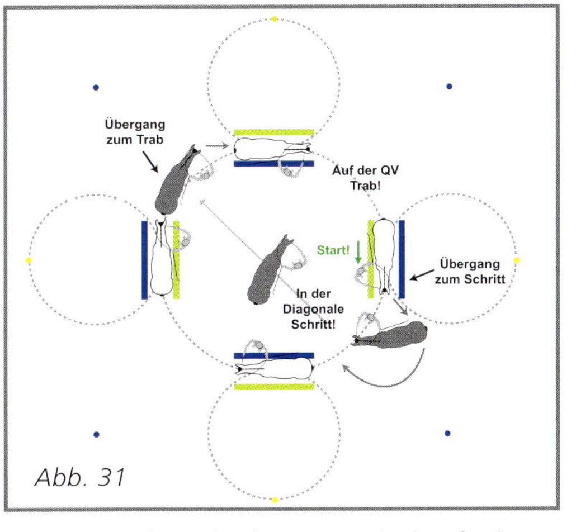


Abb. 31

*Traben Sie bis zum Ende einer Gasse. Dort parieren Sie in den Schritt durch. Lassen Sie Ihr Pferd durch die Diagonale im Schritt übertreten. Traben Sie beim Erreichen der Gasse wieder an. Lassen Sie Ihr Pferd nicht in die Diagonale eilen. Die Übergänge vom Trab zum Schritt und zum Übertreten sollten exakt erfolgen.*

# LONGE-WALKING

## Allgemeines

### Was ist das?

Longe-Walking bedeutet, ein Pferd mittels Doppellonge und Kappzaum durch einen aufgebauten Dual-Aktivierungsparcours zu longieren. Keine klassische Doppellonge und auch nicht das Fahren vom Boden aus, jedoch beinhaltet es beide Elemente.
Der Vorteil der Doppellonge ist, dass Sie die gleichen Basisübungen wie in der gerittenen Dual-Aktivierung ausführen können, ohne dabei zu reiten. Der Pferderücken wird entlastet und das Pferd lernt wiederum koordiniert, selbständig Aufgaben zu bewältigen und sich dabei auszubalancieren.
Longe-Walking ist nicht nur eine schöne Abwechslung im Alltag, es ist eine gymnastizierende Arbeit, von der Mensch und Pferd profitieren, und beinhaltet den Spaßfaktor.

### Tradition

Es wird Sie fast etwas verwundern, aber auch wir haben die Arbeit an der Doppellonge nicht erfunden. Um genau zu sein geht diese auf das 19. Jahrhundert zurück und wurde erstmals in Italien von Federigo Mazzuchelli (1760–1830) in seinem Werk »Elementi Di Cavallerizza« 1805 unter dem Begriff »Arbeit an den langen Leinen« beschrieben. Die Arbeit an den langen Leinen diente damals als Ergänzung zu der Arbeit in den Pilaren, zwei Pfosten, zwischen denen man die Pferde piaffierte, weil dabei der Vorwärtsdrang nicht unterdrückt wurde.

Die Doppellonge wurde damals schon als ergänzendes Mittel zur Gymnastizierung und zum Erlangen der Balance und Koordination eingesetzt. So sehr wir uns also auch bemühen, wir können nichts Neues erfinden, was nicht schon mal in irgendeiner Form durchdacht wurde. Die Arbeit an der Doppellonge hat sich bewährt, sonst gäbe es sie heute nicht mehr.

Leider wird sie nicht allzu häufig unterrichtet. Sicherlich wenden viele Ausbilder diese Art, Pferde zu gymnastizieren noch an, doch den breiten Einzug in unsere Reithallen hat sie nicht gefunden. Am häufigsten wird heutzutage die Doppellongenarbeit wohl verwendet, um Pferde einzufahren.

## Kampagneschule

Damals wie heute wird die Doppellonge nach den Prinzipien der klassischen Reitkunst eingesetzt. Dennoch gibt es ein, zwei kleine Unterschiede zum Reiten. Sie haben weniger Hilfen zur Verfügung. Schenkel und Gewichtshilfen fallen weg und es bleiben noch Longen, Stimme und Peitsche übrig. Doch letztendlich wurde dem Pferd beigebracht, sich nur auf diese Hilfen, eingerahmt von den langen Leinen, zu verlassen. Die Longen einmal hinzugeben, damit das Pferd selbständig das Gleichgewicht finden und seine vier Beine koordinieren muss, war und ist oft heute noch nicht vorgesehen. Eine Ausnahme bildet vielleicht das Holzrücken im Wald.

Wir orientieren uns eher an der Kampagneschule, einer Ausbildungsform, wie sie in der Kavallerie gelehrt wurde und in der HDV12 nachzulesen ist. Das Pferd soll in den Übungen des Longe-Walkings selber die Balance finden und »überlegen«, wie es seine Beine am besten durch und über die Hindernisse der Parcours setzt. Wir geben nur Richtung und Geschwindigkeit vor.

## Wegweiser

Wichtige Prinzipien der Dual-Aktivierung – und diese ziehen sich durch sämtliche Anwendungsmöglichkeiten von der gerittenen Dual-Aktivierung, über die Equikinetic, bis hin zur EquiClassic-Work – sind die ständigen Links-Rechtswechsel und harmonische, weiche Übergänge von gebogenen zu geraden Linien. Die Pferde werden von beiden Seiten gymnastiziert, was ihnen letztendlich hilft, die Schiefe auszugleichen und gerade zu werden.

Damit das auch alles gleichmäßig und regelmäßig wird, arbeiten wir als visuelle Hilfe beim Longe-Walking mit den Dual-Gassen.

Die Gassen zeigen Ihnen den Weg auf und geben klar strukturierte Pläne, die es Ihnen und Ihrem Pferd leichter machen, sich zu orientieren. Ein klarer Vorteil des Longe-Walking ist, dass Sie die Handwechsel fließend machen können. Sie brauchen keine Longen umschnallen und müssen nicht anhalten, um die Hand zu wechseln.

## Für welche Pferde eignet sich das Longe-Walking?

Wir möchten fast schon wieder sagen, für alle Pferde. Dieses Konzept zieht sich durch unsere sämtlichen Programme durch. Sie brauchen weder Profi zu sein, noch müssen Sie ein Pferd zuhause haben, welches schon gefahren wurde. Durch entsprechende Gewöhnung an die Doppellonge ist jedes Pferd dazu in der Lage. Wie immer gibt es Pferde mit mehr Talent und welche, denen man das Longe-Walking durch Fleiß näherbringen kann. Egal ob Sie ein Shetty oder einen feurigen PRE-Hengst

*Die Quadratvolte ist vielseitig einsetzbar und ebenfalls Bestandteil des Longe-Walking.*

haben, eine rohes oder ein sehr weit ausgebildetes Pferd, Longe-Walking ist für alle Pferde geeignet.

## Die Vorteile des Longe-Walking

Das Hauptaugenmerk liegt auch beim Longe-Walking wieder auf der gymnastizierenden Komponente. Durch die abwechselnden Übungen auf gebogenen und geraden Linien auf beiden Händen wird das Pferd auf beiden Seiten gleichmäßig gearbeitet. Sie helfen, die Schiefe zu verbessern und die Koordination zu optimieren.

Ganz nebenbei jedoch ist die Longenarbeit Vertrauensarbeit vom Feinsten. Sie befinden sich in der treibenden Position und bestimmen von hinten oder leicht seitlich versetzt, wo und in welchem Tempo Ihr Pferd gehen soll. Diese Position heißt für manch unerfahrenes Pferd erstmal vorwärts, da es sich getrieben fühlt. Bei ruhigen und gelassenen Pferden kann das einfach sein. Für junge, unausgebildete Pferde oder solche mit viel »Go« stellt diese Arbeit jedoch unter Umständen eine Herausforderung dar: Sie wollen anfangs die Entscheidung, wo und wie sie gehen, selber treffen. Solche Pferde werden beim Longe-Walking ruhiger, lernen, Ihnen zuzuhören und auf minimale Hilfen zu reagieren.

## Junge, unerfahrene Pferde

Das Longe-Walking ist also ein hervorragendes Zusatztraining, besonders für junge Pferde. Neben der feineren Kommunikation lernen sie, sich besser auszubalancieren, da sie ständig auf beiden Händen gearbeitet werden, und ihre Beine zu sortieren, da wir einige Hindernisse zum Darübertreten eingebaut haben. Was vielen, vor allem jungen Pferden neben der Balance noch fehlt, sind Koordination und Konzentration. Auch diese beiden werden beim

Longe-Walking gefördert. Gerade am Anfang der Ausbildung sollte das Training zwanglos sein, denn die jungen Pferde müssen sich erst in einem Parcours zurechtfinden. Mit einem durchdachten Konzept und vorgegebenen Aufgaben fällt es ihnen leichter, da der Parcours vorhersehbar, aber nicht langweilig wird.
Bei rohen Pferden ist es von Vorteil, wenn diese zuerst an die normale Longe gewöhnt werden, sodass sie Kommandos wie Steh, Schritt und Trab bereits kennengelernt haben.

## Vor dem Anreiten

Als Zusatztraining vor dem Einreiten ist das Longe-Walking eine wertvolle Komponente, da die Pferde von Beginn an durch Rechts-Linkswechsel die Möglichkeit haben, erstmal alleine in den Kurven das Gleichgewicht zu halten, bevor sie den Reiter mit ausbalancieren müssen.

Früher ließ man sich mehr Zeit für die Ausbildung eines jungen Pferdes. Man sprach, je nach Ausbildungsstand, sogar von jungen und alten Remonten. Das hatte seinen Grund, weil man zuverlässige und gesunde Pferde brauchte.
Heutzutage werden Pferde oft in drei Monaten durch die Kinderstube geschossen. Natürlich erwarten manche Kunden, dass der Ausbilder dem jungen Pferd Schritt, Trab und Galopp auf Geraden und Zirkel beigebracht hat. Es sollte auch schon lesen und schreiben können. Man hat keine Zeit mehr, denn Zeit ist Geld. Was hier an Geld gespart wird, darf so mancher Pferdebesitzer dann aber eventuell in Korrektur, Tierarzt oder Therapeut und Pferdeflüsterer investieren. Oder Pendeln – Pendeln geht auch.
Die Vorbereitung vom Boden aus ist meist auf zwei Monate Longieren begrenzt. Von Balance und Geraderichtung sind die meisten Pferde so weit weg wie die Maus vom Fahrradfahren.
Natürlich kann man innerhalb kürzester Zeit auf ein Pferd aufsteigen und losreiten, ob das aber sinnvoll ist, sei mal dahingestellt. Wir meinen, eine gründliche Vorbereitung ist wesentlich pferdefreundlicher und nachhaltiger. Wie lange ein Pferd auf das »Reitpferdedasein« vorbereitet werden muss, ist sicherlich individuell verschieden, aber alles braucht seine Zeit.
Wir empfehlen, die jungen Pferde vor dem Einreiten erst mal an den Equiplace zu gewöhnen. Man bringt sie dadurch zum Zuhören und in einen ruhigen, aber aufmerksamen Zustand – die Grundlage, um optimal lernen zu können. Die Hilfen, die in dieses Training integriert werden, sind später die Basis für die Kommunikation. Körpersprache, Stimmhilfen und Zügel- bzw. Longenhilfen können vom Pferd nur befolgt werden, wenn es auch zuhört.
Danach empfehlen wir, 90 Tage lang im 48-Stunden-Rhythmus in der Equikinetic zu arbeiten. Die Pferde werden durch die geraderichtende Komponente der Equikinetic gymnastiziert und bauen gleichmäßig die Muskulatur auf, die sie benötigen, um einen Reiter überhaupt tragen zu können. Schließlich werden Longe-Walking und die EquiClassic-Work in den Arbeitsplan mit aufgenommen. Da kann schon mal locker ein halbes Jahr ins Land gehen, bis sich jemand aufs Pferd setzt. In der Dual-Aktivierung lernen die jungen Pferde, den Reiter auszubalancieren. Diese Art, das Pferd vorzubereiten ist reitweisenübergreifend. Ob es nun ein reines Ausreitpferd oder ein Sportpferd werden soll, spielt keine Rolle.

## Pferde mit Befund, nicht reitbare Pferde

Longe-Walking eignet sich natürlich hervorragend für die Arbeit, wenn Sie ein Pferd aus irgendwelchen Gründen nicht reiten können oder einfach nicht reiten wollen. Sei es für alte Pferde oder solche, die keinen Reiter mehr auf ihrem Rücken zulassen. Die Pferde haben den Vorteil der Gymnastizierung und der Abwechslung im Alltag.

### Als Ergänzung und Zusatztraining

Die verschiedenen Varianten der Arbeit vom Boden aus sind nicht nur gymnastizierend, sie bringen auch Abwechslung in den Trainingsalltag. Die Pferde werden durch die Abwechslung aufmerksam gehalten.
Durch die ständigen Rechts- und Linkswechsel finden die Pferde auf beiden Seiten die Balance und das Geraderichten wird gefördert. Das heißt, dass die Pferde auch rittiger werden.

Damit hat das Longe-Walking eine unmittelbare positive Auswirkung auf das Reiten. Es fördert die Gleichmäßigkeit, egal ob Sie nun Ambitionen haben, auf Turniere zu gehen oder einfach nur Geländeritte genießen wollen. Das Geraderichten ist die Basis für die Ausbildung einer gleichmäßigen Muskulatur, die gewährleistet, dass Ihr Pferd beim Reiten gesund bleibt.

### Aufmerksamkeit

Sie verbessern mit dem Longe-Walking nicht nur die physische Konstitution Ihres Pferdes. Longe-Walking erfordert vom Pferd ein hohes Maß an Konzentration. Es muss sich auf sich selbst, aufs Laufen und auf den Weg konzentrieren. Mehr als eine halbe Stunde Training lässt auch Longe-Walking nicht zu, da Konzentration anstrengend ist. Um zu verhindern, dass die Pferde geistig überfordert werden, sollten die Pausen und das Zeitsystem auf jeden Fall eingehalten werden.

### Losgelassenheit

Die Losgelassenheit steht auch beim Longe-Walking ganz vorne auf der Liste. Ein lockeres Pferd lässt sich besser durch die Parcours arbeiten als ein Pferd, das fest ist wie ein Bügelbrett. Die ständigen Rechts-Linkswechsel helfen Ihrem Pferd, sich fallen zu lassen, locker im Genick zu werden, und mit der Zeit wird neben der Optimierung der Laufmechanik auch die Dehnfähigkeit der Muskulatur verbessert.

### Haltung des Pferdes

Um einen gymnastizierenden Effekt beim Longe-Walking zu erzielen, wird das Pferd in Dehnungshaltung oder in Aufrichtung longiert. Wir arbeiten bevorzugt in der Dehnungshaltung.

## Funktion vor Form

Anfangs wird Ihr Pferd vielleicht noch sehr steif die Volten und Wendungen gehen. Die Parcours mit den Gassen geben dem Pferd Orientierung und helfen, Stellung und Biegung zu erarbeiten. Eins nach dem anderen. Damit das Pferd perfekt gestellt und gebogen durch die Volten des Parcours gehen kann, muss es die Parcours immer wieder absolvieren. Die Bewegungsmuster müssen vom Pferd verinnerlicht werden. Das braucht Zeit. Diese sollten wir den Pferden geben und nicht von Anfang an von der perfekten Haltung ausgehen. Erst einmal muss sich

*Arbeit in Dehnungshaltung.*

das Pferd von Ihnen durch die Gassen lenken lassen. Die Lenkung Ihrerseits ist noch nicht hundertprozentig installiert, und das Pferd durch und über die Hindernisse zu steuern, klappt auch nicht immer so, wie Sie sich das vorstellen. Übung macht den Meister. Abgedroschen, aber wahr, also brechen Sie nichts übers Knie ... A propos Knie: Fredy Knie sagte einmal, jeden Tag einen Zentimeter bringt schließlich auch einen Meter. Auch wenn Sie mal einen Zentimeter zurückfallen: Bleiben Sie dran.

## Überforderung

Wie schon erwähnt, ist das Longe-Walking eine sehr kraftaufwändige und hoch konzentrierte Arbeit. Die ständigen Rechts-Linkswechsel durch die Parcours fordern ihren Tribut. Für untrainierte und/oder noch junge Pferde kann das schnell zu viel werden. Halten Sie sich unbedingt an das vorgegebene maximale Zeitlimit von höchstens sechs Einheiten à drei Minuten. Gehen Sie individuell auf Ihr Pferd ein. Wenn es Ihnen signalisiert, dass schon nach zwei oder drei Einheiten genug ist, dann hören Sie bitte auf.

## Wer kann Longe-Walking machen?

Technisch ist das Longe-Walking reine Übungssache. Die Schwierigkeiten bestehen darin, die Longen richtig zu halten und »Lenken« zu lernen.

Haben Sie jedoch ein unerfahrenes Pferd, ist es wie beim Anreiten junger Pferde, die zum ersten Mal einen Sattel aufgelegt bekommen. Die Longe verläuft beim Longe-Walking um die Hinterhand des Pferdes. Daran müssen die Pferde gewöhnt werden und können zuweilen heftig reagieren. Kennt Ihr Pferd die Longe um die Hinterhand nicht, lassen Sie sich zuerst von einem erfahrenen Helfer unterstützen.

Wir empfehlen Ihnen, sich einen Trainer zur Seite zu holen, der Ihnen dabei hilft, das Pferd mit der Doppellonge bekannt zu machen.

*Anzeichen der Überforderung sind z.B. Losrennen, Buckeln oder mit dem Kopf schlagen. Achten Sie auch darauf, ob das Pferd langsamer wird und ihm die Kraft und Konzentration ausgehen. Die Schritte werden dann weniger kraftvoll (energiesparender).*

# Ausrüstung, Handhabung und Hilfen

## Kappzaum

Wir verwenden zum Longe-Walking einen gut sitzenden Kappzaum. In die seitlichen Ringe werden links und rechts die Longen eingeschnallt. Hat Ihr Pferd Schwierigkeiten, sich auf einer Seite zu stellen und zu biegen, schnallen Sie die Longe auf dieser Seite in den mittleren Ring. Zu der schlechten Seite sind die Pferde oft nicht bereit, sich stellen zu lassen. Um Verspannungen im Hals zu vermeiden, ist es daher oft einfacher, sie über die Nase zu stellen.

### Keine Trense

Wir verwenden beim Longe-Walking kein und nochmals kein Gebiss, da wir das empfindliche Maul des Pferdes schonen wollen. Selbst wenn Sie sehr ruhige Hände haben, das heißt keine ruckartigen Bewegungen im Maul des Pferdes ankommen, ist ein Kappzaum einem Gebiss vorzuziehen.

Wir haben beim Longe-Walking sehr schnelle Rechts-Linkswechsel im Trab, dabei läuft die äußere Longe um die Hinterhand des Pferdes und nicht über den Rücken. Da Sie oft links oder rechts versetzt vom Pferd gehen, würde das Pferd, wenn es das äußere Hinterbein hinten hat, einen Ruck ins Maul bekommen.

## Doppellonge

Achten Sie darauf, dass die Doppellonge nicht zu lang ist. Wir verwenden eine Longe mit zehn bis zwölf Metern Länge, was Ihnen in der Handhabung entgegenkommt. Bei Ponys und Shettys kann sie dementsprechend kürzer sein. Biothane®, Leder oder Stofflongen ohne Stege sind den Gurtlongen vorzuziehen, da diese oft zu »steif« sind.

## Longiergurt

Der Longiergurt dient dazu, die Longen zu fixieren. Ohne Longiergurt würden die Longen zuweilen unkontrolliert über den Pferderücken rutschen. Longiergurte haben viele Ringe. Sie benötigen den

*Die Longen werden in die seitlichen Ringe eingehängt. In den mittleren Ring wird die Longe auf der Seite eingeschnallt, zu der sich das Pferd schlechter stellen und biegen lässt.*

*Da wir oft die seitliche Führposition nutzen, verläuft die Longe zwangsläufig um das äußere Hinterbein. Selbstverständlich besteht nur eine sanfte Anlehnung, jedoch würde ein Ruck ins Maul mit Trense nicht ausbleiben.*

unteren, der sich etwa auf Schulterhöhe des Pferdes befindet. Die Longen werden durch den unteren oder mittleren Ring hindurchgeführt und direkt in den Kappzaum eingeschnallt.

Achten Sie darauf, dass der Gurt im Bereich links und rechts des Widerristes nicht zu viel punktuellen Druck ausübt.

## Bogen- oder Touchierpeitsche

Sie benötigen eine ca. 1,50 bis 1,60 Meter lange Gerte. Dazu können Sie eine Bogenpeitsche oder Touchierpeitsche verwenden. Eine herkömmliche Longierpeitsche mit langem Schlag ist in der Regel zu unhandlich.

## Gassen und Pylonen

Wir verwenden beim Longe-Walking ebenfalls die blau-gelben Dual-Gassen aus Schaumstoff. Sie reduzieren die Verletzungsgefahr. Die Gassen rollen nicht weg, sollte das Pferd einmal seitlich drauftreten.

## Intervalltimer

Um das Zeitsystem einzuhalten, benötigen Sie erneut einen Intervalltimer. Sie müssen konzentriert arbeiten. Dabei noch die Runden zählen zu müssen funktioniert nicht. Ihr Zeitgefühl in allen Ehren, aber verlässlicher ist definitiv ein eingestellter Timer, der Ihnen die Arbeits- und Pauseneinheiten akustisch signalisiert.

### Das Anlegen der Longen

Anfangs ist es sehr ungewohnt, zwei Longen in den Händen zu halten und das Pferd zu lenken. Ein Horrorszenario wäre, dass das Pferd sich in den Longen verwickelt.

Es wird einfacher, wenn Sie Routine bekommen. Wenn man's kann, ist alles einfach, aber auch Profis mussten sich mit diesen Longen zu Beginn ihrer Karriere auseinandersetzen. Keiner kommt auf die Welt und hält die Doppellonge wie Benno von Achenbach persönlich. Das wird beim Longe-Walking auch nicht verlangt.

Es hat sich bewährt, den Umgang mit den Longen an einem erfahrenen Pferd zu üben, bevor Sie sich an ein unerfahrenes Pferd trauen, um Sicherheit in

*So wird die Doppellonge verschnallt: Nachdem Sie den Kappzaum und den Longiergurt angebracht haben, führen Sie ein Ende der Doppellonge durch den unteren Ring des Longiergurtes und zum äußeren Ring des Kappzaumes. Danach wird das andere Ende auf der anderen Seite des Pferdes ebenso angelegt.*

der Longenführung und im Lenken zu bekommen. Wenn Sie unerfahren sind, ist zunächst der Schritt die Gangart der Wahl. Im Trab sind schnelle Wechsel eingebaut, da sollte das Handling der Longe in den Volten und Wendungen schon gefestigt sein.

## Halle absperren oder Roundpen benutzen?

Wenn Sie loslegen und noch etwas unsicher sind, wählen Sie einen Platz, der Ihnen und dem Pferd Sicherheit bietet. Ein Longierzirkel, Roundpen oder eine abgetrennte Halle wären hier zu empfehlen. Falls das Pferd mal flüchten sollte, ist es ratsam, dass nicht zu viel freie Fläche zur Verfügung steht. Sie haben in einem abgegrenzten Raum mehr Möglichkeiten, einzuwirken.

Für Pferde, die noch nie eine Longe um die Hinterhand gespürt haben, ist zu empfehlen, zunächst lange offene Longen zu verwenden. Sollte das Pferd flüchten, haben Sie anfangs genügend Longe in der Hand, um diese in einem abgegrenzten Raum nicht zu verlieren. Geschieht es doch einmal, sind die Longen offen und das Pferd wird sich nicht darin verheddern. Sobald das Pferd kein Problem mehr mit den Longen hat, ist es empfehlenswert, eine kürzere, geschlossene Doppellonge zu verwenden.

## Helfer

Wenn Sie und Ihr Pferd noch keine Erfahrung bei der Arbeit mit der Doppellonge haben, brauchen Sie einen Helfer. Der Helfer steht vorne am Pferd und hält es, während Sie die Doppellonge anlegen.
Sie begeben sich in die Position hinter dem Pferd und bitten ihn darum, es anzuführen und geradeaus zu gehen. Zunächst rahmt die Doppellonge das Pferd nur seitlich ein. Die Longen berühren es nur leicht seitlich an Flanke und Hinterhand.
Ist Ihr Pferd absolut ruhig und zeigt keine Anzeichen von Angst, bitten Sie Ihren Helfer, einen Zirkel zu gehen, sodass es die Longen zum ersten Mal um die Hinterbeine spürt. Beim Abwenden setzen Sie auch gleichzeitig die Hilfen ein, um auf den Zirkel abzuwenden.
Auch das Anhalten sollte zunächst mit einem Helfer geschehen, bis diese Lektion gefestigt ist.

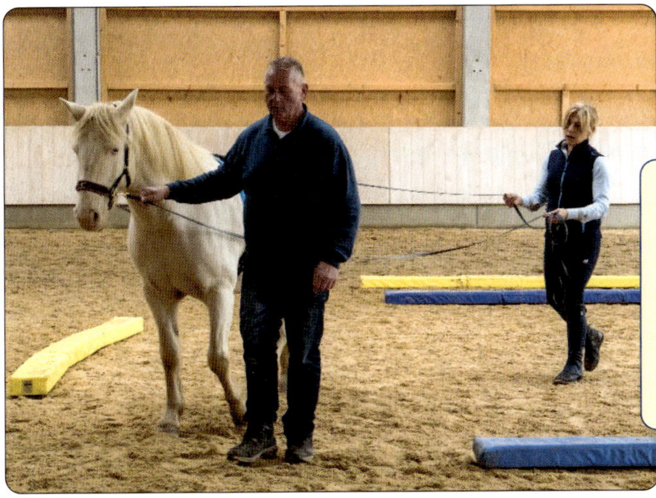

*Ist Ihr Pferd unerfahren, beziehen Sie einen Helfer mit ein. Während Sie hinter dem Pferd die Position einnehmen, führt der Helfer das Pferd an. Helfer und Longenführer befinden sich immer auf der selben Seite des Pferdes.*

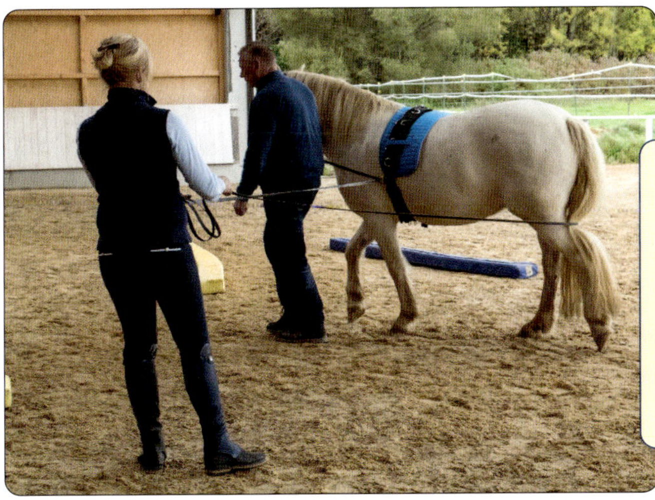

*Das Pferd wird auf eine Volte geführt. Die äußere Longe legt sich um die Hinterbeine. Das Pferd wird langsam an die Berührung gewöhnt. Manche Pferde reagieren heftig, wenn sie die Longen das erste Mal spüren. Hier brauchen Sie Erfahrung und Gefühl.*

*Was von links geübt wurde, muss auch von rechts erfolgen. Pferde können das Bewusstsein einer Berührung nicht ohne Weiteres auf die andere Seite übertragen, daher müssen wir das Pferd von beiden Seiten an die Longe um die Hinterbeine gewöhnen.*

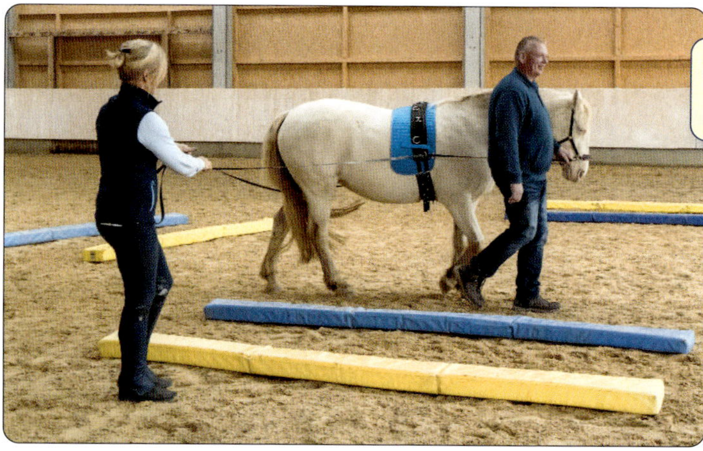

*Gehen Sie dazu zunächst wieder auf die Volten.*

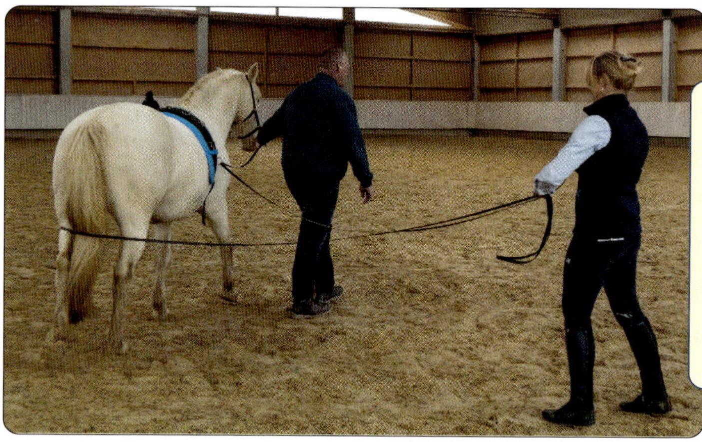

*Achten Sie darauf, dass das Pferd auch auf der rechten Seite die Longe deutlich spürt. Manche Pferde brauchen nur wenige Schritte, um die Longen zu akzeptieren, andere Pferde brauchen mehrere Einheiten dazu.*

## Die Longenhaltung

Die Doppellonge in den Händen zu halten und dabei ein Pferd zu lenken ist anfangs ungewohnt. Beginnen Sie langsam. Die Griffe müssen geübt und automatisiert werden. In der linken Hand halten Sie die linke Longe und den Rest, sauber aufgewickelt, ohne Schlaufen um Ihre Hände und Finger, und in der rechten Hand die rechte Longe. Die Hände sind dabei gut geschlossen. In der Grundposition werden die Arme locker und leicht abgewinkelt am Körper gehalten. Halten Sie Ihre Arme nicht vor dem Bauch, sonst wird es schwierig, Hilfen zu geben.

## Position

Für ein Pferd ergibt sich eine neue Situation, wenn es an der Doppellonge gearbeitet wird. Die Longen laufen seitlich am Pferd entlang und um die Hinterhand. Sie befinden sich nicht an dessen Hals oder Schulter, sondern schräg hinter oder direkt hinter dem Pferd und somit in einer treibenden Position.

Die Positionen am Pferd hängen von den Übungen und der Gangart ab, welche Sie wählen. Im Trab in den Wendungen ist es grundsätzlich besser, die Position schräg hinter dem Pferd zu wählen, da Sie so einen kürzeren Weg als das Pferd haben.

Gehen Sie nach links oder rechts versetzt neben der Kruppe des Pferdes.

Die Position hinter dem Pferd.

## Ihr Abstand zum Pferd

Hinter dem Pferd können Sie sich in eine höchst gefährliche Situation bringen, nämlich dann, wenn der Abstand beim Longe-Walking zu gering ist. Achten Sie unbedingt darauf, dass Sie sich außerhalb der Schlagweite der Hinterhand befinden und nicht getroffen werden, falls das Pferd einmal ausschlägt, auch wenn Sie meinen: »Der tut nix!«.

**Achtung**

**Den angemessenen Abstand zur Hinterhand einzuhalten gilt auch für absolut brave Pferde. Es sind Tiere die instinktgesteuert reagieren. Wenn Sie zu nah am Pferd sind und es doch einmal ausschlägt, sollten Sie sicher sein, dass es Sie nicht trifft. Auch das verlässlichste Pferd kann sich erschrecken und anders reagieren, als wir es gewohnt sind.**

*Der Sicherheitsabstand ist unbedingt einzuhalten.*

*Geben Sie die äußere Longe so weit nach, wie sich das Pferd biegt, und nehmen Sie die innere Longe an, um dem Pferd die Richtung zu zeigen. Dabei sollten die Longen nicht durchhängen. Das erfordert etwas Übung.*

## Hilfen

Wir arbeiten an der Doppellonge mit Stimm-, Longen- und Touchierhilfen. Grundsätzlich sollte Ihr Pferd schon mit den Stimm- und Touchierhilfen vertraut sein. Es empfiehlt sich daher, dass das Pferd schon an der Longe, etwa in der Equikinetic, gearbeitet wurde.

### Stimme

Die Stimme ist eine wichtige Hilfe, die Sie beim Longe-Walking haben. Sie sollten deshalb bereits Kommandos wie Steh, Vorwärts und Langsam installiert haben.

### Touchierhilfen

Touchierhilfen dienen beim Longe-Walking vor allem dem Vorwärts. Dazu touchiert man das Pferd seitlich an der Hinterhand. Die Touchiergerte kann auch als Richtungsweiser eingesetzt werden, um das Pferd zu begrenzen. Dazu wird sie entlang der äußeren Seite des Pferdes gehalten.

### Longenhilfen

Mit der Doppellonge wird das Pferd gelenkt, verlangsamt und angehalten. Wir arbeiten auch hier wiederum nur mit Impulsen in feiner Anlehnung. Ziehen ist wie bei allen Zügel- und Longenhilfen kontraproduktiv. Die Pferde wehren sich dagegen und es entsteht ein Gegenzug. Halten Sie die Hilfen fein.

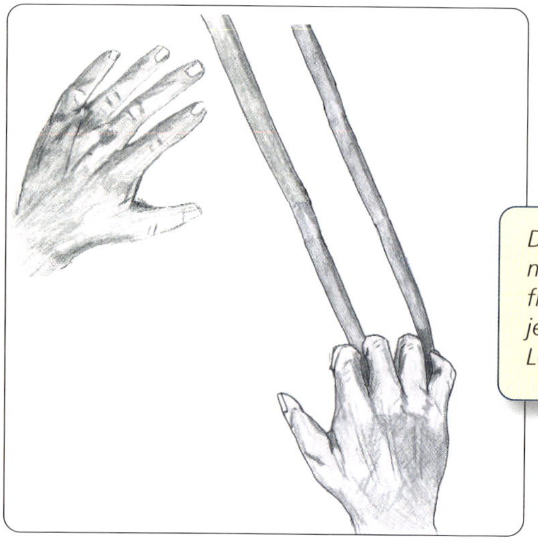

*Das Verkürzen der Longen: Dazu greifen Sie mit der äußeren Hand in beide Longen und fixieren diese. Mit der inneren Hand, die jetzt keine Longe hält, fassen Sie die innere Longe nach und verkürzen diese.*

### Lenken lernen

Lenken lernen ist zunächst das Ziel. Geben Sie die äußere Longe nach, soweit sich das Pferd biegt und nehmen Sie die innere Longe an, um dem Pferd die Richtung zu zeigen. Dabei sollten die Longen nicht durchhängen. Das erfordert etwas Übung.

**Das Verkürzen der Longen:** Dazu greifen Sie mit der äußeren Hand in beide Longen und fixieren diese. Mit der inneren Hand, die jetzt keine Longe hält, fassen Sie die innere Longe nach und verkürzen diese.

Beim Fahren heißt es: Die äußere Leine gibt nach und leitet die Wendung ein. Das ist beim Longe-Walking genauso. In dem Maße, wie Sie die äußere Longe nachgeben, muss die innere Longe angenommen bzw. verkürzt werden.

Wollen Sie auf eine Volte longieren, geben Sie mit der äußeren Longe nach. Öffnen Sie die Hand und lassen Sie die Longe sanft durch diese gleiten, gerade so viel, wie das Pferd braucht, damit es gebogen in die Volte kommt. Die äußere Seite, an der die Longe begrenzend am Pferd liegt, wird in der Biegung gedehnt, die innere verkürzt sich. Wie viel Sie außen nachgeben müssen, hängt von der Größe der Volte oder Wendung ab. Die äußere Longe soll jedoch dabei nicht durchhängen, sondern noch eine sanfte Verbindung zum Pferd aufrecht erhalten.

Auf der inneren Seite des Pferdes müssen Sie die Longe soweit verkürzen, dass diese noch in Anlehnung bleibt und nicht durchhängt.

Die innere Longe ist immer die, zu welcher das Pferd sich stellt oder biegt. Geht das Pferd geradeaus, kommt es darauf an, auf welcher Hand Sie sich befinden. Stellt sich das Pferd nach links, auch wenn es sich auf der rechten Hand befindet, ist die linke Longe die innere, ebenso, wenn Sie auf der linken Hand geradeaus gehen. Die äußere Longe ist dementsprechend die andere. Befinden Sie sich auf der linken Hand geradeaus, ist die rechte Longe die äußere.

### Überblick

Die Parcours und Gassen geben eine Orientierung im Raum. Sie geben die Übungen durch die Parcours vor und helfen Ihnen dabei, sich zurecht zu finden und mit Plan und System zu arbeiten.

Wichtig ist immer, dass Sie wissen, wo Sie sich befinden und vorausschauend und frühzeitig dem Pferd den Weg vorgeben. Wenn Sie unsicher sind, wo das Pferd als Nächstes hinsoll, werden Sie es da auch nicht hinlenken können. Ihr Pferd denkt nur bedingt mit, das bleibt Ihnen überlassen, zumal Sie ja die Führung des Pferdes übernommen haben.

# Übungen und Lektionen

## Das Antreten

Das Antreten sollte unverzüglich auf Stimm- oder Touchierhilfe erfolgen. Auch beim Longe-Walking achten Sie auf das Prinzip »wer bewegt wen«. Lassen Sie Ihr Pferd antreten. Dazu sollte das Pferd eine Hilfe kennen, entweder eine Stimm- oder eine Touchierhilfe.

## Schritt

Sollten Sie und/oder Ihr Pferd noch nie mit der Doppellonge gearbeitet haben, ist der Schritt die Gangart der Wahl. Bevor Sie zum Trab übergehen, sollten die Handgriffe sicher sitzen. Sonst wird es Murks.

Da der Schritt eine langsame Gangart ist, haben Sie hier auch die Möglichkeit, Wendungen und Volten zu üben. Die langsame Gangart gibt Ihnen die Chance, sich auf die Bewegungsabläufe der Longenhaltung zu konzentrieren und lenken zu lernen. Hier üben Sie die Feinjustierung, die im Trab dann sitzen muss.
Die Pferde lernen im Schritt, besser auf Ihre Hilfen zu hören und sie zu verstehen. Ein verfrühter Trab wäre kontraproduktiv und auch nicht ganz ungefährlich. Versteht ein Pferd eine Hilfe nicht, kann es schnell zu Ausweichreaktionen kommen: Das Pferd möchte aus der Situation heraus, flüchtet, dreht sich ein oder buckelt.
Das sind Fehler, die man vermeiden kann, indem man sich Zeit lässt und den Schritt beherrscht, bevor der Trab dazukommt.

Im Schritt kann man das Pferd sehr gut gymnastizieren. Unterschätzen Sie ihn nicht. Bei einem fleißigen Schritt muss das Pferd mehr Muskeln koordinieren als bei der diagonalen Fußfolge im Trab. Im Schritt wird daher auf der Geraden auch mehr Muskulatur aufgebaut als im Trab. Guter Schritt hat einen klaren Viertakt. Achten Sie auf ein fleißiges, jedoch nicht übereiltes Tempo. Ihr Pferd kann sich im Schritt leichter ausbalancieren als im Trab, weil es immer drei Beine am Boden hat. Die vielen Rechts- und Linkswendungen wird es also auch im fleißigen Tempo meistern können, ohne schief zu werden. Durch Stimm- und Touchierhilfen können Sie Ihr Pferd dazu motivieren.

Wegen fehlender Balance, Koordination und nicht zuletzt mangelnder Kraft versuchen viele Pferde, durch den Parcours zu schlurfen. Das können Sie im Schritt hervorragend regulieren: Animieren Sie Ihr Pferd, fleißiger zu werden, ohne dass Sie Angst haben müssen, die Gelenke unnötig stark zu belasten.

### Die Volte

Die Gassen und Pylonen in den Parcours dienen Ihnen als Wegweiser. Um die Volten zu üben, leiten Sie am Ende einer Gasse eine Volte ein. Dazu stellen Sie das Pferd leicht nach innen. Die äußere Longe gibt dazu etwas nach, bleibt aber in feiner Verbindung zum Pferd. Mit der inneren Longe geben Sie leichte Impulse am Kappzaum, damit das Pferd eine Idee bekommt, in welche Richtung es gehen soll.
Stellt und biegt sich das Pferd nach innen, brauchen Sie weniger Longe. Sie müssen diese also etwas annehmen und verkürzen. Dazu müssen Sie nachgreifen.
Greifen Sie dazu mit der äußeren Hand kurz in beide Longen, fixieren Sie diese und verkürzen Sie die innere Longe dann mit der inneren Hand auf die nötige Länge, wie auf Seite 136 beschrieben.
Da sich das Pferd auf der äußeren Seite dehnt, braucht es dort mehr Longe. Dazu lassen Sie die Longe soweit aus der Hand gleiten, wie das Pferd braucht, um sich biegen zu können.
Die unterschiedliche Länge von innerer und äußerer Longe bleibt in den Wendungen bestehen, damit das Pferd gestellt und gebogen bleibt, bis man wieder in eine Gasse einfädelt. Die Longen werden darin wieder so gehalten, dass das Pferd geradegerichtet geradeaus gehen kann.

## Die Handwechsel

Auch die Handwechsel werden zunächst im Schritt geübt. Ein Vorteil des Longe-Walking ist, dass man zu einem Handwechsel nicht anhalten und die Longen umschnallen muss. Handwechsel können daher fließend gearbeitet werden. Die Pferde müssen physisch wie psychisch umschalten. Das fällt Pferden schwerer als dem Menschen, obwohl der das auch nicht immer ohne Üben hinbringt. Wir

*Der Handwechsel, hier über das Dreieck longiert.*

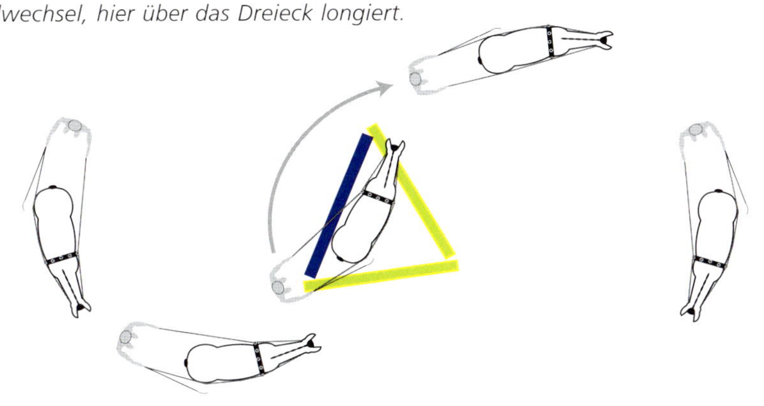

bauen anfangs eine gerade Linie ein, bevor die Hand gewechselt wird, um die Übung zu erleichtern. Später wird aus der Biegung heraus in die neue Wendung gewechselt.

### Die Handgriffe beim Wechsel

Wenn Sie die Hand wechseln möchten, sollten Sie diese Griffe üben. Sie befinden sich etwa auf der linken Hand und leiten die Wendung in eine Ecke ein, in dem Sie die rechte, äußere Longe etwas nachgeben und mit der linken, inneren Longe Impulse nach innen in die Wendung geben. Das Pferd wird dadurch nach innen gestellt.
Nun befinden Sie sich in der Kehrtvolte. Die linke Longe ist nun zu lang, da sich der Radius in der Wendung verkleinert. Je enger die Wendung, desto mehr müssen Sie die innere, linke Longe nachfassen. Wenn Sie auf der anderen, jetzt rechten Hand angelangt sind, geben Sie die linke, jetzt äußere Longe nach und verkürzen die rechte, jetzt innere, Longe, sodass beide Longen auf der Geraden wieder gleich lang sind.

Diese Handgriffe müssen geübt und automatisiert werden. Wenn Sie einmal ein paar Handwechsel im Trab nacheinander machen möchten, sollten Sie nicht mehr darüber nachdenken, welche Hand welche Longe verkürzen muss, sonst gibt's Kuddelmuddel. Üben Sie die Handwechsel zunächst im Schritt, bis diese keine Herausforderung mehr darstellen.

## Halten

Das Halten sollte jedes Pferd immer aus dem Effeff beherrschen. Das Kommando »Steh« wird sinnvollerweise vorher schon installiert.
Anfangs kann sich die Reaktion noch etwas holprig gestalten. Das Pferd muss lernen, auf leichten Impuls am Kappzaum und Stimmhilfe auf den Punkt stehen zu bleiben.
Beim Longe-Walking haben wir die Schwierigkeit, dass das Pferd sich vor uns befindet und nur mit zwei Longen eingerahmt ist. Sie können nicht einfach an den Longen nach hinten ziehen und darauf hoffen, dass Ihr Pferd die Hilfe versteht und anhält. Zuviel Druck erzeugt Gegendruck – wenn Sie Pech haben, hat das Ziehen den gegenteiligen Effekt und das Pferd zieht erst recht nach vorne. Und glauben Sie mir, dieses Tauziehen werden Sie verlieren. Arbeiten Sie mit Impulsen, mit leichtem! Zug nach hinten und einem Stimmkommando.

Hält Ihr Pferd, obwohl es das Kommando kennt, beim Longe-Walking nicht an, holen Sie sich einen Helfer dazu. Dieser läuft neben dem Pferd und hält es notfalls aus dieser Position an. Geben Sie zunächst leichte Impulse an den Longen, die das Anhalten signalisieren – danach halten Sie einen leichte Verbindung aufrecht. Bitte nicht dauerhaft ziehen. Sobald das Pferd steht, geben Sie zunächst jede Verbindung sofort auf und nehmen den Druck weg. So verknüpft Ihr Pferd die feinen Impulse an der Doppellonge und das Stimmkommando bald mit dem Anhalten.

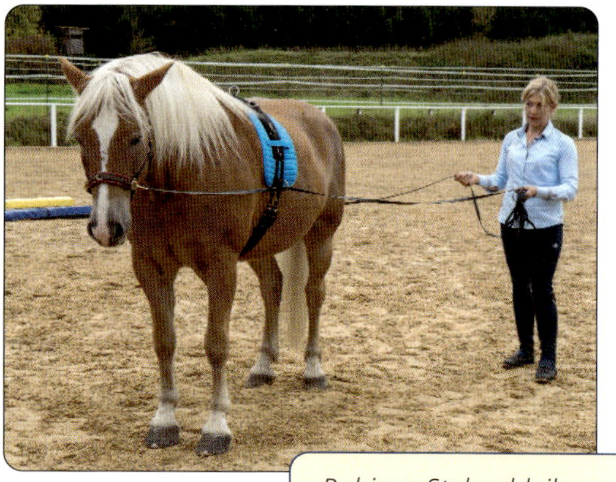

*Ruhiges Stehenbleiben.*

Beim Anhalten in den Gassen stehen wir vor der gleichen Herausforderung wie bei der EquiClassic-Work. Die Gassen wirken zunächst wie ein Tunnel, aus denen die Pferde herauslaufen wollen. Kennt das Pferd das Anhalten in den Gassen nicht, muss das geübt werden. Dazu halten Sie anfangs im ersten Drittel der Gassen an. Hält Ihr Pferd zuverlässig an, können Sie es im letzten Drittel der Gassen anhalten, sodass das Pferd rechts und links von den Gassen eingerahmt ist.

### Stehenbleiben

So zuverlässig Ihr Pferd anhält, so zuverlässig muss es auch stehenbleiben. Wieder haben wir an der Doppellonge eine andere Situation, als wenn das Pferd neben Ihnen stehen bleiben soll. Wieder ist es von Vorteil, wenn das Pferd schon vor dem Longe-Walking gelernt hat, ruhig zu stehen. Wenn Sie hinter dem Pferd stehen, haben viele Pferde die Tendenz, sich zu Ihnen drehen zu wollen. Das sollte natürlich vermieden werden, denn sonst wickelt sich das Pferd in den Longen ein. Es sollte also gerade stehen bleiben, ob Sie sich nun in der seitlichen Position oder direkt hinter dem Pferd befinden.
Sie können das Pferd leicht korrigieren. Dreht es sich in Ihre Richtung, geben Sie an der entgegengesetzten Longe einen Impuls, der dem Pferd signalisiert, ruhig und gerade zu stehen.
Anfangs genügen ein paar Sekunden, dann erweitern Sie diese Zeitspanne. Eine Minute stillzustehen ist für manche Pferde eine Herausforderung.
Der Equiplace kann Ihnen in den Pausen sehr gute Dienste leisten, bevor Sie das Stehenbleiben in die Arbeitsphase einbauen. Hier lernt das Pferd, anzuhalten und zu relaxen und empfindet dies als Belohnung. Als Übung eingebaut, ist das Stehenbleiben dann kein Problem mehr. Im Zweifel üben Sie das Stehenbleiben erneut mit einem Helfer.

## Rückwärts

Hält Ihr Pferd zuverlässig an und bleibt ruhig zwischen der Doppellonge stehen, können Sie das Rückwärtsrichten in das Training einbauen. Dazu halten Sie in einer Gasse an und geben einen leichten Impuls nach hinten – und zwar wirklich leicht. Nicht ziehen, denn dann zieht das Pferd dagegen. In dem Moment, in dem sich das Pferd rückwärts bewegt, geben Sie nach. Das Pferd wird die Hilfe so verstehen. Lassen Sie Ihr Pferd vier Tritte rückwärts gehen und erneut vorwärts antreten

## Trab

Sie haben wieder die Wahl zwischen den zwei Positionen am Pferd.

### Die seitliche Position

Sie gehen rechts oder links versetzt schräg hinter der Kruppe des Pferdes. Diese Position hat den Vorteil, dass Sie einen kürzeren Laufweg als Ihr Pferd haben. Sie sind nicht genötigt, hinter dem Pferd herzurennen – was wir sowieso tunlichst vermeiden. Erstens fühlt sich das Pferd dabei unter Umständen gejagt. Zweitens ist es wirklich schwierig, beim Rennen die Hände ruhig zu halten und präzise Hilfen zu geben, speziell auch beim Handwechsel.
Gut, wenn Sie sechs Arbeitseinheiten à drei Minuten durchhalten, können Sie definitiv Ihre Kondition steigern und es dient der allgemeinen Erheiterung an der Bande.

### Die Position hinter dem Pferd

Weder im Longe-Walking noch bei einer anderen Art unserer Bodenarbeit sollten Sie hinter dem Pferd herrennen. Um allerdings im Trab hinter dem Pferd hergehen zu können, muss es langsam/versammelt traben. Einem Pferd im normalen Trabtempo werden Sie nicht folgen können, ohne zu rennen. Beim Shetty mag das noch gehen. Beim 1,80 m großen Warmblüter werden Sie Schwierigkeiten haben.

*Seitliche Position im Trab.*

## Das Antraben

Den Trab im Longe-Walking einzusetzen verlangt von Ihnen, dass Sie die Handhabung der Longen und das »Lenken« schon beherrschen. Das Tempo Ihres Pferdes sollte so gewählt sein, dass es noch zuhört und Sie es lenken können.
Anfangs ist es für Sie leichter, wenn Sie den Trab langsamer wählen. Langsamer Trab ist nicht gleichzusetzen mit Schlurfen. Der langsame Trab besitzt im Vergleich zum versammelten Trab auf der Geraden nicht den gleichen gymnastizierenden Effekt. Er ist aber dennoch effektiv, da die Volten einen versammelnden Charakter haben. Die Pferde müssen ihre Hinterbeine aktiv beugen.
Mit dem langsamen Tempo vermeiden Sie, dass das Pferd schief wird, da es im Slow-Motion-Tempo das Gleichgewicht besser halten kann. Allerdings ist es für das Pferd anstrengender. Irgendwie um die Kurve zu kommen, sich nicht zu biegen und die Gelenke nicht zu beugen, bedeutet deutlich weniger Energieaufwand. Zudem können die Pferde im langsamen Trab die Schnellkraft der Muskulatur nicht nutzen.
Nun haben Sie aber vielleicht so einen Kandidaten, der mehr durch den Parcours kriecht als trabt. Möchten Sie mehr Power im Trab haben, wählen Sie zunächst mehr gerade Linien und nutzen Sie Ihre eigene Energie. Pferde spüren diese, auch wenn Sie hinter dem Pferd gehen.
Die Touchiergerte als vorwärtstreibende Hilfe hat sich ebenfalls bewährt. Vergessen Sie Ihre Stimme nicht und wenn Sie vorwärts sagen, meinen Sie vorwärts und verleihen Sie der Hilfe auch Nachdruck.
Wir können auch die Longe ein wenig als vorwärtstreibende Hilfe nutzen, indem wir mit der äußeren

Longe gegen den Pferdekörper tippen. Sie holen mit der Longe in der Hand einmal kurz aus und touchieren das Pferd sanft mit der Longe – verbunden mit dem Kommando »Vorwärts«.
Liebe Fahrer, bei diesem Tipp werden Sie kopfschüttelnd vor dem Buch sitzen. Im Fahrsport ist diese Hilfe ein No-Go, da die Pferde ein Gebiss im Maul haben. Da wir einen Kappzaum verwenden, bekommt das Pferd jedoch keinen Ruck ins Maul.

Haben Sie eine Rennsemmel an den Longen, helfen gebogene Linien. Diese bieten eine gute Möglichkeit, solche Pferde wieder zum Zuhören zu bringen. In den Volten und Wendungen müssen sie sich konzentrieren und werden langsamer. Wählen Sie mit einem Pferd, das viel »Go« hat, anfangs nicht viele gerade Linien. Das heizt die Pferde nur an, das Tempo zu erhöhen.
Geben Sie zusätzlich Impulse an der Longe, die das Pferd zum langsamer Traben animieren und nutzen Sie ein Stimmkommando, wie z.B. »Laaangsam«.

## Übergänge

Übergänge zeichnen sich durch versammelnde und lösende Merkmale aus. Wir bauen sie mit in die Parcours ein.
Übergänge »vom Schritt zum Halten« oder »aus dem Halten rückwärtsrichten und dann antraben« gymnastizieren das Pferd nicht nur, sie verbessern das Zuhören und die Durchlässigkeit.

## Galopp

Auf den Galopp wird weitestgehend verzichtet. Er gehört nicht zu den Basisübungen, da aufgrund der vielen Volten nur ein stark versammelter Galopp in Frage kommt. Diesen können die wenigsten Pferde taktklar ausführen und die wenigsten Menschen dem Pferd korrekt an der Hand beibringen.

## Zeitsystem und Pausen

Beim Longe-Walking haben wir dasselbe Zeitsystem wie bei der gerittenen Dual-Aktivierung. Eine Arbeitseinheit beträgt drei Minuten, danach folgt eine Pause von 60 Sekunden. Wir arbeiten maximal sechs Einheiten à drei Minuten.
Während der Pause kann Ihr Pferd locker im Schritt außerhalb der Gassen gehen oder stehen bleiben.

Wir empfehlen, den Equiplace als optische Begrenzung zu nutzen. Nach dem Signal zur Pause stellen Sie Ihr Pferd in den Equiplace, geben die Longen nach und lassen es eine Minute entspannen. Die Pferde sollten sich dabei nicht zu Ihnen drehen.

Selbst wenn das Pferd zuvor nicht an den Equiplace gewöhnt wurde, wird es schnell verstehen, dass an diesem Ort Pause ist, und relaxt stehenbleiben. Die Pferde sind durchaus noch aufmerksam, bekommen aber eine kurze Verschnaufpause, in der sie das Gelernte verarbeiten können.

# LONGE-WALKING Übungen und Abläufe

## Die Basisübungen

### Halbe Volte – Gerade

Die Basisgasse ist die erste Figur, der Sie sich widmen sollten. Dabei wird eine Dual-Gasse im Abstand von ca. 1,50 m gelegt. Stellen Sie außerdem gegenüber von jedem Gassen-Element im Abstand von 6 m einen Pylon als Markierung auf. Um diese wird das Pferd longiert. Beginnen Sie damit, das Pferd zuerst im Schritt geradeaus durch die Basisgasse zu lenken. Sobald das Pferd mit dem Widerrist das Ende der Gasse erreicht hat, leiten Sie eine Volte nach links ein. Klappt das gut, beginnen Sie mit der Rechtsvolte und damit dem ersten Handwechsel.

Sobald Sie aus der Linksvolte kommen, fädeln Sie Ihr Pferd wieder in die Gasse ein, stellen es gerade und leiten den Handwechsel zur Rechtsvolte ein. Hat das Pferd das Gassenende mit dem Widerrist erreicht, biegen Sie nach rechts ab.

In der Gasse geht das Pferd geradeaus, danach bringen Sie es in die Biegung nach links oder rechts auf die jeweilige Volte.

Auf diese Weise entsteht eine Acht durch die Gasse. Schon bei dieser einfachen Übung wird das Pferd auf beiden Seiten gestellt und gebogen und lernt die Abläufe kennen. Der Nutzen für Sie: Sie können in aller Ruhe im Schritt das Lenken üben.

Sie gehen im Schritt entweder hinter dem Pferd oder wählen die seitliche Position.

Auch hier gilt wieder das bewährte Zeitsystem: Eine Trainingseinheit dauert drei Minuten, zwischen den Einheiten wird 60 Sekunden Pause gemacht. Halten Sie die Anzahl der Einheiten anfangs kürzer, statt sechs Einheiten reduzieren Sie ruhig auf zwei oder drei.

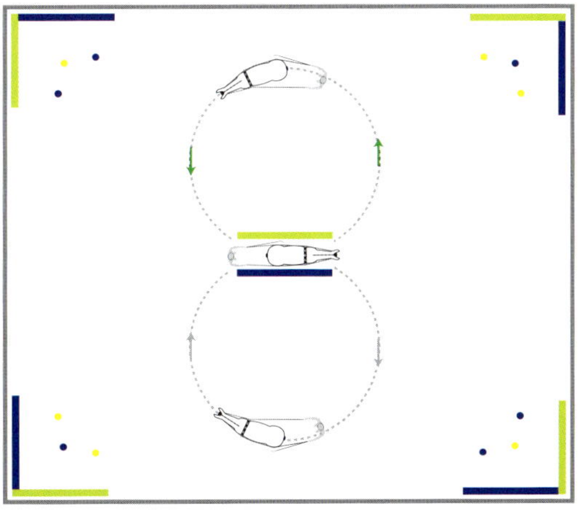

## Achten in und aus den Ecken

Nachdem nun das Lenken reibungslos funktioniert und Sie Ihr Pferd problemlos durch die Basisgasse steuern können, dürfen Sie die Ecke der Reithalle oder des Platzes nutzen. Sie können sich auch aus Gassen-Elementen Ecken legen, sollte Ihnen kein Reitplatz zur Verfügung stehen oder Sie mit kleineren Abständen arbeiten wollen.

> **Info**
>
> **Möchten Sie die Ecken im Trab longieren, wählen Sie die seitliche, innere Position hinter dem Pferd.**

## Aus der Ecke kehrt an der kurzen Seite

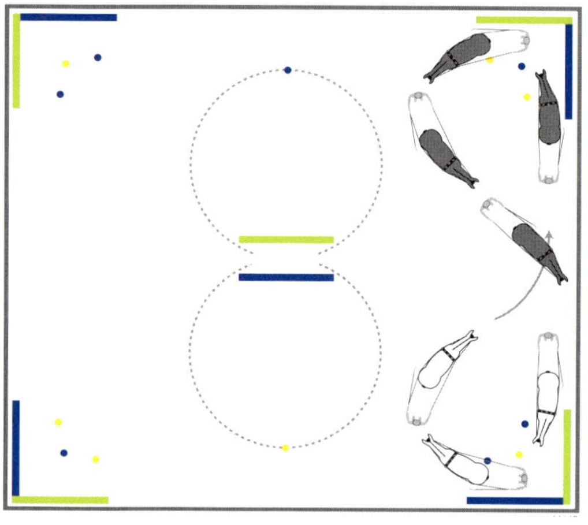

*Beginnen Sie Mitte der kurzen Seite. Zuerst geht es geradeaus in die Ecke hinein. Nach der Ecke folgt eine Kehrtvolte, dann geht es erneut zur Mitte der kurzen Seite zurück. Nun folgt das Durchlaufen der Ecke auf der anderen Hand.*

## In die Ecke kehrt an der kurzen Seite

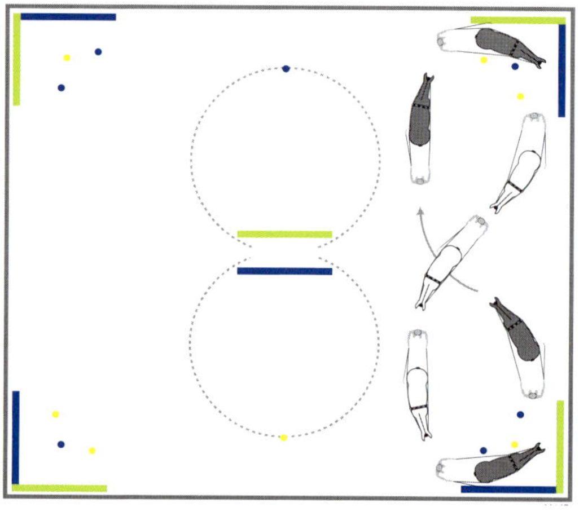

*Beginnen Sie wieder Mitte der kurzen Seite. Zunächst longieren Sie das Pferd in die Ecke hinein, verlassen den Hufschlag und fädeln in einer Volte in die Ecke ein. Es geht durch die Ecke durch und dann geradeaus, bis Sie wieder Mitte der kurzen Seite auf dem Hufschlag ankommen. Dann folgt die nächste Ecke.*

## Der Pylonenslalom

Der Pylonenslalom ist prädestiniert dafür, Ihr Gefühl für die Bewegungen Ihres Pferdes zu schulen. Kaum ist eine Biegung zu Ende, kommt die nächste in die andere Richtung. Je enger die Abstände der Pylonen sind, desto größer wird für beide – Mensch und Pferd – die Herausforderung. Zunächst wird der Pylonenslalom im Schritt longiert. Der Abstand der gestellten Pylonen ist von der Größe des Pferdes abhängig. Ein 1,80 m großes Warmblut braucht einen größeren Abstand als ein Minishetty. Stellen Sie die Pylonen anfangs nicht zu eng. Beginnen Sie bei einem durchschnittlich großen Pferd mit einem Abstand von 8 m. Bauen Sie einen Handwechsel durch die Gasse in der Mitte der Bahn ein. Eine Steigerung ist, den Pylonenslalom im Trab zu bewältigen. Dazu muss Ihr Pferd sich im Trab bereits gut regulieren lassen, ein enger Pylonenslalom im Trab ist etwas für Fortgeschrittene. Das Zeitsystem bleibt wie gehabt.

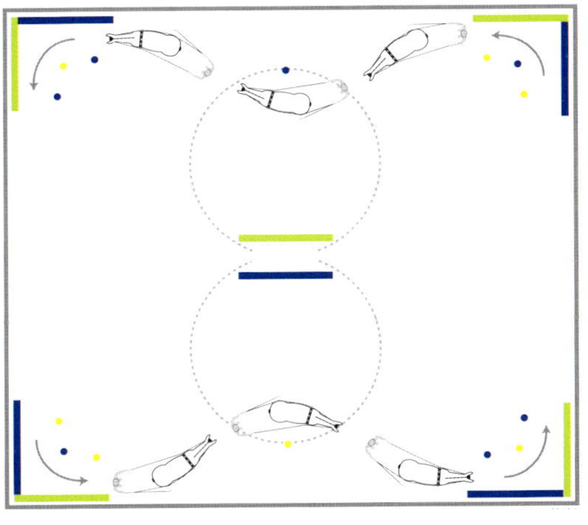

*Der Pylonenslalom.*

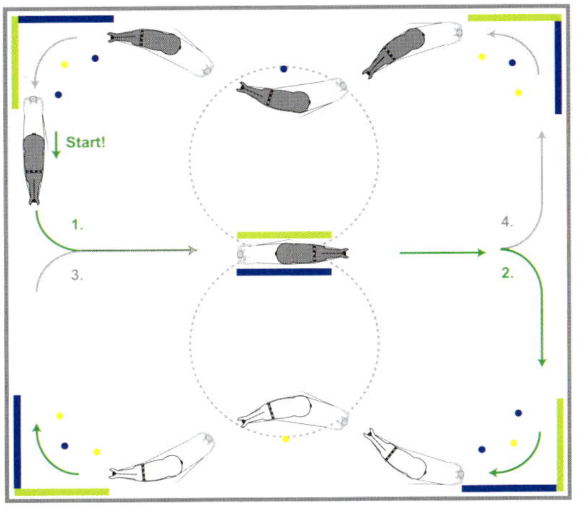


*Etwas schwerer: Pylonenslalom mit Handwechsel in der Dualgasse.*

## Die Lombardgasse

Die Lombardgasse besteht aus drei versetzt gelegten Dual-Gassen® und wird ähnlich wie der Pylonenslalom longiert. Sie geben in den Gassen die Anlehnung auf und wechseln zwischen den Gassen Ihre Position hinter dem Pferd. Bauen Sie die Ecken mit ein. Legen Sie die Lombardgassen an der Bande der langen Seite entlang aus. Nach Durchschreiten der Lombardgasse wechseln Sie die Hand mit einem Aus-der- oder In-die-Ecke-Kehrt.

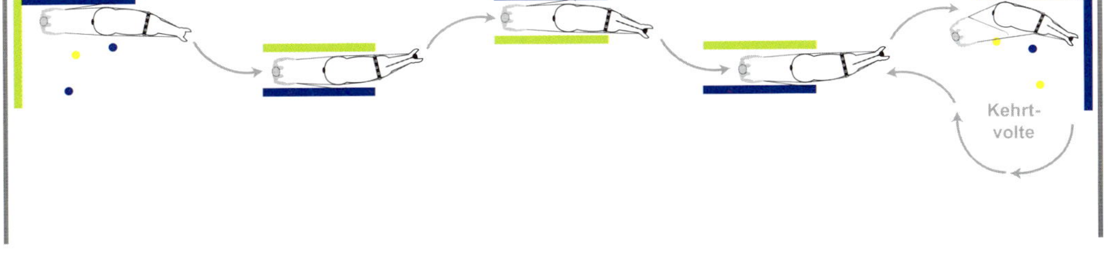

## Walk-Over-Hindernisse

Bei den Walk-Over-Hindernissen werden die Pferde, wie der Name schon sagt, über ausgelegte Gassen-Elemente longiert. Die Walk-Over-Hindernisse werden in Kombination mit anderen Hindernissen eingebaut.

Sie können das Auslegen der Schaumstoffbalken in der Dual-Aktivierung und auch beim Longe-Walking variabel gestalten und sind in den Distanzen flexibel. Bei den Schaumstoffbalken ist das Verletzungsrisiko im Gegensatz zu Holzstangen minimal.

Pferde lernen Bewegungsabläufe sehr schnell auswendig. Wenn Ihr Pferd drei Mal über eine Cavaletti-Reihe getrabt ist, geht die Aufmerksamkeit verloren. Die Pferde laufen ohne besonders aufzupassen darüber und wissen genau, wie weit ihre Schritte sein müssen, um nicht gegen die Stange zu stoßen. Wenn Sie die Abstände unregelmäßig legen, bleiben die Pferde aufmerksam.

Die Vorhand hat maßgeblich Einfluss auf den Einsatz der Hinterhand und das Pferd wird zum Mitdenken animiert. Es muss die Schrittweite jedes Mal neu wählen, damit fördern die Walk-Over-Hindernisse die Vor- und Hinterhandkoordination.

Mag sein, dass die Pferde wissen, dass der Schaumstoff bei Berührung nicht schmerzt. Es liegt an Ihnen, sie beispielsweise mit einem Signal wie »Pass auf« oder auch einem leichten Touchieren mit der Gerte auf die Hindernisse vorzubereiten. Pferde, die über die Hindernisse schlurfen, sollte man nicht einfach machen lassen, sondern sie vor dem Übertreten entsprechend aufmerksam machen. Das wirkt wie ein »Hallo-Wach«. Über den Hindernissen lassen Sie die Longen durchhängen. Das Pferd soll sich ohne Anlehnung selber ausbalancieren und herausfinden dürfen, wie es seine vier Beine darüber bringt.

## Das Dreieck

Das Dreieck ist das Hindernis schlechthin, um die Vor- und Hinterhandkoordination zu schulen. Dadurch, dass wir das Dreieck immer anders überqueren, haben die Pferde unterschiedliche Distanzen zu laufen. Keine Überquerung des Dreiecks ist wie die andere.

Longieren Sie das Dreieck sehr spitz an, muss das Pferd mit den Vorderbeinen sogar zwei Balken überqueren, bevor seine Hinterbeine zum Einsatz kommen.

Ist das Pferd aufmerksam, beginnt es mit den Vorderbeinen die Schrittweite so zu wählen, dass es nicht drauftritt. Wichtig ist, dass das Pferd ohne Lenkung und Anlehnung an den Longen das Dreieck meistert. Es soll seine Balance finden. Dennoch müssen Sie aktiv mitwirken. Halten Sie Ihr Pferd aufmerksam und lassen es nicht nur dahintrotten. Das Pferd soll bei Bedarf seine Schrittweite erweitern und keine Zwischenschritte oder Tritte einfügen. Das machen Pferde gerne, wenn sie noch unsicher in ihrer Koordination sind. Die richtige Schrittweite zu finden gelingt ihnen aber recht schnell, allerdings müssen sie es üben dürfen.

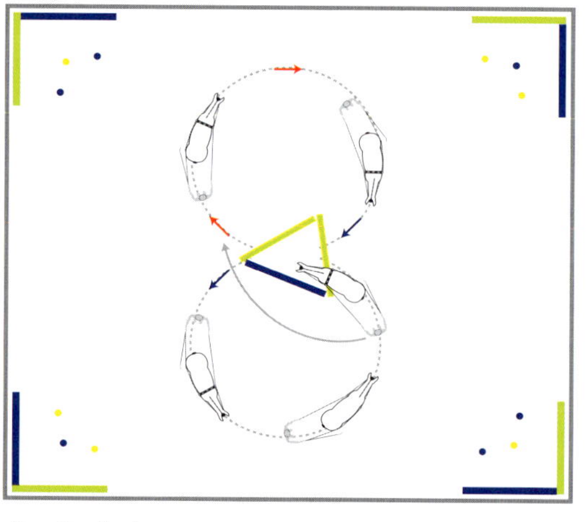

*Das Dreieck.*

## Der Handwechsel über dem Dreieck

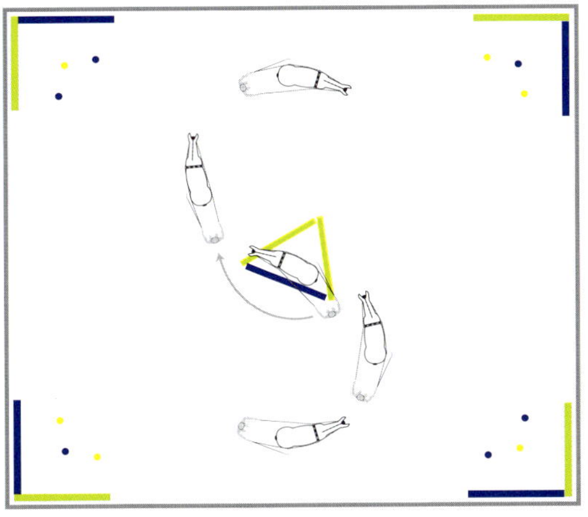

Stellen Sie sich vor, ein Pferd muss über einen Waldweg laufen, auf dem Baumstämme und Äste liegen – eine tolle Schulung für die Vor- und Hinterhand. Solche Trainingsmöglichkeiten sind in der Natur begrenzt, das Dreieck bietet sie.
Über das Dreieck werden immer vier komplette Achterschlaufen longiert.

*Gehen Sie seitlich am Hindernis vorbei, während das Pferd darüber geht. Stellen Sie Ihr Pferd auf die rechte Hand um. Sie wechseln unmittelbar nach dem Dreieck zur inneren Seite des Pferdes.*

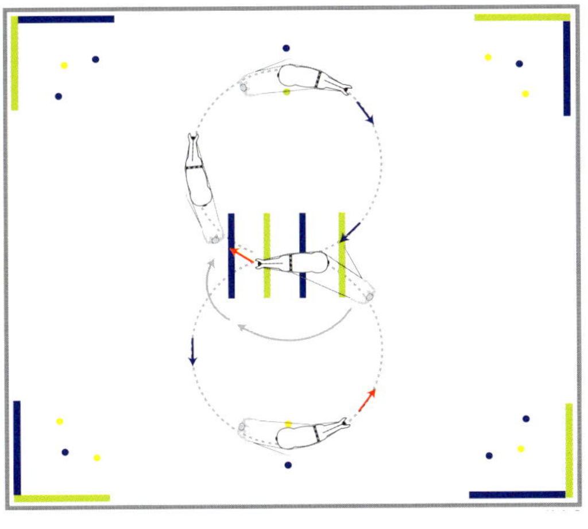

*Die Treppe.*

## Die Treppe

Die Treppe ist nichts anderes als vier aneinandergelegte Dual-Gassen®. Im Gegensatz zu einer Cavaletti-Reihe, in der man die Abstände abmisst, sind die Gassen hier in variablen Distanzen gelegt. Vor diesem Hindernis ist es wichtig, das Pferd aufmerksam zu machen und es mit etwas mehr Vorwärts darüber laufen zu lassen.

## Der Fächer

In diesem Hindernis ist die Biegung integriert, was es doppelt effektiv macht. Vor- und Hinterhandkoordination werden nicht nur beim Geradeaus geschult, hier muss das Pferd bereits in einer ersten Biegung über die Balken gehen.

Beim Fächer sind die Abstände ebenfalls nicht auf die Schrittweite des Pferdes angepasst. Sie werden mal enger und mal weiter auseinandergelegt, sodass das Pferd den nächsten Schaumstoffbalken noch überwinden kann. In dieser Übung werden sehr hohe Anforderungen an Koordination und Konzentration gestellt. Das Pferd ist in der Biegung und muss sich auf die Distanzen konzentrieren, um nicht auf die Gassen-Elemente zu treten. Die Pferde kommen beim Fächer sehr schnell an ihre Leistungsgrenze, daher wird diese Übung jeweils nur vier Mal longiert, das heißt zwei Mal von jeder Seite.

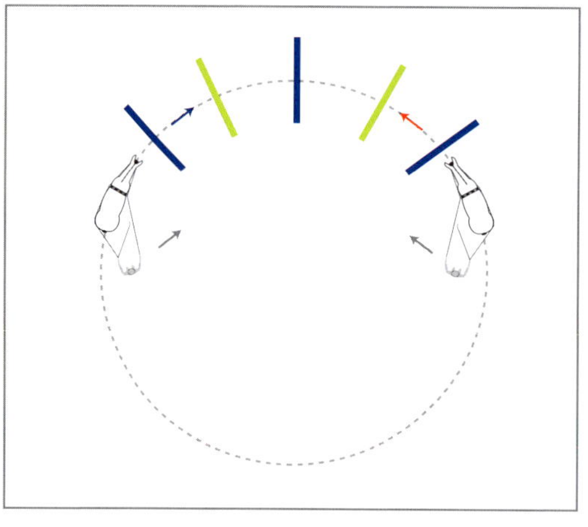

*Longieren Sie Ihr Pferd über den Fächer. Sie gehen dabei innen am Hindernis schräg hinter dem Pferd. Versuchen Sie möglichst wenig Hilfen an den Longen zu geben, gerade so viel, dass das Pferd den Fächer nicht verlässt.*

## Die Cavaletti-Gasse

Dieses Hindernis ist vielseitig zu longieren. Sie können neben den Balken zum Übertreten auch die Volten integrieren. Während des Trainings in der Cavaletti-Gasse müssen sich Pferd und Longenführer sehr konzentrieren. Volten und Übertreten folgen im Wechsel, da heißt es gut aufpassen. Achten Sie darauf, dass Sie Ihr Pferd nicht überfordern. Weniger ist bekanntlich mehr. Spätestens wenn Ihr Pferd beginnt, auf die Balken zu treten, ist Schluss.

Die Cavaletti-Gasse wird einmal von jeder Seite longiert. Um bei den ständigen Positionswechseln nicht über die Balken treten zu müssen, wechseln Sie die Position, wenn Sie Ihr Pferd nach der Volte wieder in die Gasse einfädeln lassen und auf die andere Hand vorbereiten. Sie befinden sich schräg hinter dem Pferd auf der inneren Seite. Natürlich kann man, wie bei »Halbe Volte – Gerade«, auch hinter dem Pferd durch die Gasse gehen. Das ist im Schritt kein Problem, im Trab wird es schon schwieriger.

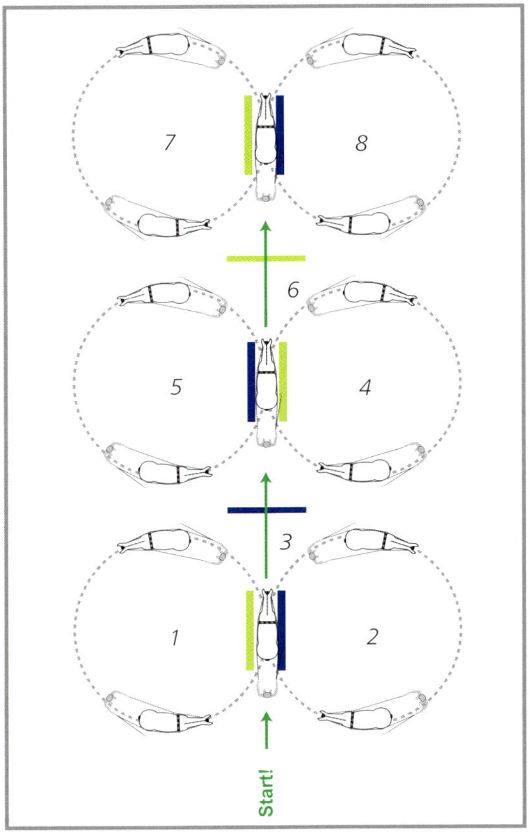


*Longieren Sie zunächst durch die erste Gasse eine Volte nach links (1). Fädeln Sie erneut in die Gasse ein. Stellen Sie Ihr Pferd auf die Volte nach rechts ein und lenken Sie es auf diese Volte (2).*
*Im Schritt und langsamen Trab können Sie die Position hinter dem Pferd wählen, ansonsten bleiben Sie seitlich innen am Pferd. Die Position wird immer dann gewechselt, wenn Sie das Pferd in den Gassen auf die nächste Volte vorbereiten.*
*Lassen Sie Ihr Pferd über den quergelegten Balken treten (3), anschließend fädeln Sie in die nächste Gasse ein und leiten eine Rechtsvolte (4) ein. Danach folgt die Linksvolte (5).*
*Legen Sie die Gassen anfangs in größeren Abständen aus. Zwischen den längsgelegten Gassen sollte ein Abstand von 1,50–2 m sein. Im Trab ist es schwieriger, in die Gassen zu lenken. Wenn Sie etwas Übung haben, können Sie die Abstände verringern.*

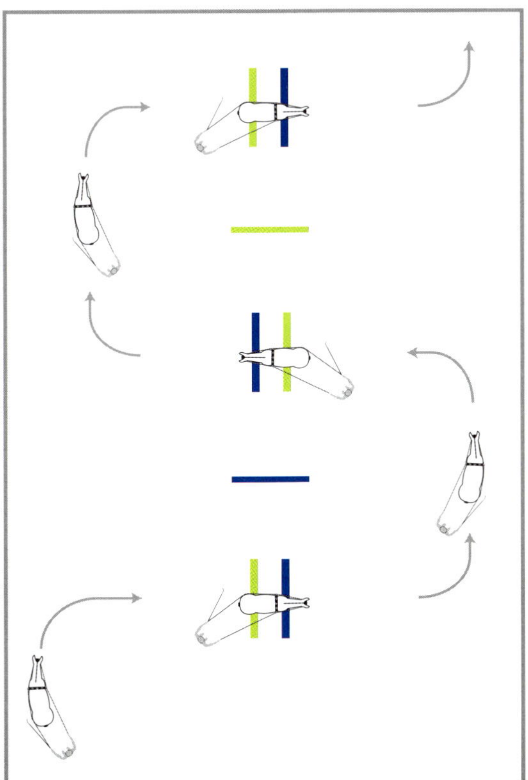

*Eine einfachere Variante ist, das Pferd in großen Schlangenlinien über die gelegten Gassen zu longieren. Denken Sie an die Stolpergefahr. Wählen Sie die seitlich versetzte Position am Pferd.*

## Parallel-Quer-Hindernis

Noch mehr Biegung und Crossover bieten die Gassen, wenn man sie zum Parallel-Quer-Hindernis legt. Die Pferde werden parallel zu den (blauen) Balken longiert, an der Kreuzung mit querliegenden (gelben) Balken lassen Sie das Pferd auf die andere Hand wechseln. Anschließend folgen wieder ein Gerade und der erneute Seitenwechsel.

Anfangs und mit den in der Grafik gezeigten Abständen ist dieses Hindernis nur im Schritt zu longieren (siehe Abb. A). Sie gehen während der ganzen Zeit auf einer Seite des Pferdes mit und hüpfen bitte nicht über die Kreuzungen. Das Pferd muss früh genug auf jeden Wechselpunkt vorbereitet werden, um genau darübertreten zu können. Sie müssen lernen, wann das Pferd abgewendet werden sollte. Diese Übung schult Ihr Gefühl für das Pferd und Ihre Fertigkeit, es zu steuern.

Es kann durchaus nötig sein, die Abstände von Parallel-Quer etwas zu vergrößern (siehe Abb. B). Um zu verhindern, dass das Pferd an den Longen hin- und hergerissen wird und es auf die quergelegten Gassen tritt, ziehen Sie diese anfangs auch im Trab auseinander. Je geschulter Sie und Ihr Pferd sind, umso enger können Sie die Abstände auch im Trab wählen.

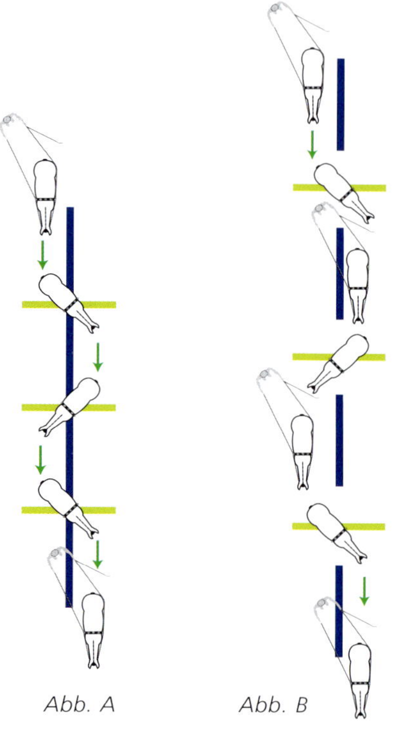

Abb. A Abb. B

## Parallel-Quer mit Schlangenlinie

Eine Erweiterung ist das Parallel-Quer mit eingebauter Schlangenlinie. Dazu überqueren Sie nur die senkrechten, nicht die quergelegten Balken. Ziehen Sie diese ruhig etwas weiter auseinander, damit Sie stolperfrei durch die Übung kommen.

Auch dieses Hindernis können Sie jeweils zwei Mal von jeder Seite longieren, also insgesamt vier Mal. (Abb. C).

Abb. C

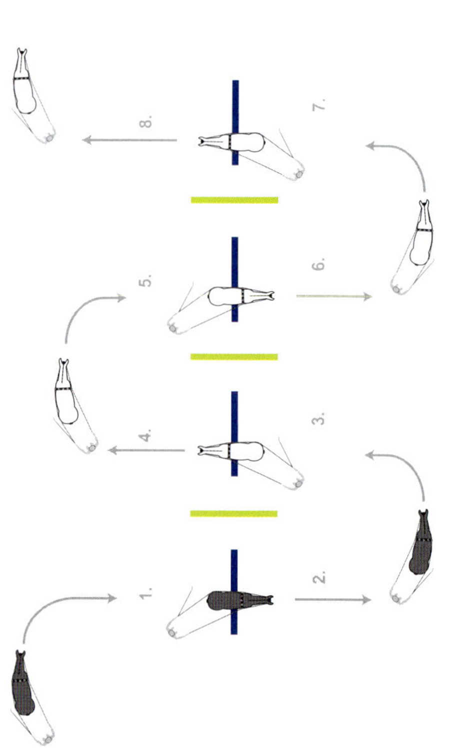

## Das Kleeblatt

Das Kleeblatt ist eines der Hindernisse im Longe-Walking, das einzeln oder in Kombination mit anderen Hindernissen verwendet werden kann. Sie wechseln zwischen Links- und Rechtsvolten ab, dabei ist das Pferd bis auf die Volten ständig in den Gassen, in diesen erfolgen zusätzlich Handwechsel. Vergrößern Sie im Kleeblatt die Abstände der Balken etwas, da Sie seitlich neben dem Pferd laufen. Die Gassenbreite beträgt ca. 1–1,50 m. Der Abstand jeder Gasse zur Mitte des Kreuzes beträgt ebenfalls 1–1,50 m.

Das Kleeblatt wird zunächst im Schritt longiert, so können Sie Volten und Handwechsel in Ruhe ausprobieren und verinnerlichen. Probieren Sie das Ganze ruhig im Trab aus. Trauen Sie sich die Wechsel im Trab anfangs noch nicht zu, parieren Sie Ihr Pferd zum Schritt durch und traben nach dem Handwechsel erneut an.

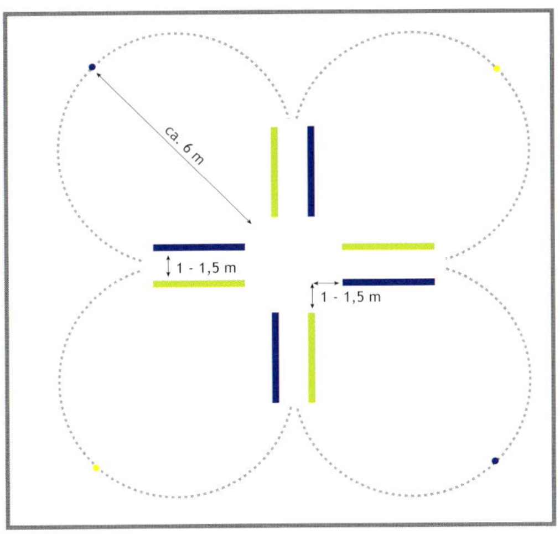


### Tipp

Um sich den Ablauf der einzelnen Übungen besser zu merken, können Sie im bekannten Zeitsystem auch alle Übungen einzeln longieren. Sie gehen den Parcours durch, bis das Pausen-Signal des Timers ertönt. Longieren Sie Ihr Pferd in den Equiplace hinein oder lassen es außerhalb des Kleeblatts locker im Schritt gehen.

## Das Kleeblatt als Parcours

1. Beginnen Sie an der linken quergelegten Gasse. Longieren Sie Ihr Pferd durch eine Gasse durch, dann folgt eine Linksvolte. Anschließend gehen Sie durch beide Gassen hindurch und machen eine weitere Linksvolte. Danach ist ein Handwechsel an der Reihe und es beginnt der Durchlauf von der anderen Hand (Abb. 1 Seite 152).
2. Aus der Übung eins durch die Länge des Kleeblatts kommend machen Sie eine Volte nach links, gehen dann wieder durch die Länge des Kleeblatts weiter. Es folgt eine Volte nach rechts, dann geht es erneut gerade durch das Kleeblatt weiter. Es schließt sich eine Volte nach rechts an. Dann wieder durch die Länge des Kleeblattes und eine Volte links. Diese Übung wiederholen Sie ein Mal (Abb. 2 Seite 152).
3. Aus der Übung zwei durch die Länge des Kleeblattes kommend folgt eine Linksvolte. Dann geht es wieder geradeaus durch beide Gassen, es folgt eine Linksvolte. Nach dem Geradeaus biegen Sie auf die Rechtsvolte ab, es folgt noch ein Geradeaus, anschließend longieren Sie die letzte Rechtsvolte.
4. Als Zusatzrunde können Sie innerhalb des Kleeblatts wechseln. Aus der Übung drei kommend biegen Sie auf die Linksvolte ab. Der Wechsel erfolgt nach der ersten Gasse in der Mitte des Kleeblatts. Hier biegen Sie auf die Rechtsvolte ab. Longieren Sie Ihr Pferd wieder in das Kleeblatt hinein, gehen Sie durch zwei Gassen geradeaus und biegen Sie auf eine Linksvolte ab. Der zweite Wechsel auf die Rechtsvolte erfolgt erneut im Kleeblatt.

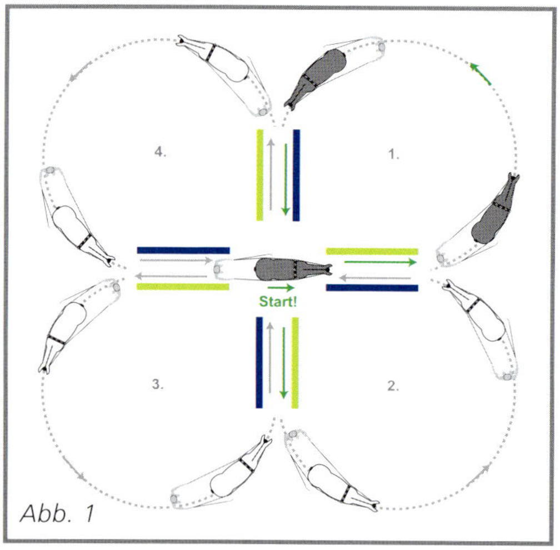

*Abb. 1*

*1. Longieren Sie das Pferd zunächst in das Kleeblatt. Nach den beiden Gassen geradeaus biegen Sie auf die Linksvolte ab. Sie stellen das Pferd nach links, sobald das Pferd mit seinem Widerrist auf das Gassenende trifft.*
*Nach der Dreiviertel-Volte biegen Sie erneut in das Kleeblatt ein. Das setzen Sie fort, bis Sie alle vier Volten longiert haben. Nach der letzten Linksvolte kommen die Rechtsvolten.*

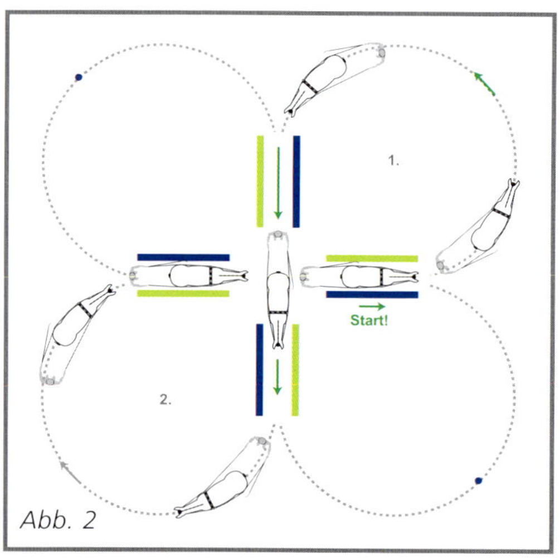

*Abb. 2*

*2. Longieren Sie eine Acht durch das Kleeblatt. Aus der Übung eins kommend, wechseln Sie erneut die Hand. Lenken Sie Ihr Pferd nach der Linksvolte abermals in das Kleeblatt hinein, gehen Sie durch beide gerade gelegten Gassen und biegen Sie auf die Rechtsvolte ab.*

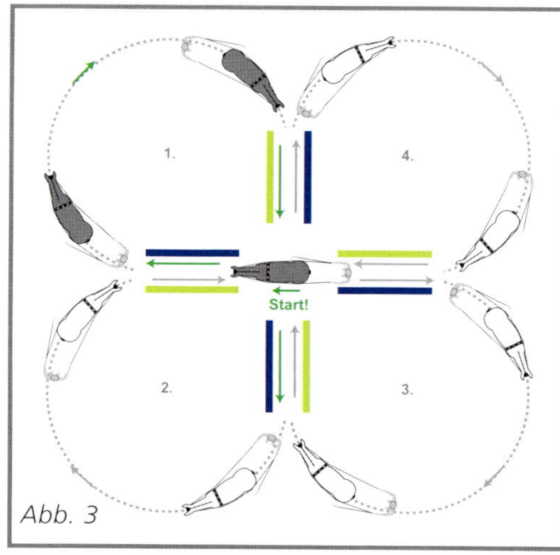

*Abb. 3*

### *Halt–Schritt / Halt–Trab*

*Das Halten erfolgt in der Mitte des Kleeblattes. Bereiten Sie Ihr Pferd rechtzeitig auf das Halten vor und bringen es in der Mitte des Kleeblattes zum Stehen. Das Pferd sollte ein paar Sekunden stillstehen, bevor Sie es erneut im Schritt oder Trab antreten lassen.*

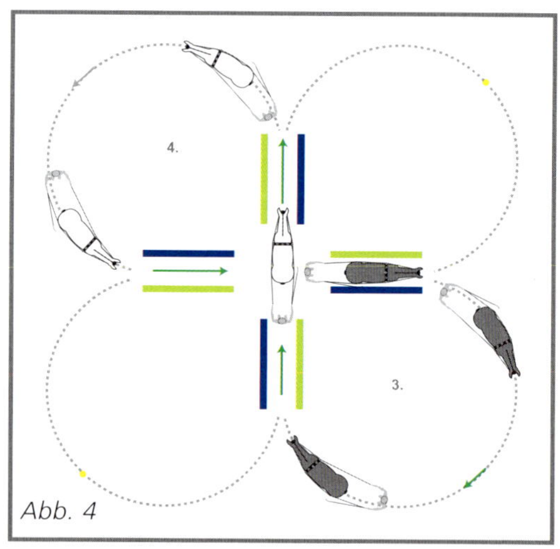

*Abb. 4*

*3. Die zweite Acht leiten Sie ein, indem Sie nach der Geraden erneut auf die Rechtsvolte abbiegen. Wiederholen Sie diese Übung ein Mal.*
*Sie steigern den Schwierigkeitsgrad, indem Sie Übergänge einbauen. Wählen Sie Übung eins oder zwei mit Übergängen Halt–Schritt, Halt–Trab oder Schritt–Trab.*

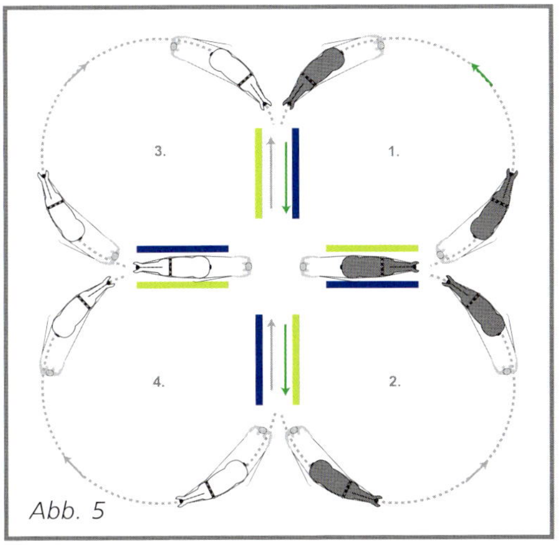

Abb. 5

4. *Aus Übung zwei kommend, longieren Sie Ihr Pferd in die Linksvolte hinein, dann durch die beiden gerade gelegten Gassen hindurch und wieder auf die Linksvolte.*
*Anschließend geht es erneut gerade durch die Gassen und auf die Rechtsvolte. Wiederholen Sie diese Übung ein Mal.*

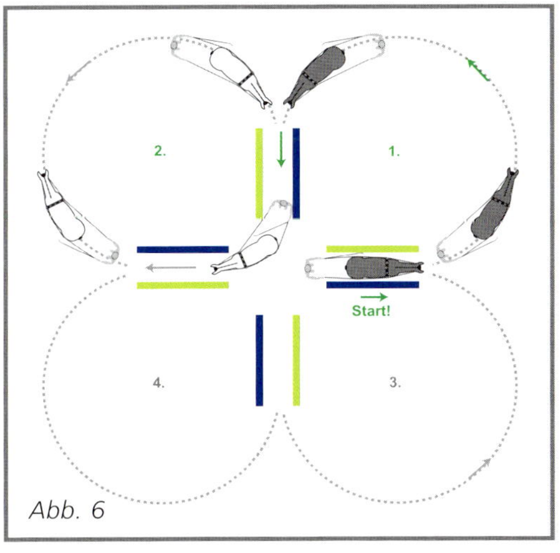

Abb. 6

5. *Nun steht der Handwechsel an.*
*Wechseln Sie innerhalb des Kleeblattes nach der Links- auf die Rechtsvolte. Gehen Sie noch einmal in die Gasse und wechseln erneut im Kleeblatt auf die Rechtsvolte. Der letzte Wechsel erfolgt auf die Linksvolte.*

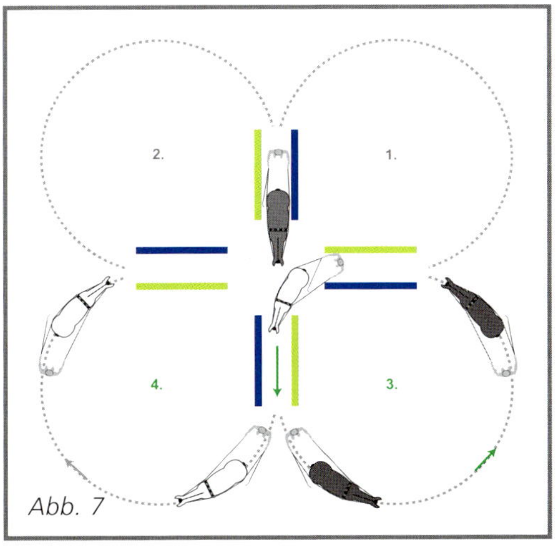

Abb. 7

### *Für den Trab*

*Lassen Sie Ihr Pferd zwischen Schritt und Trab wechseln. Gehen Sie mit ihm durch die gerade gelegten Gassen des Kleeblattes im Schritt und lassen Sie es zu Beginn der Volten, außerhalb des Kleeblattes, erneut antraben. Biegen Sie wieder in das Kleeblatt ein und parieren Sie durch zum Schritt.*

## Die Quadratvolte

Bei der Quadratvolte können Sie die Lektionen mit vorwiegend versammelndem Charakter und die Vor- und Hinterhand koordinierenden Walk-Over-Übungen in einem Hindernis vereinen. Die Quadratvolte können Sie, wie das Kleeblatt, als einzelnen Parcours oder in Kombination mit anderen Hindernissen nutzen. (Abb. 8)

Sie beginnen die Arbeit im Schritt, bevor Sie zum Trab übergehen. Die Seiten der Quadratvolte sollten 12–14 m auseinanderliegen. Der Abstand zwischen den einzelnen Balken beträgt 1,20–1,50 m.

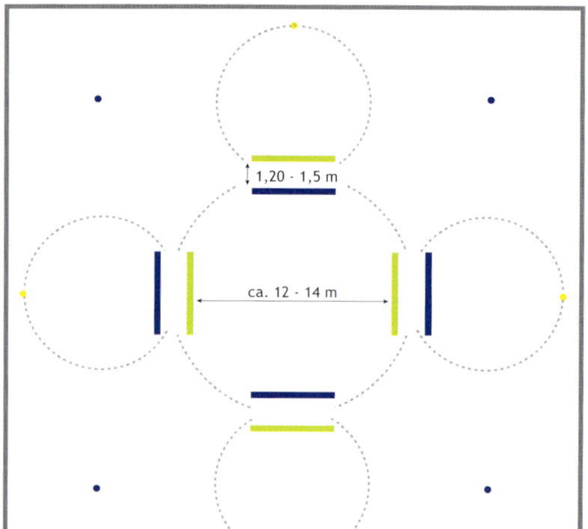


Abb. 8

## 1. Die große Acht

Longieren Sie Ihr Pferd in Achten. Dazu biegen Sie nach einer Gasse ab, wechseln diagonal durch die Quadratvolte und fädeln in die gegenüberliegende Gasse auf der anderen Hand ein. Die Acht wird zwei Mal auf der Hand, auf der Sie begonnenen haben, longiert. Danach wechseln Sie die Hand, gehen eine Runde im Schritt durch die Quadratvolte und wiederholen zwei Mal die große Acht. (Abb. 9)

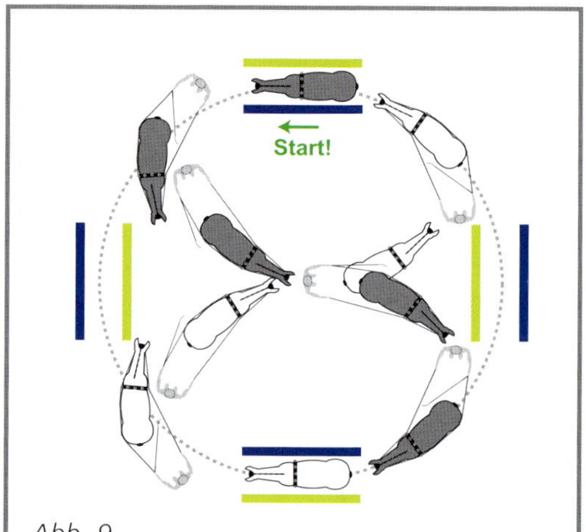


Abb. 9

*Nach einer Runde im Schritt durch die Quadratvolte longieren Sie die große Acht. Sie befinden sich auf der linken Hand. Stellen Sie Ihr Pferd nach der Gasse nach innen und biegen Sie Richtung Mitte der Quadratvolte ab. Longieren Sie es diagonal durch die Mitte und stellen es dabei gerade. Longieren Sie durch die gegenüberliegende Gasse und leiten Sie am Ende von dieser die Stellung nach rechts ein. Danach biegen Sie wieder auf die Diagonale ab. Vor Erreichen des Hufschlages stellen Sie Ihr Pferd um. Sie befinden sich dann wieder an Ihrem Ausgangspunkt auf der linken Hand.*

## 2. Die Volten nach innen und nach außen longiert.

Wechseln Sie zwischen Volten nach innen und außen hin und her, wie in der Bildunterschrift von Abb. 10 beschrieben. Steuern Sie so alle vier Seiten der Quadratvolte an. Wiederholen Sie das Ganze auf der rechten Hand.

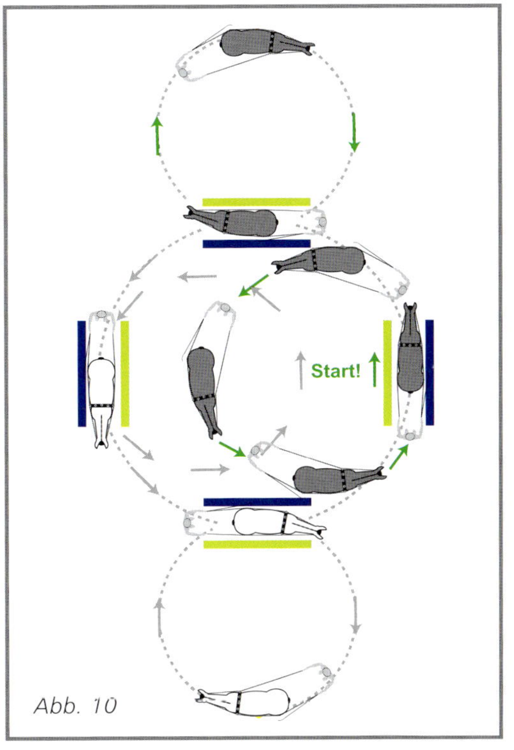


Abb. 10

*Sie befinden sich linke Hand. Beginnen Sie an einer beliebigen Stelle mit einer Volte nach innen. Stellen Sie das Pferd nach innen und biegen nach Durchschreiten der Gasse in die Mitte der Quadratvolte ab. Nutzen Sie den Platz. Longieren Sie Ihr Pferd durch die Gasse, aus der Sie gekommen sind, in die nächste Gasse hinein. Nach dieser Gasse erfolgt die Volte nach rechts, also nach außen. Dazu stellen Sie Ihr Pferd nach rechts, lassen es die Volte gehen und dabei wieder in die Gasse einfädeln. Es geht weiter zur nächsten Gasse. Hier folgt eine Volte nach innen, anschließend bei der nächsten Gasse die zweite Volte nach außen. Nach dem Handwechsel wiederholen Sie die Übung auf der anderen Seite.*

## 3. Das Walk-Over in der Quadratvolte

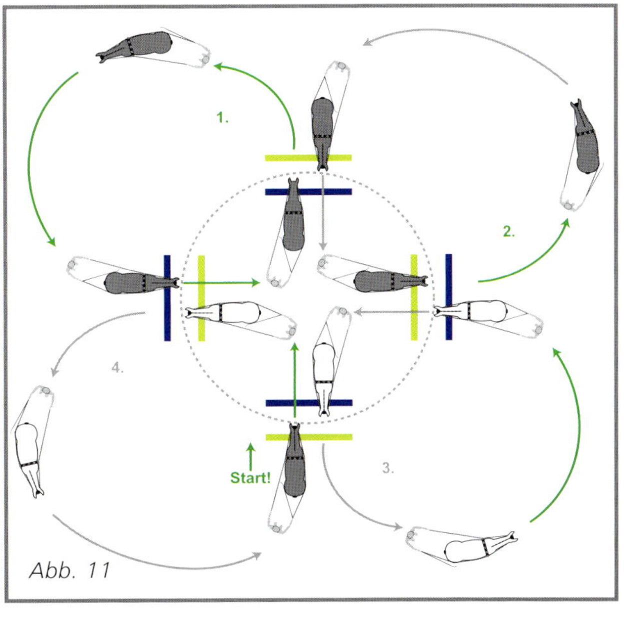


Abb. 11

*Zum Walk-Over gehen Sie zunächst aus der Quadratvolte heraus. Sie starten mit der Übung auf 6 Uhr. Longieren Sie Ihr Pferd geradeaus über die erste und zweite Gasse. Nach Gasse zwei biegen Sie auf eine Linksvolte ab (1) und longieren Ihr Pferd über die nächsten beiden gegenüberliegenden Gassen. Anschließend geht es wieder auf eine Linksvolte (2). Das Pferd geht über die nächste Gasse und geradeaus weiter. Es folgt die nächste Linksvolte (3). Dann geht es erneut über die Gasse geradeaus zur nächsten Gasse. Schließen Sie die Übung mit der vierten Linksvolte ab (4).*
*Wechseln Sie die Hand und wiederholen die Übung von der rechten Seite.*

## Walk-Over-Hindernisse in Kombination

Höchst effizient ist es, ein Walk-Over-Hindernis mit den Achterschlaufen oder anderen Elementen zu kombinieren. Die Übungen enthalten immer biegende und versammelnde sowie koordinationsfördernde und lösende Elemente.

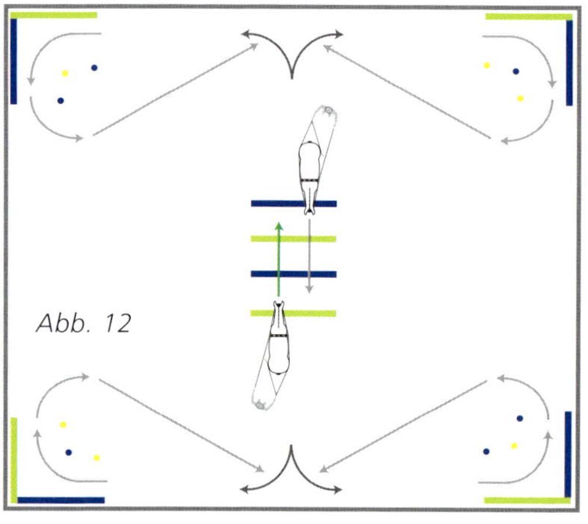


*Treppe und Achterschlaufen:*
*Beginnen Sie mit vier kompletten Achterschlaufen aus den Ecken. Danach longieren Sie das Pferd aus den Ecken heraus über die Treppe und gehen auf der zweiten kurzen Seite vier Achterschlaufen in die Ecke kehrt.*

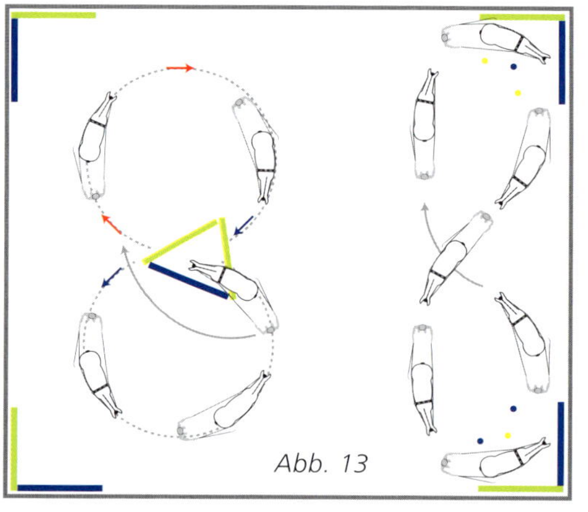


*Dreieck und Achterschlaufen:*
*Beginnen Sie mit vier kompletten Achterschlaufen aus den Ecken kehrt. Longieren Sie Ihr Pferd in vier kompletten Achterschlaufen über das Dreieck. Darauf folgen vier Achterschlaufen in die Ecken kehrt. Wiederholen Sie diese Übungen im bekannten Zeitsystem.*

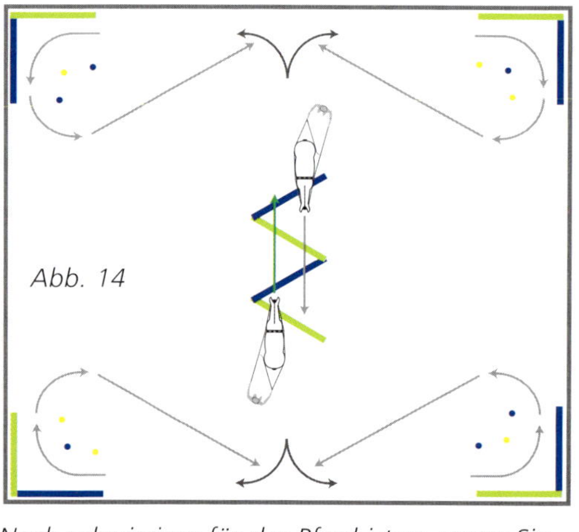


*Noch schwieriger für das Pferd ist es, wenn Sie die Balken im Zickzack legen – dabei variieren die Abstände noch stärker als bei der Treppe.*

## Dreieck und Achterschlaufen: Die Cavaletti-Gasse und Achterschlaufen in die oder aus den Ecken

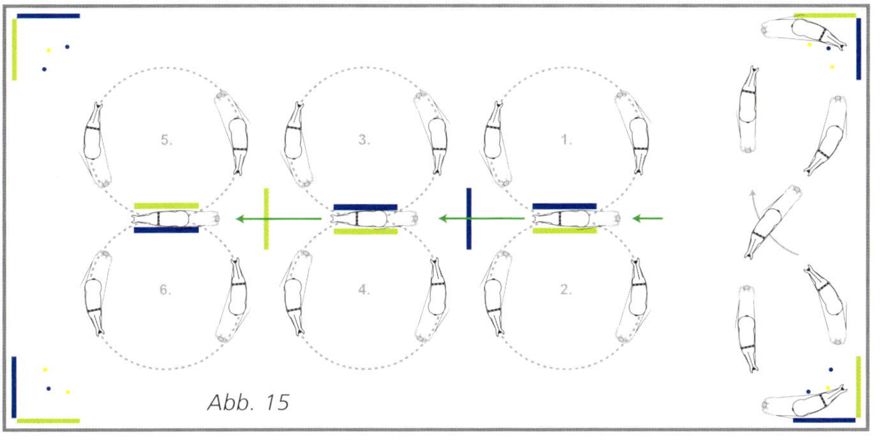


*Abb. 15*

*Jetzt wird es tricky. Die Cavaletti-Gasse hat es in sich und in Kombination mit den Achterschlaufen in die und aus den Ecken ist es eine recht anstrengende Übung. Beginnen Sie im Schritt, bis die Handwechsel und der Ablauf sitzen. Erst dann üben Sie das Ganze im Trab.*
*Beginnen Sie damit, Ihr Pferd aus den Ecken in vier Achterschlaufen zu longieren. Danach wechseln Sie in die Cavaletti-Gasse und longieren wie auf Seite 149 beschrieben. Anschließend wechseln Sie erneut in die Ecken und longieren Ihr Pferd in die vier Achterschlaufen.*

## Parallel-Quer / Pylonenslalom

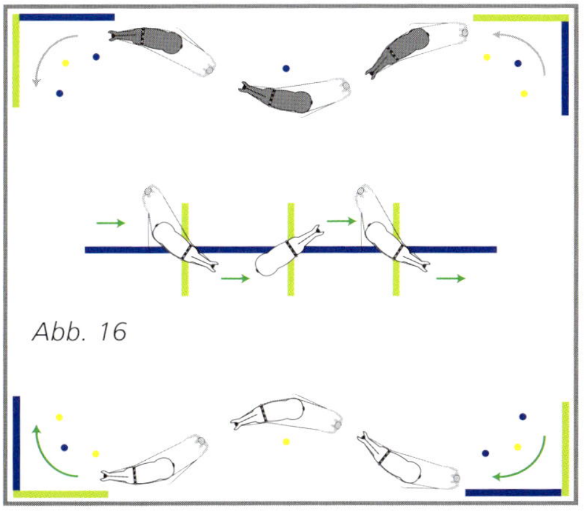

*Abb. 16*

*Beginnen Sie mit dem Pylonenslalom an der langen Seite. Biegen Sie Mitte der kurzen Seite ab und longieren Ihr Pferd über Parallel-Quer. Danach wechseln Sie die Hand und longieren den Pylonenslalom auf der zweiten langen Seite.*
*Wechseln Sie die Hand und wiederholen Sie den Parcours. Der Parcours wird auf jeder Hand vier Mal durchlongiert.*

## Parallel-Quer / Pylonenslalom

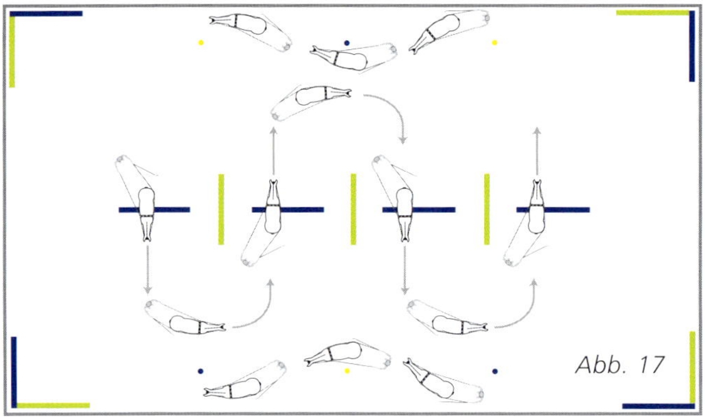


*Die einfachere Variante ist, das Pferd in Schlangenlinien über Parallel-Quer zu longieren.*

## Pylonenslalom / Dreieck

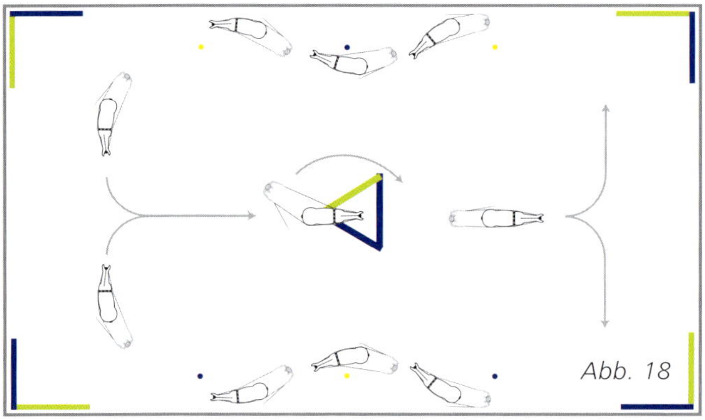


*Kombinieren Sie den Pylonenslalom mit dem Dreieck. Beginnen Sie mit dem Pylonenslalom an der langen Seite. Biegen Sie an der kurzen Seite zur Mitte ab und longieren vier komplette Achterschlaufen über das Dreieck. Nach dem Dreieck wechseln Sie über die kurze Seite zur zweiten langen Seite in den Pylonenslalom.*

## Fächer / Achterschlaufen / Ecken

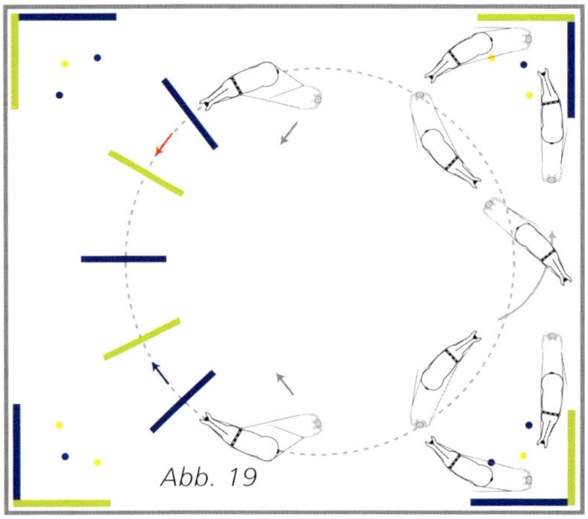


*Diese Kombination hat es in sich, da die Elemente sehr schnell aufeinander folgen. Legen Sie sich den Fächer vor die kurze Seite, in die Sie die Achterschlaufen longieren. Beginnen Sie mit vier kompletten Achterschlaufen aus den Ecken. Danach longieren Sie Ihr Pferd einmal über den Fächer. Gehen Sie erneut in die vier Achterschlaufen und longieren Sie in die Ecke kehrt. Wechseln Sie die Achterschlaufen »aus der Ecke kehrt« und »in die Ecke kehrt« ab.*
*Um die Hand zu wechseln, müssen Sie jedes Mal eine zusätzliche Kehrtvolte einbauen.*

## Kleeblatt / Dreieck

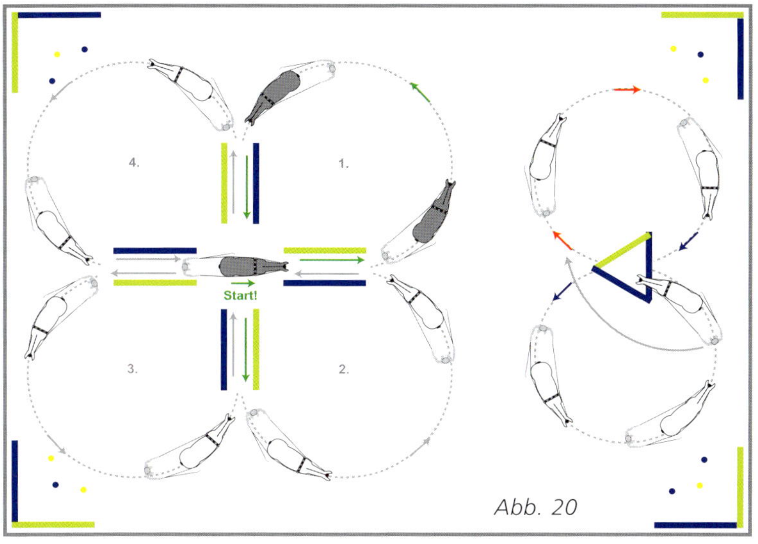


*Fügen Sie dem Kleeblatt das Dreieck hinzu. Beginnen Sie mit dem kompletten Parcours des Kleeblattes. Danach wechseln Sie in das Dreieck und longieren vier Achterschlaufen darüber. Danach kehren Sie in den Parcours des Kleeblattes zurück.*

## Quadratvolte / Pylonenslalom

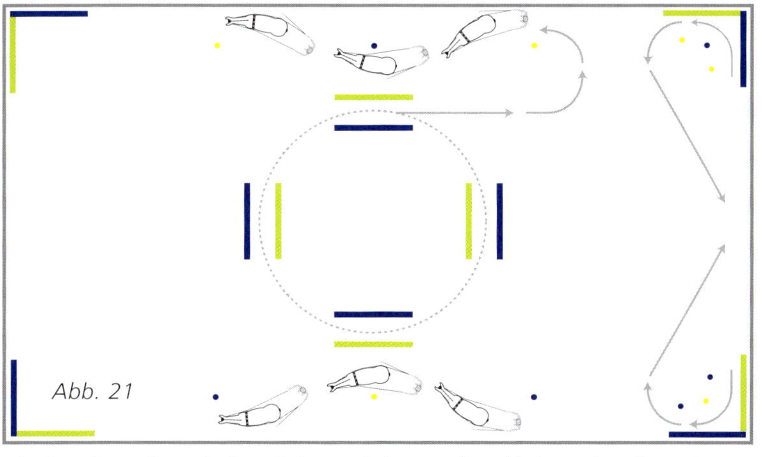


*Die Quadratvolte mit dem Pylonenslalom zu kombinieren ist eine schöne Variante. Beginnen Sie mit dem Parcours der Quadratvolte, anschließend wechseln Sie in den Pylonenslalom. Nach dem Pylonenslalom auf beiden langen Seiten wechseln Sie die Hand in einer Kehrtvolte aus der Ecke und führen den Slalom auf der anderen Hand durch. Danach folgt der zweite Durchgang der Quadratvolte.*

## Die Dreier-Kombinationen

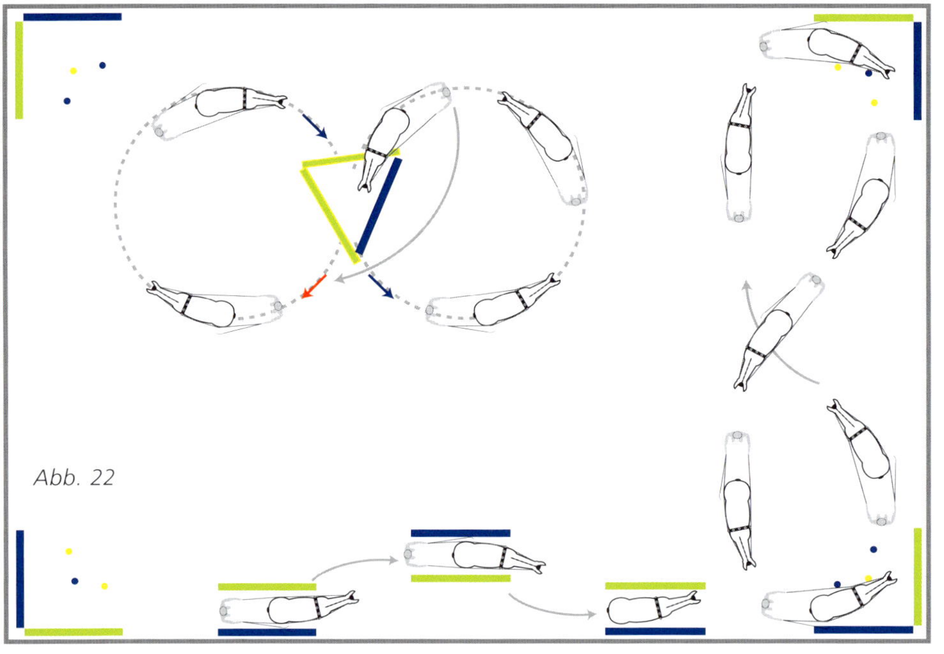


*Sie können zu den Parcours mit zwei Hindernissen auch ein drittes Element hinzufügen. Für den folgenden Parcours haben wir die Lombardgasse, das Dreieck und die Achterschlaufen gewählt.*

*Beginnen Sie damit, vier komplette Achterschlaufen aus den Ecken zu longieren. Danach geht es in die Lombardgasse, um direkt zum Dreieck zu kommen. Über das Dreieck longieren Sie vier Achterschlaufen, wechseln wieder zur Lombardgasse und zurück zu den Achterschlaufen, dieses Mal in den Ecken.*

# DIE LONGIERTE DUAL-AKTIVIERUNG

## Allgemeines

Der dritte Teil der Bodenarbeit ist die longierte Dual-Aktivierung. Dabei longieren Sie das Pferd an einer Longe und am Kappzaum durch gelegte Parcours und Elemente, die Sie von der gerittenen Dual-Aktivierung oder vom Reiten kennen.
Wir arbeiten nach dem gleichen Prinzip. Abwechselnd werden lösende, versammelnde und koordinierende Übungen longiert.

### Für wen ist die longierte Dual-Aktivierung geeignet?

Es tut mir leid, schon wieder nichts Neues schreiben zu können, aber Sie können die longierte Dual-Aktivierung mit jedem Pferd machen, vom Mini-Shetty bis zum Shire-Horse. Hat Ihr Pferd eine besondere Ausbildung genossen, etwa im Western-Stil oder als Springpferd, ist auch das kein Hinderungsgrund. Sie ist, wie alle Programme mit den blau-gelben Gassen, reitweisenübergreifend.

Für Pferde mit Handicap oder Rehapferde ist Equikinetic das Mittel der Wahl. Für junge oder untrainierte Pferde bietet die longierte Dual-Aktivierung neben Equikinetic, EquiClassic-Work und Longe-Walking eine weitere effektive Möglichkeit, Ihr Pferd zu gymnastizieren.

### Gymnastizierung

Das Hauptaugenmerk liegt bei allen unseren Varianten der Bodenarbeit darauf, dass sie das Pferd fit halten oder machen. Das Pferd profitiert davon. Es findet in die Balance, verbessert die Koordination, wird geradegerichtet und baut Muskulatur auf. Die longierte Dual-Aktivierung hat sicherlich einen gewissen Spaßfaktor, doch letztendlich ist sie eine Variante gymnastizierender Arbeit, die hilft, das Pferd gesund zu erhalten.

### Aufmerksamkeit und Konzentration

Jegliche Arbeit mit dem Pferd, die erfolgreich und sinnvoll sein soll, erfordert Aufmerksamkeit. Die Ihrige und die Ihres Pferdes. Ein ruhiger und aufmerksamer Zustand ist das beste Energielevel, um zu lernen.

Ein sehr guter Indikator, um zu erkennen, ob Ihr Pferd bei Ihnen und der Arbeit oder mit seiner Aufmerksamkeit ganz woanders ist, sind die Ohren. Das innere Ohr sollte Ihnen zugewandt sein. Sie müssen mit dem Pferd in ständiger Kommunikation stehen, selbst wenn die Longe einmal durchhängt. Gehen die Ohren etwa in Richtung Hallentür, können Sie sicher sein, dass etwas anderes gerade interessanter ist. Hier müssen Sie bitte sofort reagieren, und das erfordert wiederum Ihre Aufmerksamkeit.
Warten Sie nicht fünf Schritte, bevor Sie dem Pferd mitteilen, dass es nix zu gucken gibt, sondern teilen Sie es umgehend mit – in dem Moment, in dem das Pferd wegschaut. Geben Sie einen Impuls mit der Longe am Kappzaum verbunden mit einem Stimmkommando, etwa »Pass auf«.

Gute Pferdemenschen zeichnet aus, dass sie sich während der Arbeit mit dem Pferd ausschließlich der Arbeit mit dem Pferd widmen. Sie sind nicht mit dem Handy zugange, träumen nicht vor sich hin und auch die Zuschauer an Bande werden nicht beachtet. Wer abgelenkt ist, kann sich nicht auf's Pferd konzentrieren und auch keine Aufmerksamkeit von diesem erwarten. So multitaskingfähig, wie wir alle glauben, sind wir eben doch nicht.

## Losgelassenheit

Zunächst ist es das Ziel, das Pferd losgelassen zu bekommen. Die Parcours und die daraus resultierenden Übungen werden Ihnen dabei helfen, dass Ihr Pferd zunächst den Hals fallen lässt und dann den Rücken loslässt.

## Stellung und Biegung

Die Herausforderung bei der longierten Dual-Aktivierung besteht sicherlich darin, das Pferd in den Biegungen und Volten an nur einer Longe korrekt zu stellen. Auf die Biegung selbst haben Sie wenig Einfluss, da Sie am Boden sind und mit Abstand longieren. Hier geben die Dual-Gassen und die Art und Weise, wie der Parcours aufgebaut wird, eine Struktur vor. Die Pferde brauchen auch hier Zeit, um in den richtigen Laufmodus zu finden, in dem sie die Kurve am besten meistern. Der häufigste Fehler ist es, das Pferd zu schnell durch die Parcours zu longieren. Es versucht, nicht aus der Kurve zu fliegen und kompensiert es irgendwie. Mit Geraderichten hat das allerdings nichts zu tun, eher mit Zentrifugieren.

## Überforderung

Die longierte Dual-Aktivierung ist aufgrund ihrer vielen Wechsel nicht nur körperlich anstrengend. Die Pferde werden mental gefordert. Damit sie nicht überfordert werden, achten Sie auf Ihr Pferd, wenn es Ihnen die ersten Zeichen dafür gibt. Ignorieren Sie diese nicht. Sie müssen nicht beim ersten Kopfschütteln sofort die Longe hinschmeißen und abbrechen, aber Sie müssen es bemerken und Ihr Pferd beobachten. Zeigt es vermehrt Anzeichen, dass es nicht mehr kann, brechen Sie ab. Wir gehen gerne ans Limit, aber nie darüber.
Beginnt Ihr Pferd, sich zu verwerfen, schüttelt öfter den Kopf, rennt plötzlich los, stolpert, buckelt oder schnaubt prustend, ist es Zeit, sich zu fragen, ob es nicht genug ist.

## Zeitsystem

Sie arbeiten erneut im Zeitsystem von sechs Arbeitseinheiten mit jeweils drei Minute und einer Minute Pause. Denken Sie daran: Weniger ist immer erlaubt und manchmal nötig. Das Zeitsystem auszudehnen ist oft kontraproduktiv und die Gefahr, die Pferde zu überfordern, groß. Halten Sie sich strikt an das Limit.

# Ausrüstung und Hilfengebung

## Der Kappzaum

Der Kappzaum begleitet uns durch die gesamte Bodenarbeit, auch bei der longierten Dual-Aktivierung. Ein Kappzaum ist auch hier ein absolutes Muss. Keine Trense, kein Knotenhalfter, und selbst ein normales Halfter macht die Arbeit unproduktiv.
Bei einem Gebiss entsteht seitlicher Zug, der schmerzhaften Druck auf die Laden und auf den Knochen des Unterkiefers der Pferde verursachen kann. Die meisten Pferde zeigen eine Abwehrhaltung, was absolut nachvollziehbar ist. Es gibt leider auch Pferde, die gelernt haben, es auszuhalten.
Beim Knoten- oder normalen Halfter haben Sie zu wenig Führung. Am Kappzaum ist es möglich, das Pferd über die Nase zu stellen.

## Gerte oder Touchierpeitsche

Die Gerte oder eine längere Touchierpeitsche ist dazu da, das Pferd etwas mehr vorwärts zu treiben. Dazu können Sie leicht die Hinterhand touchieren oder die Peitsche auch als optische Begrenzung etwa bei den Handwechseln einsetzen.

## Gassen und Pylonen

Die Gassen und Pylonen werden, als Parcours gelegt, zum Wegweiser und geben Ihrer Einheit bei der longierten Dual-Aktivierung Struktur und einen Plan. Zusätzlich mindern die Schaumstoffbalken deutlich die Verletzungsgefahr, falls das Pferd einmal drauftreten sollte.

## Position am Pferd

Die longierte Dual-Aktivierung ist im Prinzip sehr simpel, und doch hat sie Komponenten, die manchmal nicht ganz so einfach durchzuführen sind.
Sie longieren das Pferd am Kappzaum. Die Longe halten Sie in der Zweihandtechnik. Die innere Hand hält die Longe, die zum Kappzaum führt, die äußere Hand hält den Rest der Longe und die Gerte bzw. die Touchierpeitsche.

Ihre Position befindet sich auf Schulterhöhe des Pferdes. Die Schwierigkeit besteht darin, dass Sie diese Position behalten müssen. Pferde versuchen immer wieder, uns Menschen zu bewegen. Sie werden langsamer oder schneller und versuchen, ihre Position zu verschieben. Wir passen, ohne es zu bemerken, unser Tempo und unsere Position an. Es sollte jedoch immer so sein, dass Sie das Tempo vorgeben. Ist das Pferd zu langsam oder zu eilig, müssen Sie dafür sorgen, dass das korrigiert wird, indem Sie das Pferd wieder in Position bringen.
Der Abstand zum Pferd ist individuell wählbar. Ideal wären ca. ein bis drei Meter Abstand zum Pferd, um die Parcours zu longieren. Jedoch brauchen manche

Pferde auch etwas weniger Distanz, oder die eine oder andere Übung mehr Abstand.

### Position im Raum

Um das Pferd sicher durch den Parcours leiten zu können und damit Sie mit Ihrem Pferd auch dahin kommen, wo Sie es geplant hatten, brauchen Sie den Überblick. Der Aufbau der Gassen und Pylonen gibt Ihnen die grobe Richtung vor. Jedoch sollten Sie Ihren jeweiligen Standpunkt im Parcours bewusst wählen, um das Pferd sicher über und durch Hindernisse longieren zu können. Haben Sie keinen Plan und wissen nicht, wo Sie in Relation zum Pferd stehen und gehen sollen, wird das Ganze ein Durcheinander und Ihr Pferd wird keine einzige Übung korrekt gehen können. Sie sind verantwortlich, geben Richtung und Tempo vor und brauchen dazu eine gute Orientierung im Raum.

## Die Hilfen

Wir arbeiten, wie bei allen Varianten von Blau-Gelb, mit leichten feinen Signalen und Impulsen.

Es besteht eine leichte Anlehnung. Mit Impulsen geben Sie dem Pferd zu verstehen, was Sie gerade möchten. Halten Sie die Longe, die zum Kappzaum führt außerhalb der Gassen in leichter – vielleicht trifft es auch das Wort »zarter« besser – Anlehnung. Bauen Sie auf keinen Fall einen Dauerzug auf. Das Pferd wird sich dagegen wehren.

Wenn Sie das Gefühl haben, ziehen zu müssen, hört das Pferd entweder nicht zu und/oder die Balance fällt ihm in dem gewählten Tempo schwer.

Versuchen Sie einen Dauerzug zu vermeiden, indem Sie die Longe nicht mit der geschlossenen Hand halten. Um Ihre Festhalte-Automatismen zu unterbrechen lassen Sie die Longe z.B. über den Zeigefinger laufen oder halten Sie diese mit zwei »spitzen« Fingern.

Solange sich das Pferd in den Gassen befindet, geben Sie keine Hilfen. Über Walk-Over-Hindernisse hat es sich bewährt, die Longe durchhängen zu lassen. Dazu gehen Sie mit der Hand nach vorne, lassen sich die Longe aber nicht aus der Hand ziehen. Die Biegung können Sie etwas beeinflussen, wenn das Pferd auf die innere Schulter fällt. Da Sie in der Schulterposition stehen, richten Sie nur den Gertenknauf in Richtung Pferdeschulter, auch das übt bisweilen schon Druck aus.

Ansonsten wird Gerte für »mehr Vorwärts« eingesetzt, indem Sie die Hinterhand touchieren. Zudem dient sie bei der longierten Dual-Aktivierung als verlängerter Arm, um die Richtung anzugeben. Etwa beim Handwechsel oder bei der Kehrtvolte kann sie gute Dienste leisten.

### Die Stimme

Bei der longierten Dual-Aktivierung ist die Stimme ein primäres Hilfsmittel. Natürlich kann man alles mit Körpersprache regeln, aber warum nicht nutzen, was am schnellsten ankommt?

Voraussetzung ist, dass das Pferd die Stimmkommandos kennt und darauf reagiert. Haben Sie etwa das Kommando »Steh«, »Langsam« oder das Zungenschnalzen als Vorwärtskommando installiert, fällt flüssiges Arbeiten sehr viel leichter. Haben wir schon erwähnt, dass es außerdem leichter fällt, wenn sich das Pferd in einem ruhigen, aufmerksamen Zustand befindet und zuhört?

# Übungen und Lektionen

## Schritt und Trab

Der Schritt ist in der longierten Dual-Aktivierung anfangs die zu wählende Gangart. Durch das langsame Tempo und den gleichgewichtstechnisch stabilen Viertakt kann sich das Pferd in den Volten und Biegungen besser ausbalancieren. Auch das Lenken kann im Schritt besser geübt werden.

Um das Pferd im Trab korrekt gestellt und gebogen zu halten, muss es im Schritt schon sehr gut funktionieren. Das Pferd muss im Trab regulierbar sein. Wenn Sie langsamen Trab fordern, sollte es auch in der Lage sein, ihn auszuführen.

*Je langsamer der Trab wird, desto leichter fällt es dem Pferd, sich auf die Volte einzustellen und gerade zu bleiben. Die Bewegung ist jetzt zwar gelenkschonender, jedoch auch anstrengender, da das Pferd die Speicherenergie der Muskeln und Sehnen nicht nutzen kann.*

*Wird der Trab für die Volten zu schnell, versucht das Pferd irgendwie, die Balance zu halten und auszugleichen. Dadurch wird es schief, kippt in die Wendung und belastet die Gelenke über Gebühr.*

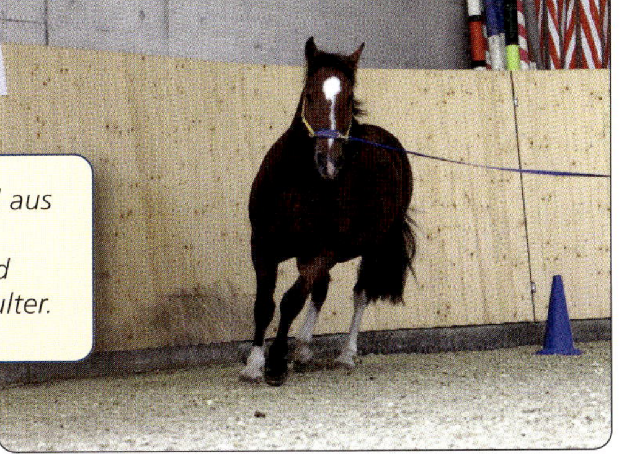

*Hier wird das Pferd zu schnell aus der Ecke in die Volte longiert. Es versucht auszugleichen und fällt dabei auf die innere Schulter.*

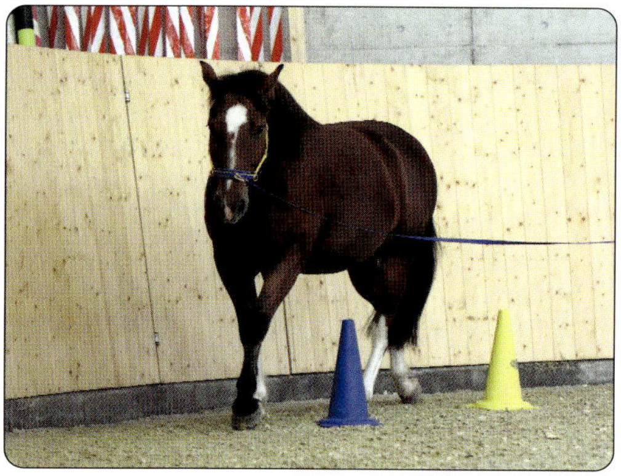

*Verlangsamt man das Tempo, hat das Pferd bessere Chancen, in den Kurven gerade zu bleiben und sich auf die Kreislinie einzustellen.*

## Halten und Stehenbleiben

Bei der longierten Dual-Aktivierung sollte das Halten ebenfalls wie bei allen anderen Möglichkeiten der Bodenarbeit auf den Punkt geschehen. Nun ist es aber gar nicht so einfach, ein Pferd aus drei Meter Entfernung anzuhalten. Üben Sie das Anhalten an der kurzen Longe mit weniger Distanz zum Pferd, zunächst in kleinen Schritten. Hält das Pferd an der kurzen Longe zuverlässig in den Gassen an, können Sie die Distanz vergrößern. Wir empfehlen an dieser Stelle auch, das Halten im Equiplace zu üben.

Üben Sie das Stehenbleiben zunächst nah am Pferd, um eingreifen zu können, wenn Ihr Pferd beschließt, dass es genug stillgestanden hat. Die Basics zum Anhalten und Stillstehen lesen Sie bitte im Kapitel der EquiClassic-Work nach.

Ziel ist es, dass Ihr Pferd auf Distanz, eingeleitet durch ein Stimmkommando oder einen Impuls an der Longe, sofort und auf den Punkt in den Gassen zum Stehen kommt und erst wieder antritt, wenn Sie es dazu auffordern.

## Die Volten

Damit Sie die Volte als Volte longieren können, stellen Sie sich Pylone als Markierungen auf.

Oft werden die Volten zu klein angelegt und das Pferd ist anatomisch gar nicht mehr in der Lage, geradegerichtet durch die Kurve zu laufen. Sie leiten die Volte ein, indem Sie das Pferd am Kappzaum in die gewünschte Stellung bringen. Achten Sie auf das Tempo, damit das Pferd noch eine Chance hat, in Biegung zu gehen. Sie können, indem Sie den Gertenknauf auf die Schulter richten, das Pferd etwas unterstützen, nicht auf die innere Schulter zu fallen. Den Rest erledigt die Übung selber. Durch das Umlasten auf das innere Hinterbein entdeckt das Pferd ein angenehmes Bewegungsgefühl. Da dies auch ökonomischer, also energiesparender ist, als auf dem äußeren Hinterbein zu lasten, lernt das Pferd die korrekte Lastaufnahme.

## Die Wendungen und Handwechsel

Die Wendungen und Handwechsel erfolgen als Kehrtvolte. Sie bleiben dabei auf Abstand und bewegen sich nicht. Ist das Pferd auf der gewünschten Höhe, geben Sie ein Signal zum Abbiegen auf Sie zu. Das Pferd läuft in Ihre Richtung. Sie bewegen sich immer noch nicht. Jetzt ist der Zeitpunkt, die Longe in die andere Hand zu wechseln. Zeigen Sie mit der Hand, in der die Longe jetzt zum Kappzaum geht, in die Richtung, in die das Pferd gehen soll. Die andere Hand, in der Sie jetzt Gerte und den Longenrest halten, ist waagerecht zur Seite ausgestreckt und verhindert, dass das Pferd einfach geradeausläuft und nicht abbiegt. Sie werden sich ein klein wenig wie ein Fluglotse vorkommen. Diese haben übrigens dieselbe Aufgabe wie Sie: den Weg zu weisen. Anstatt einer Boeing 747 vor sich haben Sie ein Pferd an der Hand.

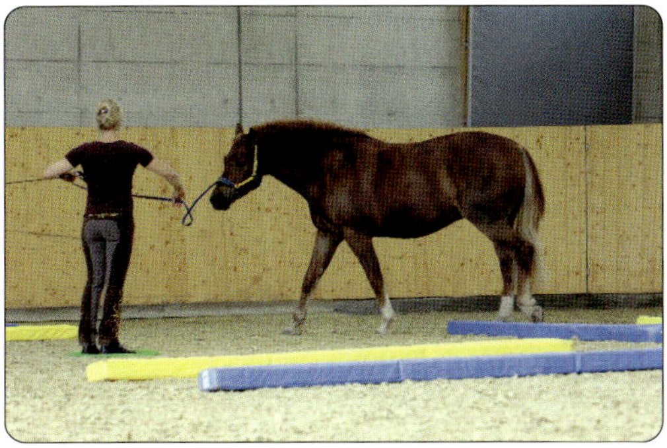

*Wechseln Sie, noch während Ihr Pferd auf der (hier linken) Hand läuft, die Longenhaltung. Danach begrenzen Sie mit der Gerte oder Touchierpeitsche den Weg geradeaus und leiten den Wechsel ein.*

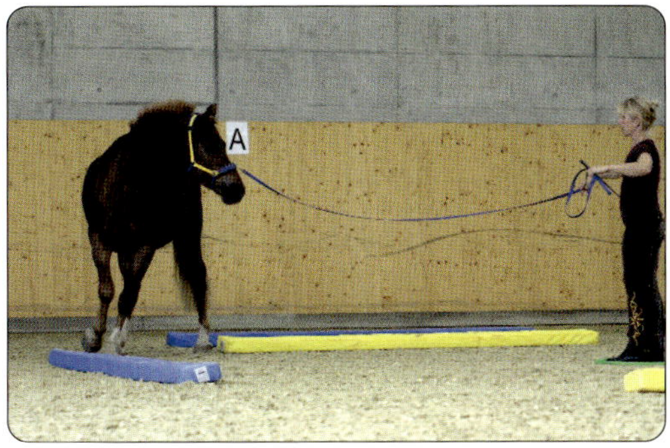


*Geben Sie Impulse am Kappzaum, die dem Pferd signalisieren, dass es wenden soll.*

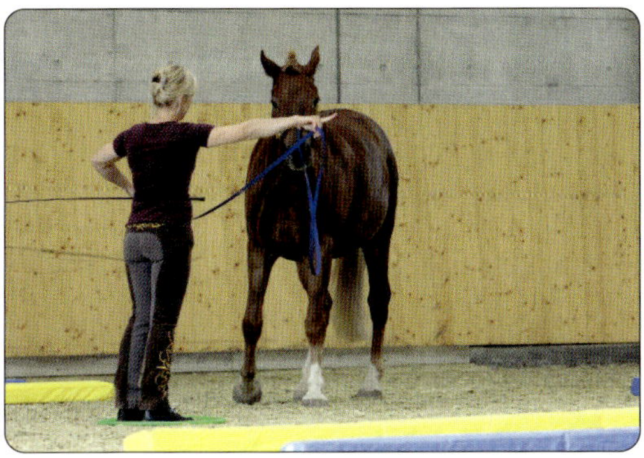

*In der Wendung setzen Sie Ihre Körpersprache ein. Mit dem Arm zeigen Sie dem Pferd an, in welche Richtung es gehen soll. Nötigenfalls geben Sie mit der Longe Impulse zur neuen Seite.*

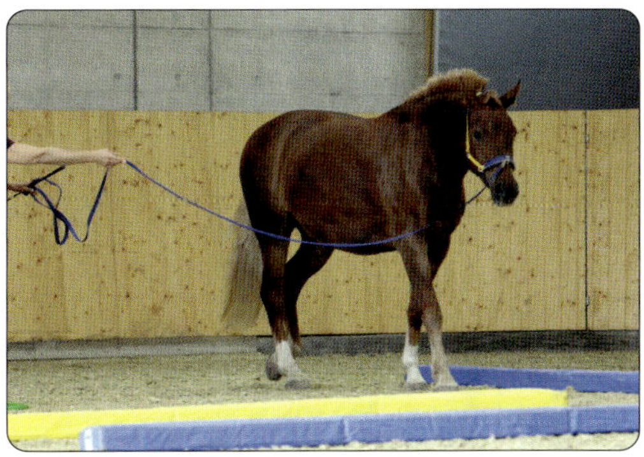

*Hat das Pferd auf die (hier rechte) Hand gewechselt, geben Sie genug Longe, damit es Sie nicht umkreisen muss. Gehen Sie frühestens mit, wenn Sie sich auf Schulterhöhe des Pferdes befinden.*

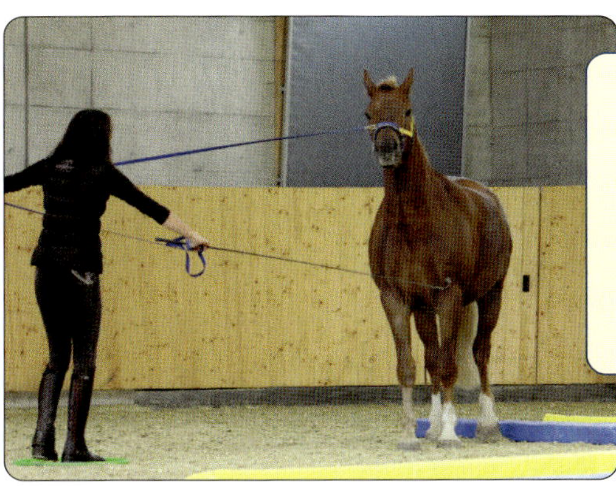

*In eine Richtung wechselt das Pferd perfekt, und in die andere zu wechseln, fällt ihm schwer. Links herum läuft es flüssig und beim Handwechsel nach rechts wird es mühsam. Das liegt an der Händigkeit. Um zu wechseln, muss sich das Pferd biegen und die äußere Seite mehr dehnen. Von der »guten« auf die »schlechte« Seite zu wechseln, fällt daher leichter.*

## Rückwärtsgehen

Die Wendungen und Handwechsel sind brandgefährlich für Ihre Position. Kommt das Pferd auf den Menschen zu, geht dieser meist unbewusst zurück. Das sollte auf keinen Fall passieren. Wählen Sie die Abstände vorher so, dass das Pferd vor Ihnen wechseln kann, ohne dass Sie sich dabei rückwärts bewegen müssen. Das wäre der Idealfall. Müssen Sie doch einmal mehr Platz machen, gehen Sie bewusst zurück. Der Unterschied liegt im »Sich-bewegen-Lassen«. Machen Sie dem Pferd unbewusst Platz, hat es Sie bewegt. Gehen Sie bewusst zurück, übernehmen Sie die Führung. Sie denken, das spielt keine Rolle und ist dasselbe? Pferde merken den Unterschied sehr genau und versuchen, die Führungsrolle zu übernehmen. Die Quittung könnten Sie schon bei der nächsten Wendung bekommen, wenn das Pferd entscheidet, ob es diese macht oder nicht.

## Übergänge

Nutzen Sie auch in der longierten Dual-Aktivierung die Übergänge, zunächst das Halten aus dem Schritt und das erneute Antreten. Später, wenn der Trab gut funktioniert, werden die sauberen Übergänge vom Trab in den Schritt und umgekehrt geübt.

Die Königsdisziplin der Übergänge in der longierten Dual-Aktivierung ist sicherlich, das Pferd in den Gassen aus dem Trab auf den Punkt zum Stehen zu bringen und ebenfalls auf den Punkt wieder antraben zu lassen. Gelingt Ihnen das, können Sie davon ausgehen, dass Ihr Pferd ganz bei Ihnen ist.

*Um sicherzustellen, dass Sie sich nicht unabsichlich bewegen, sollten Sie den Handwechsel üben. Stellen Sie sich dafür einmal in einen Hula-Hoop-Reifen.*

## Die Walk-Over-Hindernisse und der Weg durch die Gassen

In den Walk-Over-Hindernissen und auf dem Weg durch die Gassen geben Sie die Longe nach. Das Pferd soll dank der Führung der blau-gelben Balken die Balance und die Koordination ohne Ihre Hilfe lernen. Lassen Sie es in Ruhe selbst den Weg finden. Der Lernerfolg bleibt nicht aus, da es sich um sogenanntes intrinsisches Lernen handelt. Es wird nicht gelenkt. Das Pferd erkennt sehr schnell, wie es die Beine am besten setzen muss, um nicht über die Gassen zu stolpern oder schief zu werden.

Es wird diese Bewegung nicht machen, um ein Lob zu bekommen, sondern es findet einen Weg, wie es am besten durch das Hindernis kommt und belohnt sich quasi selber. Dieses Lernen schließt allerdings nicht aus, dass Sie Ihr Pferd mit Pausen belohnen. Doppelt hält besser.

# DIE LONGIERTE DUAL-AKTIVIERUNG Übungen und Abläufe

## Die Parcours

### Das Zeitsystem

Gearbeitet wird in der longierten Dual-Aktivierung im bekannten Zeitsystem von maximal sechs Arbeitseinheiten à drei Minuten und jeweils 60 Sekunden Pause dazwischen. Auch bei der longierten Dual-Aktivierung gilt: Egal in welchem Teil des Parcours man sich befindet – nach drei Minuten ist Pause. Der Parcours wird nach der Pause an dem Punkt fortgesetzt, an dem man aufgehört hat.

Denken Sie daran, dass die sechs Einheiten die maximale Trainingszeit sind. Sie können die Einheiten jederzeit reduzieren.

In den Pausen bauen Sie den Equiplace ein oder lassen Ihr Pferd im lockeren Schritt bummeln.

### Die Position

Für die Position am Pferd haben Sie zwei Möglichkeiten – welche Sie wählen, hängt vom Pferd, seinem Ausbildungsstand und Ihren Vorlieben ab. Die Positionen sind: begleitend an der Schulter oder in einem fixen Abstand zum Pferd stehend.

Sie müssen den Weg und Ihre Position kennen, um nicht orientierungslos zu werden – die Gassen und Pylone werden Ihnen dabei helfen. Allgemein gilt: Sie sind nie ganz dicht am Pferd, sondern haben je nach Parcours einen bis vier Meter Abstand.

Gehen Sie anfangs ruhig etwas näher ans Pferd ran. Das gibt dem unausbalancierten Pferd Sicherheit und Sie können es besser auf der Linie halten. Den Abstand zum Pferd wählen Sie bitte individuell. Oft mögen Stuten die Nähe nicht so gerne.

Die Grafiken auf Seite 170 verdeutlichen Ihnen den Unterschied.

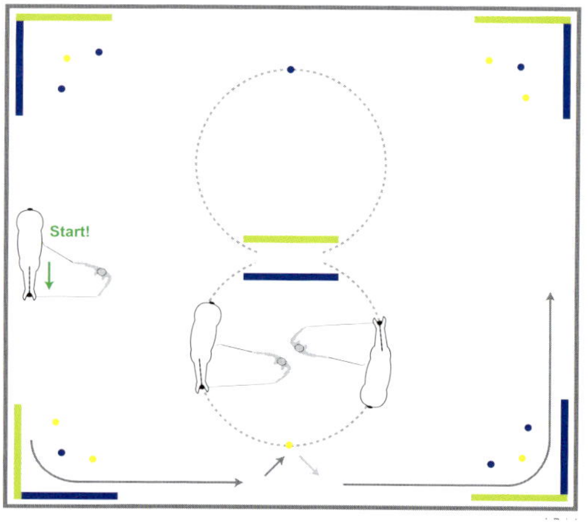


*Dem unausbalancierten Pferd gibt es anfangs Sicherheit, wenn Sie etwas näher am Pferd arbeiten. Sie können es dann besser auf der Linie halten.*
*Den passenden Abstand zum Pferd wählen Sie jedoch bitte individuell. Es gibt Pferde, die fühlen sich zu sehr bedrängt, wenn Sie dicht dran sind. Andere kommen von sich aus zu nah an den Menschen und machen ihn damit fast handlungsunfähig.*

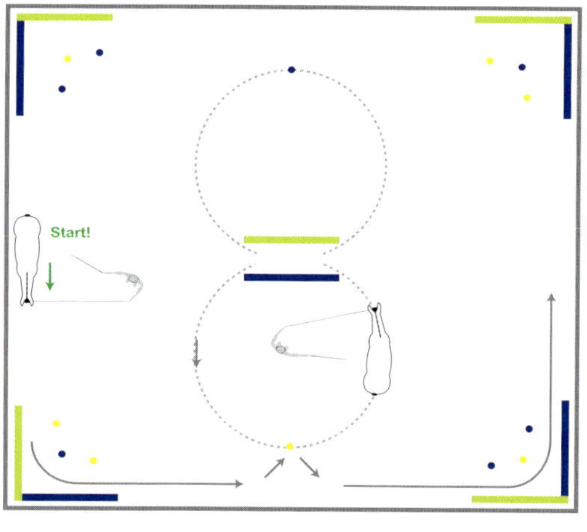


*Lässt sich Ihr Pferd gut stellen und biegen, können Sie den Abstand vergrößern. Bleiben Sie zum Longieren einer Volte in der Mitte stehen, wie aus der Skizze ersichtlich.*

## Der Handwechsel

Wechseln Sie die Hand aus der Kehrtvolte:

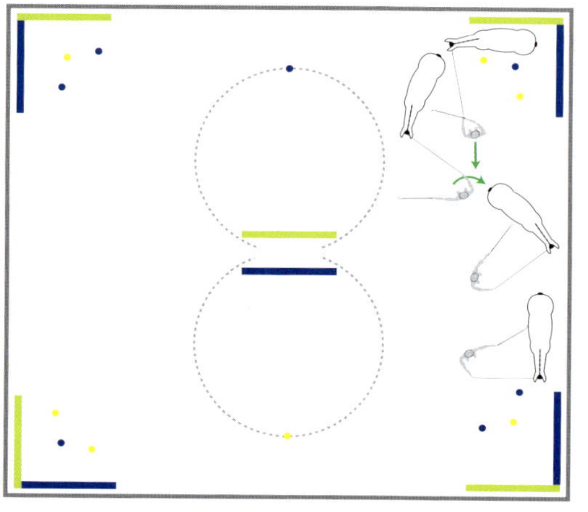

*1. Longieren Sie Ihr Pferd an der Bande entlang in die Ecke hinein.*
*2. Während sich Ihr Pferd noch in der Ecke befindet, gehen Sie so weit zurück, dass das Pferd vor Ihnen wechseln kann. Sie stehen an Ihrem Platz, sobald das Pferd aus der Ecke herauskommt und wechseln die Longe von der linken in die rechte Hand.*
*Die Peitsche dient als optisches Hilfsmittel, um den Weg geradeaus zu begrenzen. An der Longe leiten Sie das Pferd wieder in Richtung Bande, dabei halten Sie die Verbindung aufrecht.*
*3. Sobald die Schulter des Pferdes Sie erreicht hat, begleiten Sie das Pferd von dieser Position aus an die Bande und wechseln aus der nächsten Ecke noch einmal.*

## Das Kleeblatt

*Den besten Einstieg in die longierte Dual-Aktivierung erhalten Sie mit dem Kleeblatt. Sie longieren das Pferd dabei in den Volten und auf den Geraden. Zunächst gehen Sie das Kleeblatt im Schritt durch, bis Sie Ihre Position gefunden haben. Achten Sie auf Ihr Pferd. Der Trab sollte langsam erfolgen; beginnt das Pferd zu rennen und hört es nicht mehr zu, parieren Sie erneut durch zum Schritt. (Abb. 1)*

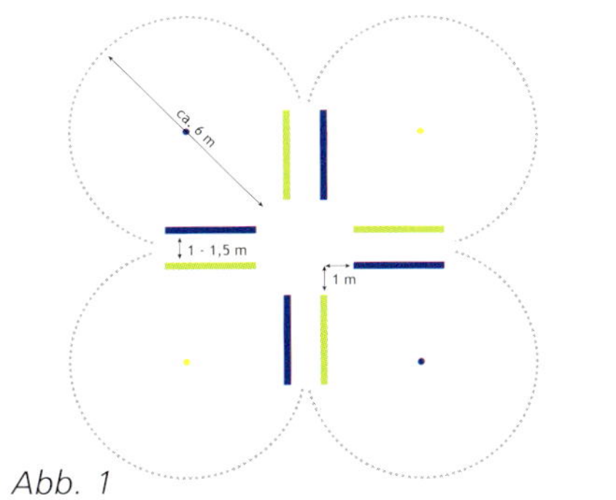


*Abb. 1*

*Abb. 2: Sie stehen mittig im rechten Winkel der Gassen und longieren eine Volte nach links. Nach der Volte longieren Sie das Pferd an der Bande entlang zur nächsten Volte im Kleeblatt. Bleiben Sie in der Mitte des zweiten rechten Winkels stehen und beginnen die zweite Volte. Longieren Sie das Kleeblatt einmal komplett durch.*
*Gehen Sie zur Ausgangsposition der ersten Volte zurück. Longieren Sie das Pferd in den Eingang des Kleeblattes und begleiten Sie es durch die beiden Gassen ohne Stellung und Anlehnung geradeaus. Danach gehen Sie zu Ihrem Standort an der zweiten Ecke, longieren Ihr Pferd wieder in das Kleeblatt hinein und geradeaus durch beide Gassen hindurch bis zum Ausgang. Es folgen die dritten und vierten Volten und Geraden.*
*Jetzt erfolgt der Handwechsel. Wiederholen Sie die kompletten Volten auf der rechten Seite und die vier Volten und Geraden durch das Kleeblatt.*
*Der Handwechsel erfolgt, nachdem das Kleeblatt zweimal in den Volten und in Volten/Geraden longiert wurde. Das Pferd sollte nach der Voltentour die Möglichkeit haben, sich in den Gassen zu strecken.*
*Positionieren Sie sich in der Mitte der äußeren Gassen des Kleeblatts und longieren Sie Ihr Pferd in einer Volte durch das erste Viertel. Um in das nächste Viertel des Kleeblattes zu kommen, longieren Sie es an der Bande entlang und beziehen Sie Position, um die zweite Volte zu longieren.*

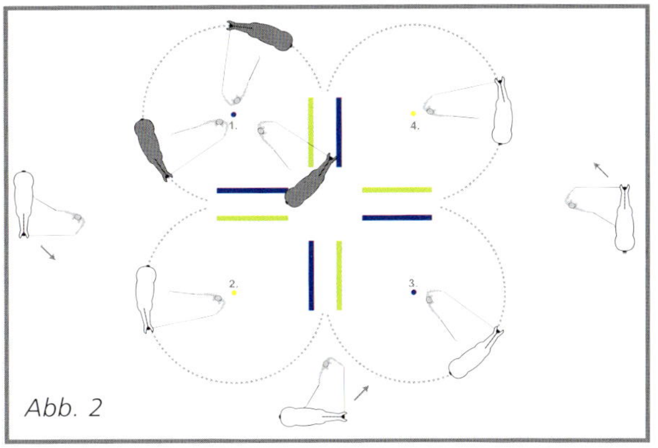


*Abb. 2*

*Abb. 3: Im zweiten Teil des Parcours beginnen Sie ebenfalls mit der Volte nach links, longieren diese jedoch nicht ganz, sondern begleiten Ihr Pferd durch die Länge der beiden Gassen hindurch. Nach den Gassen beziehen Sie wieder Position auf Höhe der zweiten Volte. Longieren Sie jede Volte/Gerade ein Mal.*

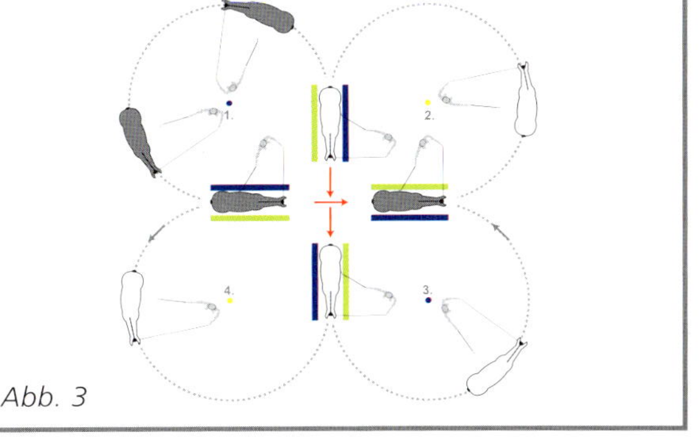


*Abb. 3*

*Das Pferd lernt besonders in dem mit Gassen begrenzten Teil des Kleeblattes die Lastung auf dem inneren Hinterbein. Die Gassen helfen dabei, die Spur zu halten.*

## Übergänge

Bauen Sie Schritt-Trab-Übergänge in die Übung ein. Lassen Sie das Pferd die Volten im Trab und die Geraden im Schritt gehen.

Das Halten kann ebenfalls eingebaut werden. Sie üben das Halten und Antreten-Lassen, wenn Ihr Pferd in der zweiten Übung gerade durch die Gassen longiert wird. Das Pferd sollte dabei gerade in den Gassen stehen bleiben und sich nicht zu Ihnen drehen. In der zweiten Gasse der Gerade halten Sie Ihr Pferd an, lassen es kurz stillstehen und wieder antreten. Klappt das Halten aus dem Schritt, versuchen Sie es aus dem Trab. Das Antreten erfolgt dann zunächst aus dem Schritt, bevor die Trab-Halt-Trab-Übergänge longiert werden.

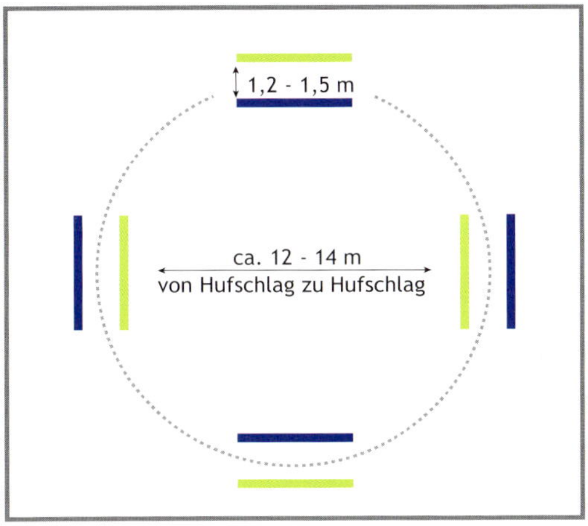


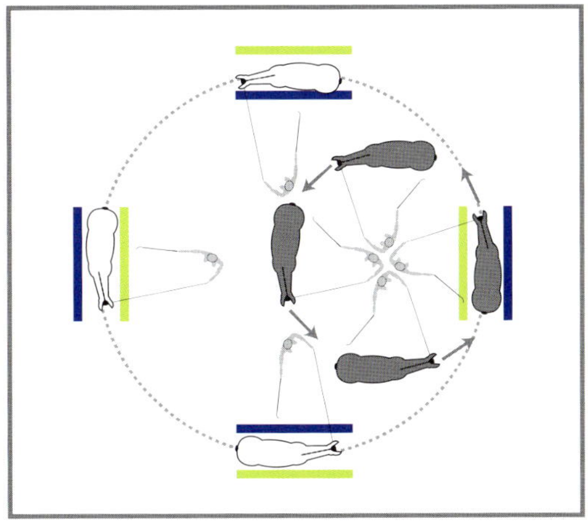

*Longieren Sie Ihr Pferd einmal durch die komplette Quadratvolte. Dabei begleiten Sie es in der Schulterposition. In den jeweils gegenüberliegenden Gassen longieren Sie eine Volte nach innen. Während das Pferd die Volte nach innen läuft, können Sie es im Abstand an der Schulter begleiten oder in der Mitte der Volte stehen bleiben, um es von dieser Position aus wieder durch die Gasse zu longieren. Egal welche Position Sie wählen, achten Sie darauf, dass Sie sich nicht vom Pferd bewegen lassen.*

## Die Quadratvolte

Bauen Sie sich eine Quadratvolte auf (siehe oben). Die Länge von Hufschlag zu Hufschlag beträgt 12 bis 14 m. Beginnen Sie auch hier wieder zuerst im Schritt, bevor Sie sich dem Trab widmen. Die große Acht im Trab zu longieren benötigt etwas Übung und sollte daher bereits im Schritt perfekt gelingen. Beginnen Sie auf der linken Hand. Sie begleiten das Pferd in einem Abstand von 1–3 m einmal durch die komplette Quadratvolte hindurch. Nach einer Runde longieren Sie es in eine Volte nach innen. Lassen Sie das Pferd in die gegenüberliegende Gasse gehen und longieren Sie eine zweite Volte nach innen. Wechseln Sie die Hand und wiederholen Sie die Übungen.

Nach dem Handwechsel gehen Sie in die große Acht. Longieren Sie erneut eine Runde im Schritt, danach longieren Sie die große Acht zweimal durch die Quadratvolte. Wechseln Sie die Hand, anschließend wiederholen Sie die große Acht.

Nach einem erneuten Wechsel longieren Sie Ihr Pferd von außen in vier Volten über die Gassen der Quadratvolte. Wechseln Sie aus der Ecke die Hand und wiederholen Sie die vier Volten.

Nach dem Handwechsel longieren Sie Ihr Pferd jeweils von jeder Seite kommend durch die Länge der Quadratvolte. Longieren Sie es einmal durch die Länge der Quadratvolte, danach linke Hand, bis Sie alle vier Seiten angesteuert haben, danach wird die Quadratvolte auf der rechten Hand, von allen vier Seiten kommend, durchquert.

## Der Handwechsel durch die Quadratvolte

Longieren Sie Ihr Pferd aus den Gassen heraus. Bevor Sie in die Quadratvolte abbiegen, gehen Sie bis in die Mitte zurück und bleiben dort stehen. Stellen Sie Ihr Pferd nach innen und leiten die Wendung aus den Gassen ein. Dazu wechseln Sie die Handhaltung der Longen. Lassen Sie Ihr Pferd an sich vorbeilaufen – frühestens, wenn es sich auf Schulterposition befindet, können Sie es auf die andere Hand begleiten.

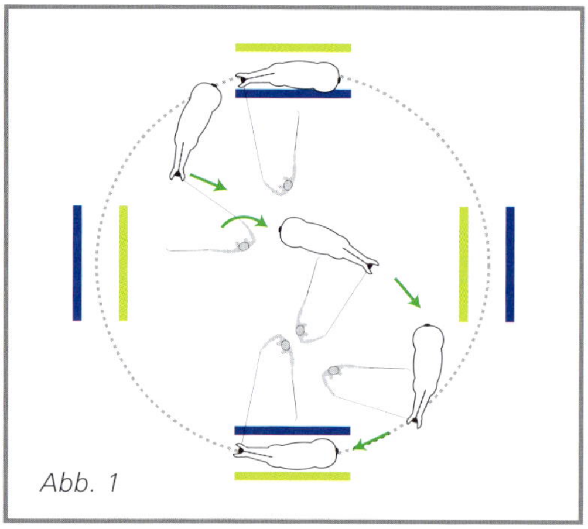


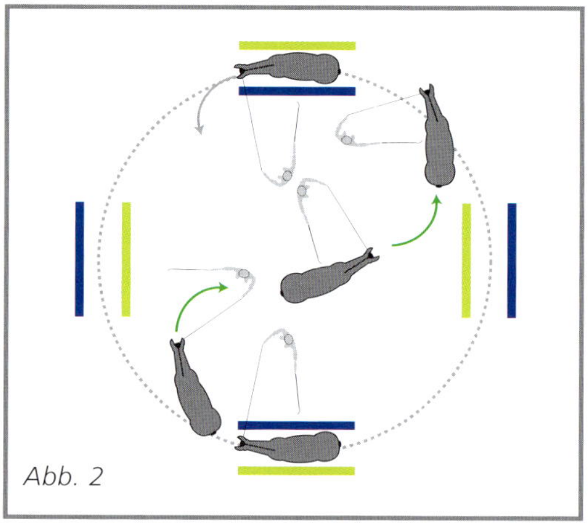


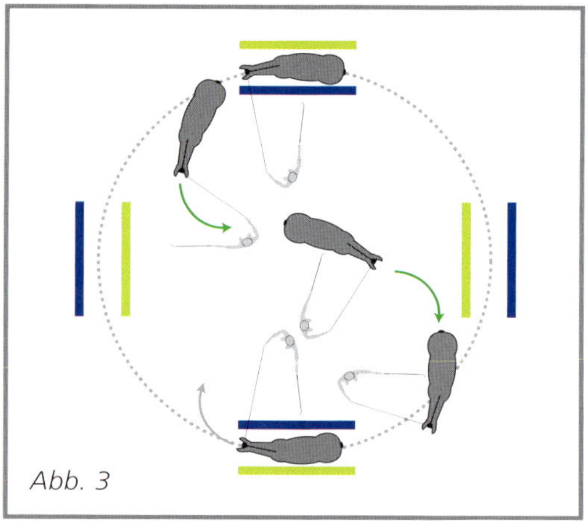


*Abb. 1: Der Handwechsel in der Quadratvolte*

*Abb. 2 und 3:*
*Die große Acht führen Sie zunächst wie den Handwechsel durch. Der Unterschied besteht darin, dass Sie in der Mitte stehen bleiben und von dieser Position aus das Pferd in die gegenüberliegende Gasse lenken. Nach dieser Gasse erfolgt sofort wieder ein Handwechsel durch die Quadratvolte. Sie stehen während der ganzen Zeit in der Mitte der Quadratvolte. Die große Acht wird von jeder Hand zweimal longiert.*

## Die Volten von außen über die Gassen

Für die Volten von außen über die Gassen longieren Sie Ihr Pferd aus der Quadratvolte zunächst an die Bande hinaus. Gehen Sie zurück zu Position 1 (siehe Abb. 4). Bleiben Sie zwischen den Gassen stehen, und longieren Sie das Pferd in einer Volte über die Gassen.

Longieren Sie Ihr Pferd erneut zur Bande und lassen es über die nächsten beiden Gassen in einer Volte treten. Longieren Sie vier Volten insgesamt. Danach erfolgt ein Handwechsel, den Sie aus einer Ecke heraus machen. Wiederholen Sie die Übung auf der anderen Hand.

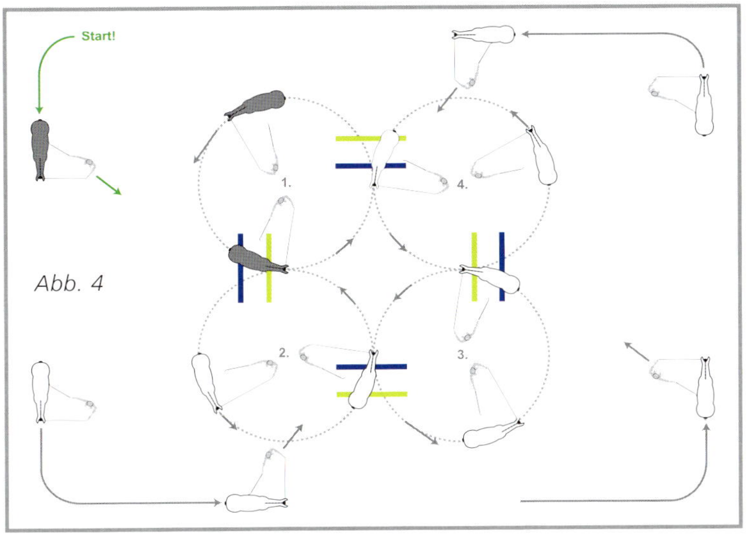


*Abb. 4: Volten von außen über die Gassen. Hier wechseln Sie zwischen der ganzen Bahn und der Quadratvolte hin und her.*

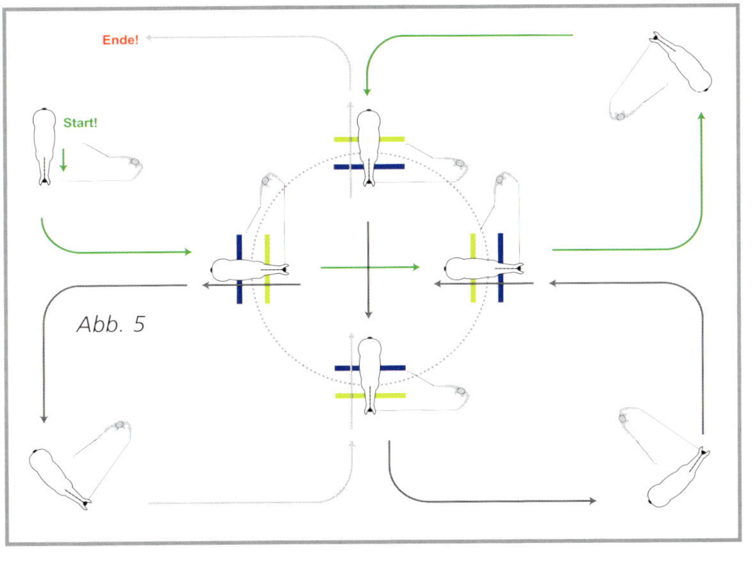


*Abb. 5: Beim Walk-Over longieren Sie Ihr Pferd über die aufeinander folgenden Gassen, dabei durchqueren Sie die Quadratvolte gerade. Danach biegen Sie auf eine Linksvolte ab und longieren es über die nächsten beide aufeinander folgenden Gassen. Erneut folgt eine Linksvolte und die dritten gegenüberliegenden Gassen. Schließlich kommt die vierte Linksvolte und die letzten beiden gegenüberliegenden Gassen. Sie haben die Quadratvolte jetzt von allen Seiten longiert, wechseln Sie nun die Hand und wiederholen Sie die Übung von der rechten Seite.*

## Übergänge

Bauen Sie Schritt-Trab-Übergänge in die Übung ein. Lassen Sie Ihr Pferd dazu wieder die Volten im Trab und die Geraden im Schritt gehen. Das Halten kann in der ersten Übung eingebaut werden. Sie üben das Halten und Antreten-Lassen, wenn Ihr Pferd in der ersten Übung einmal durch die ganze Quadratvolte longiert wurde. Das Pferd sollte dabei gerade in den Gassen stehen bleiben und sich nicht zu Ihnen drehen. In einer Gasse halten Sie Ihr Pferd an, lassen es kurz stillstehen und wieder antreten. Klappt das Halten aus dem Schritt, versuchen Sie es aus dem Trab. Das Antreten erfolgt zunächst aus dem Schritt, bevor die Trab-Halt-Trab-Übergänge longiert werden.

## Die Achterschlaufen aus den Ecken

Die Achterschlaufen aus den Ecken setzen sich aus zwei Kehrtvolten zusammen. Dabei machen Sie den Wechsel zwischen links und rechts und zwischen gebogen und gerade in relativ kurzen Abständen. Sie wechseln zwischen begleitender und stehender Position, was diese Übung nicht nur für das Pferd zu einer anspruchsvollen Koordinations-Aufgabe macht. Hier gilt wie in den anderen Parcours auch: Sie sollten den Weg kennen und sich sicher sein, wo Sie selbst stehen müssen, um Ihr Pferd sauber durch die Achterschlaufen zu longieren.

Es werden immer vier komplette Achterschlaufen longiert, d.h. vier Kehrtvolten aus jeder Ecke. Natürlich werden auch die Achterschlaufen erst im Schritt geübt, dann folgt der Trab.

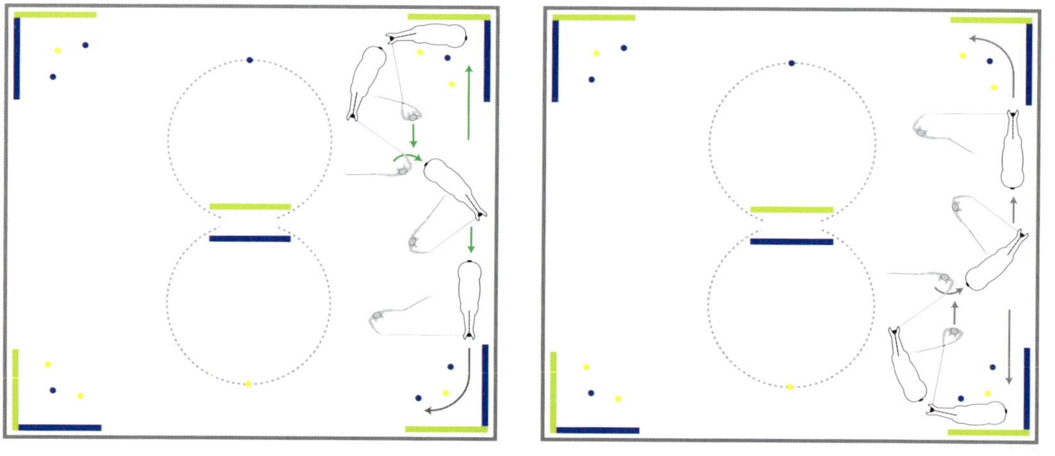

*1. Longieren Sie Ihr Pferd an der Bande entlang in die Ecke hinein.*
*2. Während Ihr Pferd noch in der Ecke ist, gehen Sie so weit zurück, dass das Pferd vor Ihnen wechseln kann. Dabei wechseln Sie die Longe in die andere Hand. Sie stehen an Ihrem Platz, sobald das Pferd aus der Ecke herauskommt. Die Peitsche dient als optisches Hilfsmittel, um den Weg geradeaus zu begrenzen. An der Longe leiten Sie das Pferd sanft in Richtung Bande, indem Sie leichten (!) Zug aufrechterhalten.*
*3. Erst wenn die Schulter des Pferdes Sie passiert hat, begleiten Sie das Pferd von dieser Schulterposition aus an die Bande und wechseln aus der folgenden Ecke.*

*Wiederholen Sie nun Schritt 1–3 aus der anderen Ecke.*

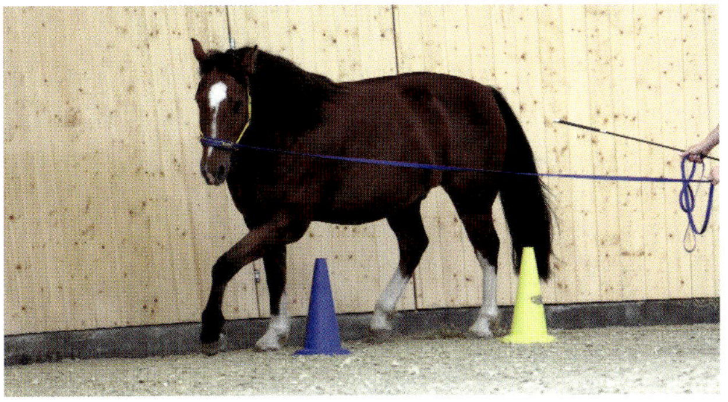

*Beginnen Sie die Achterschlaufen zunächst im Schritt und achten Sie darauf, dass das Pferd nicht überstellt wird.*

## Das Dreieck

Mit dem Dreieck fördern Sie die Vorhand- und Hinterhandkoordination Ihres Pferdes. Longieren Sie es zunächst vier Mal auf einer Hand über das Dreieck und nach dem Handwechsel auf der anderen Hand. Achten Sie darauf, dass Sie Ihr Pferd jedes Mal vor dem Übertreten aufmerksam machen. Dazu können Sie ein Stimmkommando einsetzen wie beispielsweise »Pass auf«. Das Dreieck sollte ein Dreieck bleiben und die Gassen nicht mitgeschleift werden. Die Pferde merken sehr schnell, dass die Gassen beim Drauftreten weich sind und sehen oft keine Notwendigkeit sich anzustrengen. Ihr Job ist es, das Pferd aufmerksam zu halten.

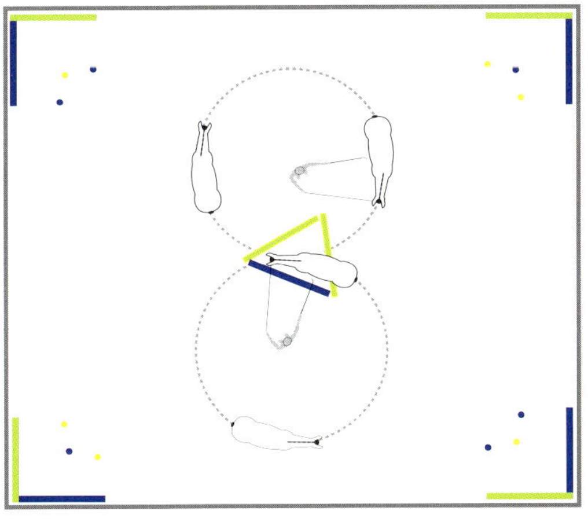

*Longieren Sie Ihr Pferd in vier Volten links beginnend über das Dreieck. Nach dem Handwechsel folgen vier Volten auf der rechten Hand über das Dreieck.*

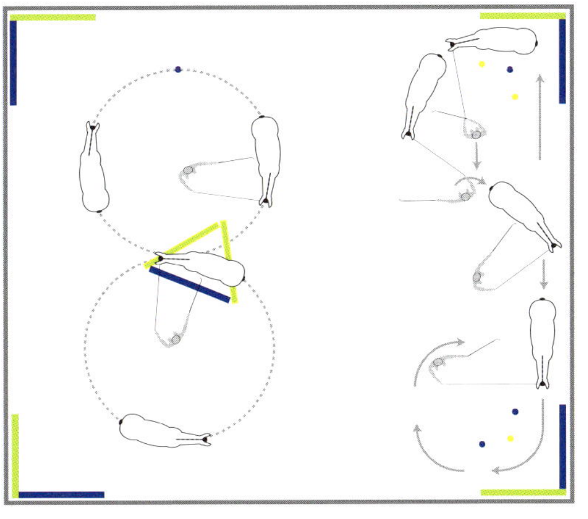

*Kombinieren Sie das Dreieck mit den Achterschlaufen aus den Ecken. Beginnen Sie mit vier kompletten Achterschlaufen aus den Ecken und wechseln Sie danach ins Dreieck. Dort folgen auf jeder Hand vier Volten über das Dreieck, um wieder in die Achterschlaufen in den Ecken zu wechseln.*
*Zunächst longieren Sie diese Übung wieder im Schritt, bevor Sie zum Trab übergehen. Geübte Paare können das Dreieck und die Achterschlaufen einmal im Schritt longieren und die nächsten Einheiten bis zum Ende der Trainingszeit im Trab.*

## Die Treppe

Die Treppe ist einzeln zu longieren oder mit anderen Hindernissen zu kombinieren. Legen Sie die einzelnen Balken der Treppe wieder in verschiedenen Abständen aus. Das Walk-Over-Hindernis fördert – wie das Dreieck – durch die variablen Distanzen die Vor- und Hinterhandkoordination.

Sie können die Treppe einzeln angehen, indem Sie Ihr Pferd zunächst von jeder Hand in vier Touren durch die Länge der Bahn über die Treppe longieren. Danach wechseln Sie zu jeweils vier Volten.

Am Effektivsten ist die Treppe in Kombination mit den Achterschlaufen aus den Ecken.

Longieren Sie zunächst wieder alles im Schritt, bevor Sie in den Trab übergehen.

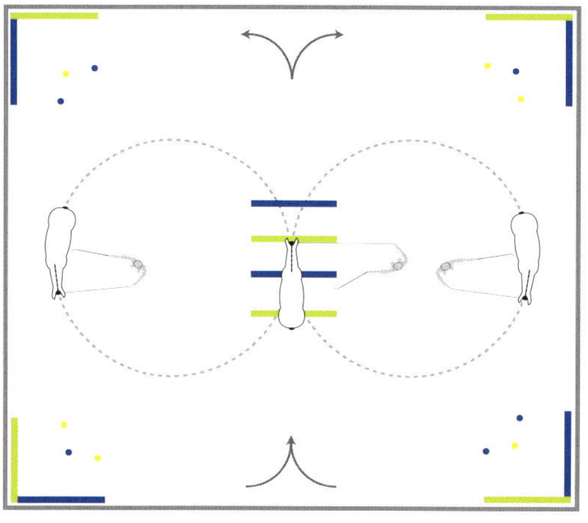

*Bei der Einzelvariante der Treppe longieren Sie Ihr Pferd zunächst durch die Länge der Bahn über das Hindernis, gehen dann mit ihm an der langen Seite entlang und lassen Sie es erneut über das Hindernis treten. Nach vier Touren wechseln Sie die Hand. Nach einem erneuten Handwechsel longieren Sie Ihr Pferd auf jeder Hand in vier Volten über die Treppe.*

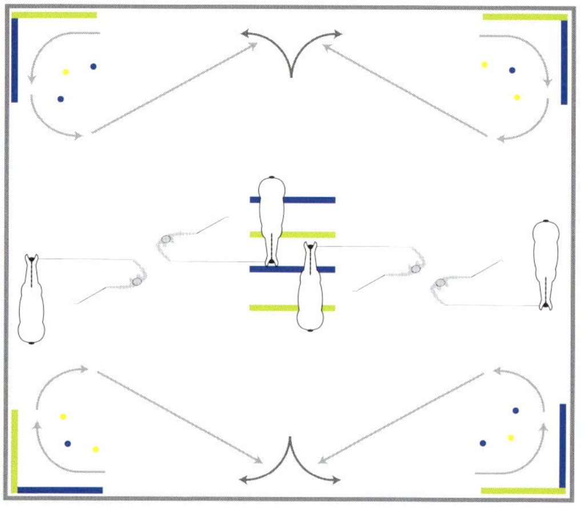

*Integrieren Sie die Achterschlaufen. Begonnen wird auf der linken Hand. Longieren Sie Ihr Pferd einmal über die Treppe. In den Ecken longieren Sie vier Achterschlaufen, danach geht es über die Treppe zurück zur gegenüberliegenden kurzen Seite und erneut in die vier Achterschlaufen.*

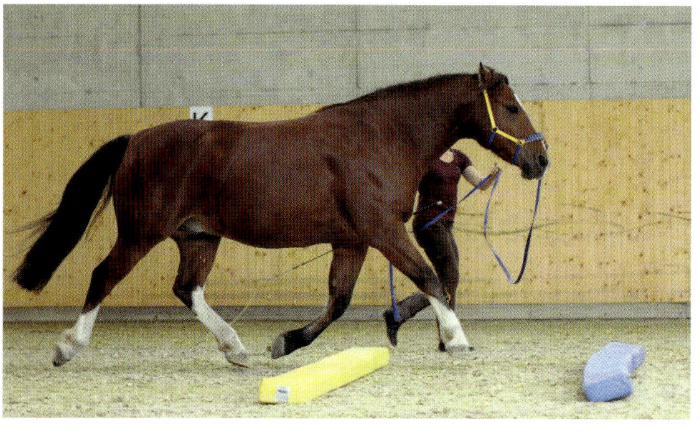

*Die Ecken und Volten im Trab longieren Sie langsam, damit das Pferd die Balance findet und nicht in Schräglage gerät. Die Treppe geradeaus darf mit etwas mehr Tempo longiert werden. Der Nebeneffekt ist, dass Sie innerhalb des Trabes ebenfalls das Tempo wechseln müssen.*

## Die Cavalettigasse

Es wird etwas kniffelig. Die Cavalettigasse wechselt zwischen Volten und den Geraden ab.

Longieren Sie Ihr Pferd zunächst durch die drei Gassen mit jeweils einer Volte auf der linken Hand. Nach der letzten Volte longieren Sie eine Kehrtvolte aus der Ecke. Sie sind nun auf der rechten Hand und longieren die Volten auf der gegenüberliegenden langen Seite von rechts. Nach der letzten Volte longieren Ihr Pferd einmal durch die Cavalettigasse geradeaus.

An der Ecke der kurzen Seite lassen Sie das Pferd eine Kehrtvolte ausführen. Longieren Sie es über die Cavalettigasse zurück. Wiederholen Sie die Übung.

Steigern Sie die Cavalettigasse und integrieren Sie die Achterschlaufen an der kurzen Seite. Die Übung erfolgt wie die erste mit jeweils vier Achterschlaufen, anstatt nur einer Kehrtvolte in den Ecken.

Besonders im Trab ist das ein sehr anstrengender Parcours. Achten Sie bitte besonders darauf, Ihr Pferd hier nicht zu überfordern

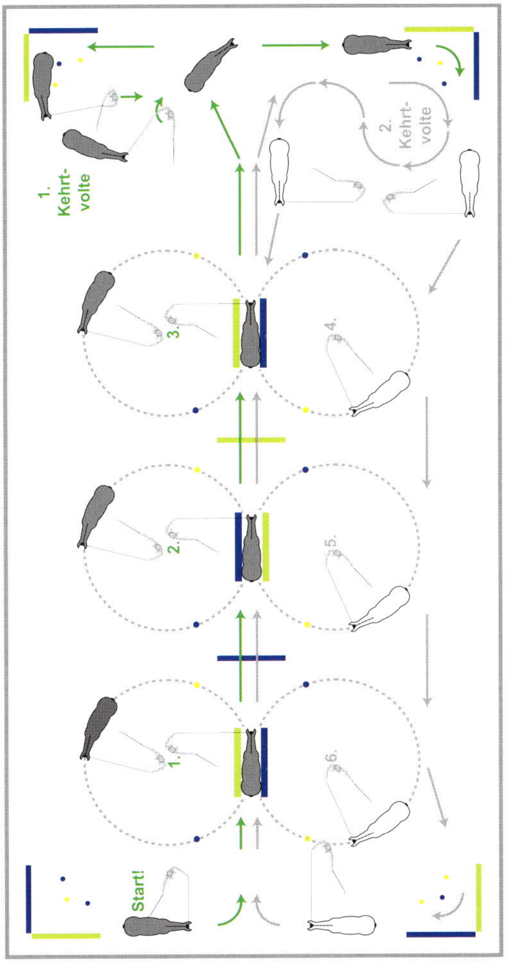


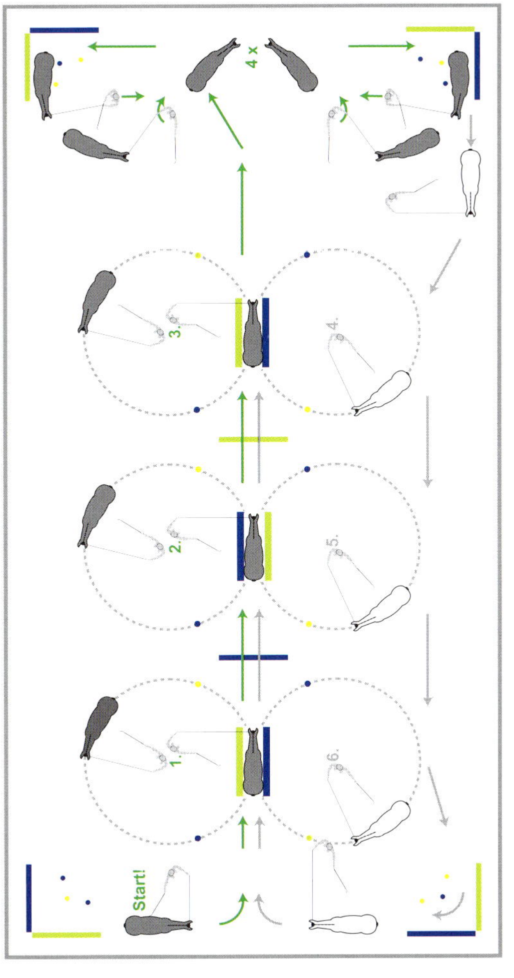

## Die Ecken kombiniert mit dem Fächer

Der Fächer ist eines der anstrengendsten Walk-Over-Hindernisse für das Pferd. Kombiniert man ihn mit den Achterschlaufen aus den Ecken, ist das ein sehr effektiver kleiner Parcours, um die Balance und das Koordinationsvermögen des Pferdes zu fördern. Der Parcours verlangt nicht nur körperliche Höchstleistung, sondern auch viel Konzentration.

Beginnen Sie mit vier kompletten Achterschlaufen. Longieren Sie Ihr Pferd nach der letzten Kehrtvolte an der Bande der kurzen Seite geradeaus.

Biegen Sie aus der Ecke ab und longieren Sie Ihr Pferd einmal über den Fächer.

Danach longieren Sie erneut die Achterschlaufen aus den Ecken und nach der Ecke geradeaus über den Fächer.

Der Fächer wird nun von der anderen Hand überquert. Die Übungen werden wiederholt.

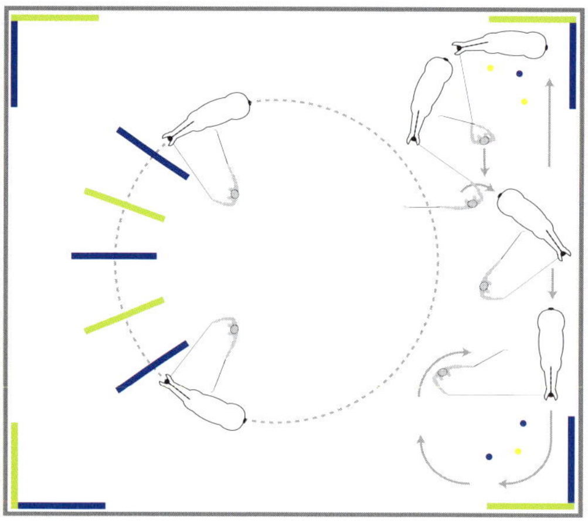

## Ein Parcoursbeispiel mit drei Hindernissen

Kombinieren Sie das Kleeblatt mit dem Dreieck und den Achterschlaufen aus den Ecken.

Beginnen Sie mit dem Parcours des Kleeblatts, danach nehmen Sie sich das Dreieck vor. Sie longieren es in vier kompletten Achterschlaufen. Nach dem Dreieck longieren Sie die vier Achterschlaufen aus den Ecken. Sind Sie mit allen drei Elementen durch, beginnen Sie wieder von vorne.

Das Zeitsystem beträgt immer sechs Arbeitseinheiten à drei Minuten und 60 Sekunden Pause dazwischen.

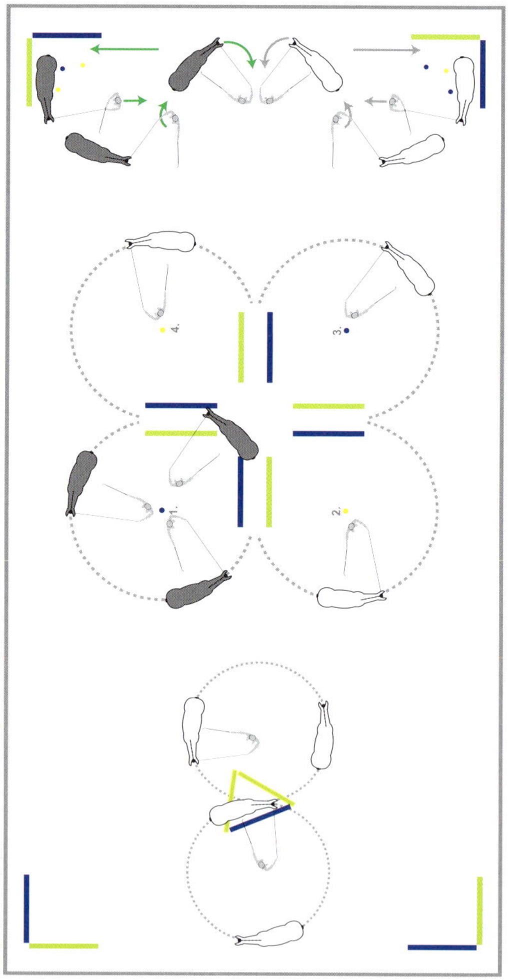

# EQUIPLACE

## Allgemeines

Das Equiplace-Training – wir übersetzen Equiplace mit »Pferderuheplatz« – ist ein besonderes Training und wird auf einfache Art und Weise Abwechslung, System und Spaß in Ihren Trainingsalltag bringen. Es ist leicht umzusetzen, fördert die Lernbereitschaft und die Aufmerksamkeit Ihres Pferdes und hat einen positiven Einfluss auf Ihre Beziehung zu Ihrem Pferd.

Equiplace-Training ist für jedes Pferd geeignet und in vielen Disziplinen einzusetzen. Hinter diesem simpel anmutenden Training steckt viel mehr, als-man auf den ersten Blick vermutet. Schon Xenophon wusste – und Xenophon hat ja immer recht – »Die beste Belohnung ist immer, wenn du dein Pferd nach einer guten Leistung ausruhen lässt.«

Wir alle kennen Situationen, in denen wir ganz gezielt Ruhepausen bei unserer Arbeit mit dem Pferd nutzen, beispielsweise das »Einstellen der Hilfen«. Eberhard Weiß hatte die Idee, das Pausentraining gezielt in die Ausbildung einzubinden. Bereits im Alter von 16 Jahren hatte er Unterricht bei Egon von Neindorff, war Gastreiter in Saumur und später Ausbildungsleiter des tschechischen Nationalgestüts Kladruby nad Labem. Heute betreibt Eberhard Weiß seine eigene Anlage in der Nähe von Nürnberg, auf der er nach den Grundsätzen der klassischen Dressur ausbildet und unterrichtet.

Eberhard Weiß, ein Meister seines Faches, war von einem Video fasziniert, in dem es nicht um Pferde-, sondern um Hundetraining ging.

Ian Openshaw bringt in diesem Film Hunden in kürzester Zeit bei, sich auf bestimmten Ruheplätzen, den so genannten Placeboards, wohl zu fühlen. Er arbeitet sie von diesem Platz aus und bringt ihnen beispielsweise das Apportieren bei. Die Hunde sind dabei ruhig und sehr aufmerksam.

Auch wir haben schon immer Pausen gezielt bei unserer Arbeit mit Pferden genutzt, da sie ein so wertvolles Instrument in der Ausbildung sind. Wir machten uns also ans Werk und starteten unsere Versuche mit verschiedenen Pferden. Zunächst verwendeten wir für den Equiplace unsere blau-gelben Dual-Gassen, was ja eigentlich auch nahe lag, stellten aber recht unmittelbar fest, dass die Pferde diese Balken natürlich mit Arbeit verbanden. Sie

Ian Openshaws Training gab die Idee zum Equiplace. Auch wenn man Hunde- und Pferdetraining nicht immer vergleichen kann, Pausen fördern bei beiden Spezies die Aufmerksamkeit und Konzentration.

Die Balken des Equiplace sind aus Schaumstoff.

wurden zwar ruhiger, allerdings verbesserten sich die Ergebnisse ganz erheblich, als wir weiße Abgrenzungen für den Equiplace nahmen.

Eberhard Weiß hatte die gleichen Beobachtungen auch schon gemacht, wenn er Pferde an der Hand piaffierte. Die Piaffe ist für Pferde anstrengend und entsprechend kommt auch der Kreislauf in Schwung. Doch selbst als die Pferde dann an der Stelle, an der sie piaffierten, stillstanden, senkte sich ihr Puls nicht nennenswert ab. Besser ist also wohl ein separater Ort, um abschalten zu können. Die Pferde wurden im Equiplace viel ruhiger und hörten noch besser zu. Die gleichen Erfahrungen machten auch wir beim Training in der Dual-Aktivierung und Equikinetic.

Wir haben für Sie nun das Equiplace-Training entwickelt, das ein ganz hervorragendes Instrument für die regelmäßige Arbeit mit Ihrem Pferd sein wird.

Praktisch verpackt kann man die Balken des Equiplace überall mitnehmen.

Der Equiplace ist schnell da aufgebaut, wo man ihn gerade braucht.

# Equiplace-Training – Das Prinzip

Das Equiplace-Training ist eine Arbeitsmethode, die den Orientierungssinn und die Raumorientierung des Pferdes nutzt. Beides ist bei Pferden sehr gut ausgebildet und so sind sie in der Lage, Orte mit Gefühlen zu verbinden. Hat ein Pferd immer nur positive Erfahrungen an einem bestimmten Ort gemacht, wird es diesen immer wieder gerne aufsuchen. Pferde bevorzugen Orte, an denen sie sich wohl fühlen und an denen sie für ihr Verhalten belohnt werden. Denken wir an Aktivstall-Pferde, die ihre Tränken oder die Stellen aufsuchen, an denen Bäume Schutz vor Sonne und Hitze bieten.
Umgekehrt werden bei negativen Erfahrungen bestimmte Plätze gemieden. Ein leider häufiges Paradebeispiel: der Pferdeanhänger! Hat ein Pferd damit schlechte Erfahrungen gemacht, kann es durchaus passieren, dass es nicht einmal mehr in die Nähe eines Hängers möchte.

Im Equiplace-Training nutzen wir die Fähigkeiten des Pferdes, sich an einen bestimmten Platz zu erinnern und wir besetzen diesen Ort durch gezieltes Training mit angenehmen Emotionen. Diese Art des Trainings wird auch bei anderen Tieren, besonders in der Hundeausbildung, mit großem Erfolg angewandt.

Das Ziel des Equiplace-Trainings ist, dass unsere Pferde sich wohl fühlen, lernbereit und aufmerksam werden und dies auch bleiben.

Ruhe ist für ein Pferd die beste Belohnung. Ein ausgezeichnetes Beispiel ist der Einsatz des Equiplace bei der Equikinetic. Dort arbeiten wir das Pferd in einer Quadratvolte, die wir zur Orientierung für Mensch und Pferd aus blauen und gelben Dual-Gassen legen, sowie mit dem Zeitsystem des Intervalltrainings. Während der Pauseneinheiten wird das Pferd nun außerhalb der Quadratvolte kurz abgestellt, gelobt, gestreichelt und ihm so gezeigt, dass es an diesem Platz Ruhe und damit etwas Angenehmes bekommt.
Verbunden mit einem Stimmkommando verstehen Pferde so sehr schnell, was man von ihnen möchte. Sie werden ruhiger, aufmerksamer und hören noch besser – oder endlich einmal – zu.

*Ihr Pferd wird aufmerksam und entspannt sein. Sie bringen Ihr Pferd zum Zuhören, und das ist die Grundvoraussetzung, um ihm etwas beibringen zu können.*

Sie können den Equiplace überall einsetzen, in der Equikinetic, der Dual-Aktivierung, während einer Dressurstunde, im Springunterricht und sogar in der Freiheitsdressur.

Equiplace-Training hilft Ihrem Pferd, überall zur Ruhe zu kommen und aufmerksam zu bleiben.

Das Pausentraining wird genutzt, seit der Mensch mit Pferden arbeitet. Das Equiplace-Training allerdings gibt Pferden und auch Menschen darüber hinaus einen ganz konkreten Plan, der übersichtlich, leicht nachvollziehbar und ebenso einfach umzusetzen ist.

Der Unterschied zum »Halten« als Lektion ist der, dass das Pferd zunächst in der Lage ist, seinen Puls herunterzufahren. Die Pause als Belohnung zu sehen, steigert die Motivation. Und mit Hilfe der optischen Abgrenzung und der Gewöhnung an den Equiplace bleibt Ihr Pferd trotzdem aufmerksam – ein zusätzlicher und sehr großer Vorteil für Pferd und Reiter.

*In den kurzen Intervallpausen ist das Gehirn in der Lage, das Gelernte abzuspeichern.*

## Intervallpausen oder der Spacing-Effekt

Generell sollten, ob bei Mensch oder Pferd, immer Arbeitspausen eingelegt werden, wenn etwas gelernt werden soll. Haben Sie schon einmal Hausaufgaben mit einem Kind gemacht, das sich nicht mehr konzentrieren kann? Und Sie selbst, wie lange können Sie sich intensiv auf etwas konzentrieren? Und was erwarten wir dann von unseren Pferden?

Multitasking mindert übrigens auch bei Pferden, genau wie bei Menschen, die Konzentration. Wir verlangen oft viel zu viel von unseren Pferden und sind uns dessen gar nicht bewusst.

Da also die Konzentration bei Pferden schnell nachlässt, haben sich auch im Pferdetraining drei Arten von Pausen bewährt:

- **die Lern-, Intervall- oder Speicherpausen**
- **die Einheitenpause**
- **und die Erholungspause**

Durch **Lernpausen** können gelernte Inhalte besser abgespeichert werden. Diese Tatsache sollten wir nutzen. Man spricht vom sogenannten Intervall-Lernen, dem Spacing-Effekt.

Es ist effektiver, in kürzeren Einheiten konzentriert zu trainieren und dem Pferd danach eine Pause zu gönnen. Gelernt wird durch Wiederholung der Übungen, jedoch ist es viel sinnvoller, diese zu verteilen, als sie dem Pferd ohne Pause beibringen zu wollen.

Möchten wir mit dem Pferd etwa das Schulterherein erarbeiten, üben wir dies besser nicht 15 Minuten lang, sondern teilen es in mehrere Einheiten auf. Sinnvoll wäre es, ein bis drei Minuten zu üben und dann dreißig bis sechzig Sekunden Pause zu machen.

Diese Intervalle werden etwa fünf Mal wiederholt. Schon James Fillis, der zu den bekannten alten

Meistern zählt, arbeitete ein Pferd nicht länger als einige Minuten und gönnte ihm danach wieder eine Pause.
Die Lernpausen werden deshalb auch als Speicherpausen bezeichnet, denn sie geben dem Pferd die Möglichkeit, das Gelernte zu verarbeiten und das Gehirn kann so das gerade Geübte leichter speichern. Diese Möglichkeit nutzten wir auch beim Equiplace-Training.

Die **Einheitenpause** ist eine Pause von mehreren Stunden. Es ist viel wirkungsvoller, mit einem Pferd zweimal täglich 30 Minuten lang zu arbeiten als einmal 60 Minuten lang. Hier jedoch ist Vorsicht geboten, denn selbst zweimal 30 Minuten konzentrierter Arbeit können ein Pferd überfordern.
Es ist effektiver, zwischen langen Übungseinheiten eine **Erholungspause** von einem Tag einzulegen.

### Intervallpausen machen das Pferd ruhig und erhalten die Aufmerksamkeit

Zunächst soll sich das Pferd im Equiplace wohl fühlen. Daher sollte man es anfangs solange im Equiplace stehen lassen, bis es verstanden hat, dass es hier zur Ruhe kommen darf.
Später wird die Pause auf 30 Sekunden reduziert. Ihr Pferd wird relativ schnell das Prinzip erkennen: Arbeit gegen Ruhe. Außerhalb des Equiplace muss es arbeiten und sich anstrengen. Im Equiplace darf es stehen. Dieses Prinzip der eingebauten Pausen nutzt man schon lange in der Ausbildung des Pferdes. Sei es nun, um ein junges Pferd an einen Reiter zu gewöhnen oder um zwischen den Lektionen zu pausieren. Vielleicht kennen Sie das ja auch, dass Reitlehrer/innen für Ihr Pferd »magnetisch« sind? Wenn sie Ihnen etwas ausführlicher erklären, halten Sie in der Regel bei ihnen an. Ihr Pferd hat eine kleine Pause und wird eventuell noch gestreichelt. Der Reitlehrer / die Reitlehrerin wird so zu einem bevorzugten Ziel Ihres Pferdes und gerne angesteuert.
Wir haben nun ein System entwickelt, bei dem sich Ihr Pferd ganz und gar darauf verlassen kann, als Belohnung eine Pause zu bekommen.
In der Lernpsychologie spricht man von positiver Verstärkung, von Lernen durch Belohnung. Ihr Pferd wird sich anstrengen, damit es das schafft, was Sie von ihm verlangen – denn dafür gibt es als Belohnung den Equiplace, der Ruhe und Sicherheit bedeutet. Durch sein Engagement erfährt Ihr Pferd also immer eine positive Verstärkung.
Im Zeitsystem der Dual-Aktivierung und der Equikinetic verwenden wir das Prinzip der so genannten Intervallverstärkung. Nachdem das Pferd den Equiplace mit einer Belohnung verknüpft hat, darf es nach etwa einer Minute Arbeit für ca. 30 Sekunden eine Pause im Equiplace machen. Die Mitarbeit Ihres Pferdes wird so in einem auch für das Pferd selbst sehr gut überschaubaren Zeitraum regelmäßig und zuverlässig belohnt. Diese Aussicht auf Belohnung motiviert Ihr Pferd, auch in der nächsten Einheit eifrig mitzumachen.
Nicht nur, dass das Gehirn Ihres Pferdes die gelernten Bewegungsabläufe abspeichert, das Pferd kann auch den Puls herunterfahren, bleibt dabei aber aufmerksam und hört Ihnen weiterhin zu.

## Streicheln = haptische Kommunikation

Sehen wir ein Pferd, so möchten wir es meist anfassen, denn sein Anblick löst bei uns Pferdeliebhabern unseren angeborenen Streichelzwang aus. Dieses Berühren und Fühlen von Pferden wird mittlerweile auch in vielen psychologischen Bereichen zu gezielten Therapiezwecken erfolgreich eingesetzt.
Wissenschaftler haben nachgewiesen, dass bei Menschen durch Berührungen von bekannten oder

vertrauten Personen ein bestimmter Bereich des Gehirns – der u.a. bewertet, ob eine Berührung schwach oder stark ist – aktiviert wird. Bei Berührungen von fremden Personen wurde weit weniger Aktivität in diesem Hirnbereich festgestellt.
Empfindet ein Pferd nun ähnlich wie wir? Davon gehen wir hier aus. Pferde sind sozial lebende Tiere und pflegen körperliche Kontakte zu Herdenmitgliedern. Sie kabbeln, beknabbern und berühren sich. Angenehmer Körperkontakt gehört in einer Pferdeherde zur sozialen Struktur. Positive Berührungen sind wichtig für das Zusammenleben und werden von anderen vertrauten Pferde meist als sehr angenehm empfunden.
Auch von Menschen lassen sich Pferde normalerweise gerne anfassen und genüsslich an bestimmten Stellen kraulen. Das hängt im Wesentlichen davon ab, wie vertraut dieser Mensch ist. Man denke nur mal an den »Schmuser« im Stall.
Ängstliche Pferde jedoch meiden menschliche Berührungen, deshalb sollten wir prüfen, ob, wie und wie häufig wir unser Pferd ganz bewusst berühren. Bewusste Berührungen, die ein positives Gefühl vermitteln, bedeuten mehr als nur angenehme Empfindungen. Angstgefühle werden verringert und auch Stressreaktionen können vermindert werden.
Außerdem fördern sie das soziale Zusammenleben zwischen Tier und Mensch.

*Durch Berührungen und Streicheleinheiten stärken wir unsere Bindung zum Pferd.*

Zunächst müssen wir nun sichergehen, dass das Pferd unsere Streicheleinheiten auch als angenehm empfindet. Jedes Pferd hat seine bevorzugten Stellen, an denen es gerne berührt werden möchte. An anderen Stellen empfindet es Berührungen als unangenehm. Viele Pferde lassen sich anfangs ungern am Kopf berühren. Ein »Genusspunkt« hingegen ist oft der Bereich seitlich des Widerristes oder auf der Höhe des Brustbeines. Ein Pferd zu streicheln bedeutet nicht nur, ihm einfach schnell übers Fell zu fahren und es zu berühren, sondern es soll ein angenehmes Gefühl bei unserem Pferd auslösen.
Dieses positive Empfinden setzen wir als zusätzlichen Wohlfühlfaktor im Equiplace-Training ein.

## Die Position am Pferd

Immer wichtig: Wer bewegt wen?
Ob Sie die führende Rolle im Leben Ihres Pferdes übernommen haben, merken Sie, wenn Sie Ihr Pferd – mit einem gewissen Abstand vom Equiplace – zu seiner weniger guten Seite herausschicken wollen. Sie könnten Probleme bekommen, falls Ihr Pferd es als unangenehm empfindet, auf seiner schlechten Seite gehen zu müssen. Vielleicht kennen Sie diese Verhaltensweise ja bereits vom Longieren? Es könn-

te Ihnen nun jedoch schwerfallen, Ihr Pferd nur auf Zeichen hin aus dem Equiplace herauszuschicken – ohne dabei Ihre Position zu verlieren.

Pferde sind nicht nur in der Lage, ihre eigene Sprache zu verstehen – sie haben auch gelernt, die Verhaltensweisen von uns Menschen zu verstehen und zu deuten. Allerdings sind sie uns in der Ursprünglichkeit dieser Kommunikation weit überlegen, nämlich immer dann, wenn es darum geht, wer wen bewegt – um so den sozialen Rang festzulegen.

Pferde bewegen uns, ohne nachdenken zu müssen, ein innerer Überlebensinstinkt, der aufgrund ihrer sozialen Lebensweise sehr ausgeprägt ist. Wer bewegt, der führt, trifft Entscheidungen und sichert somit das Überleben der anderen. Oft merken wir es noch nicht einmal, wenn wir von unseren Pferden bewegt werden. Für das Pferd allerdings ist dann sofort klar, wie hoch wir in unserem »sozialen Status« einzuschätzen sind.

Und genau hier fängt die »Pferdesprache« an. Wenn wir darauf achten, dass wir das Pferd bewegen und nicht umgekehrt, schaffen wir eine grundsolide Basis für eine vertrauensvolle Beziehung zu unseren Pferden. Also müssen wir bewusst darauf achten, was Pferde tun, um uns zu bewegen. Da wir ja die intelligentere Spezies sind, sollte das – eigentlich – kein Problem sein. Wie wichtig es ist, die Tricks des Pferdes zu durchschauen, merkt man schnell, wenn man es mit einem dominanten Tier zu tun hat. Nur durch einen souveränen Führungsstil, bei dem klar ist, dass **wir** die Bewegung steuern, können wir ein ranghohes Tier davon überzeugen, dass wir gute Teamführer sind.

Man könnte auch sagen wir »schlagen das Pferd mit den eigenen Waffen«, aber wir sind ja zum Glück nicht im Krieg. Auch wenn es in der Reiterei manchmal durchaus anders wirkt: Wir wünschen uns eine funktionierende und gewaltfreie Partnerschaft!

*Wer bewegt wen? Das ist die entscheidende Frage, wenn es darum geht, die führende Rolle in einer Pferd-Mensch-Beziehung zu übernehmen.*

Darauf zu achten, wer wen bewegt, verbessert die Beziehung zwischen Mensch und Pferd deutlich und baut durch gute Führungsqualitäten das wichtige gegenseitige Vertrauen auf.
Kompetenz äußert sich nicht über Gewalt und soziale Hierarchien werden genausowenig durch Gewalt erzeugt. Führungsqualitäten zeigen sich darin, dem Partner Sicherheit und Vertrauen zu vermitteln. Gewalt und dauerhaft rüder Umgang erzeugen nur Angst und keinen vertrauensvollen Respekt.

Selbstverständlich geben wir Ihnen nun Hilfsmittel an die Hand, damit Sie Ihre Position sicher verteidigen können und nicht wie ein aufgescheuchtes Huhn vor dem Equiplace herumhüpfen. Ein Hilfsmittel ist zum Beispiel die räumliche Abgrenzung zwischen Mensch und Pferd: Ein Hula-Hoop-Reifen, in dem Sie stehen können (und den Sie nicht verlassen sollten), vor den Equiplace gelegt, kann es Ihnen erleichtern, Ihre Position zu halten und diese auch am Pferd zu überprüfen.

## Stress vs. Konzentration

Um erfolgreiches Lernen eines Pferdes zu verhindern, muss man es einfach nur unter Druck und Stress setzen. Stresshormone wirken sich besonders ungünstig auf das Lernen aus. Wer sein Pferd im täglichen Training unter Dauerstress setzt, wird erheblich weniger Erfolg haben als jemand, der seinem Pferd stressfreies Lernen ermöglicht. Merke: Zu viele Stresshormone verhindern, dass konzentriert gelernt werden kann.

Ganz ohne Adrenalin geht es jedoch nicht; es gilt wie so oft: so wenig wie möglich und so viel wie nötig. Viele Pferde produzieren Stresshormone, wenn sie etwas lernen sollen. Ein bestimmter Adrenalinspiegel ist dazu durchaus nötig. Bei zu wenig Adrenalin befindet sich das Pferd im Dämmerzustand, bei zu viel ist es zu aufgeregt und kann nicht mehr aufpassen.
Ruhig stehen heißt nicht, dass Ihr Pferd vor sich hin döst oder sich bereits halb im Koma befindet: »The horse you have called is temporarily not available.« Das ist jedenfalls nicht unser Ziel, denn dann wäre die Lernfähigkeit stark herabgesetzt.

Der Aufmerksamkeitszustand, man spricht hier wissenschaftlich von Vigilanz, kann bei einem Pferd von Momenten höchster Erregung bis hin zur völligen Entspannung reichen.
Weder das eine noch das andere ist für ein sinnvolles Training erwünscht.
Es liegt an Ihnen, den richtigen Adrenalinspiegel zu schaffen und sich damit die erforderliche Aufmerksamkeit Ihres Pferdes zu holen und auch zu behalten.

!

### Stresshormone und ihre Wirkung

**Wer's ganz genau wissen möchte: Stresshormone vermindern die Aufnahme von Glucose im Gehirn und Glukokortikoide erhöhen die Toxizität des Glutamates (ein Neurotransmitter). Dabei führen Stresshormone zu einer erhöhten Beanspruchung, mindern aber gleichzeitig die Energiezufuhr der Neuronen. Dabei kommt es zu hippokampalen Schäden. Es wird ein äußerst wichtiger Bereich, der das Lernen ermöglicht und das Erlernte speichert, geschädigt: der Hippocampus!**

## Im Equiplace ist Pause und in den Gassen wird gearbeitet

Der Equiplace sollte ein klar abgetrennter Platz sein. Dort wird nicht gearbeitet. Das Pferd wird immer im Schritt aus dem Equiplace herausgeleitet, bis es eine klare Ruheassoziation mit diesem Platz verinnerlicht hat.

Als Beispiel ein Pferd, das in der Dualaktivierung geritten wird: Die blau-gelben Schaumstoffbalken wären eine schlechte Wahl für einen Ruheplatz, da sie mit Arbeit verknüpft sind.

Das Pferd ist im »Arbeitsmodus«. Wiederholt man die Übungen zu oft und ohne ausreichende Pausen, so ist es wahrscheinlich, dass es unserem Pferd zu viel wird. Es wird z.B. übereifrig und kann sich nicht mehr konzentrieren. Puls und Adrenalinspiegel bleiben oben – der Lerneffekt verringert sich.

Stellt man das Pferd aber an einem gesonderten Ruheplatz ab, senkt sich der Puls und das Pferd wird aus dem »Arbeitsmodus« herausgeholt. Es kann sich entspannen und die neue Aufgabe konzentriert und ohne hektisch zu werden angehen.

Ebenso verhält es sich mit den Figuren der Dual-Aktivierung und der Quadratvolte in der Equikinetic. Das Pferd verbindet sie mit Arbeit. Bauen wir hier klare Pausen im räumlich getrennten Equiplace ein, so kann das einen viel deutlicheren Erholungserfolg bedeuten als nur Schrittpausen einzulegen.

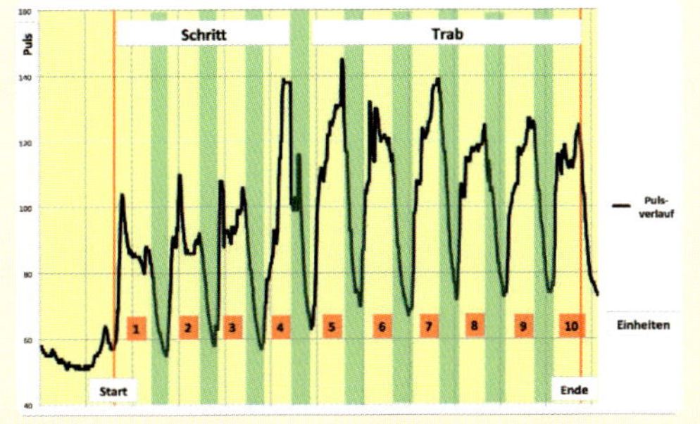


*Die ersten drei Arbeitseinheiten wurden im Schritt, die folgenden im Trab gearbeitet. In der obigen Graphik ist sehr schön zu erkennen, wie das Pferd während der Pausen im Equiplace seinen Puls herunterfährt. Moderater Stress, wie er im Training aufgebaut wird, begünstigt durchaus das Lernverhalten des Pferdes. Steht ein Pferd unter Dauerstrom, mindert das jedoch die Fähigkeit, zu lernen und Gelerntes abzuspeichern. Pausen während des Trainings sind, wie hier in der Equikinetic, nicht nur für den Stoffwechsel förderlich, sondern auch für das Lernen sehr effizient. Der Equiplace hilft dem Pferd, während der Pausen seinen Puls herunterzufahren, da es zwischen Arbeit und Ruhe unterscheiden kann. Ähnlich dürfte es aussehen, wenn anstatt der Gassen die Pilaren verwendet werden. Jede Lerneinheit kann nach einer Pause neu und konzentriert angegangen werden.*

### Arbeits- und Ruheplatz

**Die Trennung zwischen Arbeits- und Ruheplatz hat sich als außerordentlich hilfreich erwiesen, da Ihr Pferd besser unterscheiden kann: Hier wird gearbeitet und dort ist Ruhe.**

**Erwachsene Pferde haben durchschnittlich einen Ruhepuls von 28–42 Schlägen pro Minute. 60 Schläge nach einer leichteren Belastung sind normal für das Pferd. Der durchschnittliche Puls im Schritt liegt bei normalerweise 80, im Trab bei 120–140 Schlägen pro Minute. Das Pferd sollte jedoch dauerhaft in Ruhe keine Pulsfrequenz über 60 Schläge pro Minute aufweisen. Das ist ein Hinweis auf zu lange andauernde Stress-Belastung des Körpers.**

## Pausen als Motivation – Aussicht auf Ruhe

Der Equiplace sollte ein optisch klar abgetrennter Platz sein und für das Pferd einen neutralen Anblick bieten. In blau, gelb und allen möglichen Grautönen sieht das Pferd die Welt, in der es sich bewegt. Die Farben Blau und Gelb haben, wie Ihnen aus Dual-Aktivierung und Equikinetic bekannt ist, eine Signalwirkung. Da das Pferd diese Farben dann mit Arbeit verbindet, haben wir für den Equiplace Weiß gewählt. Die weiße Abgrenzung ist schnell aufgebaut, bietet einen optischen Rahmen und ist verletzungssicher. Wenn Ihr Pferd so weit ist, dass es aus dem Trab im Equiplace stehen bleiben kann, möchten wir sicherstellen, dass es sich nicht beispielsweise an Holzstangen verletzen kann.

### Equiplace-Training kann Verspannungen verhindern

Pausen fördern die Losgelassenheit. Wir wünschen uns doch alle Pferde, die gerne mitarbeiten und auch in der Lage sind, während der Einheiten effiziente Muskelarbeit zu leisten. Wer hätte nicht gerne ein wirklich losgelassenes Pferd? Verspannungen können auf verschiedene Art und Weise entstehen: z.B. wenn das Pferd sich nicht konzentrieren kann, weil es sich Sorgen macht, Angst oder Stress hat. Hier hat sich der Equiplace bewährt, um dauerhafte Anspannung zu vermeiden.

Im Equiplace machen Sie es Ihrem Pferd so angenehm wie möglich. Ruhe ist die beste Belohnung für ein Pferd. Streicheln beruhigt und unterstreicht den sicheren Platz, den der Equiplace darstellen soll. Zudem schützt der Equiplace Ihr Pferd auch davor, überfordert zu werden.

### Ganz nebenbei: das Thema Leckerlis

Sie können im Equiplace Leckerlis geben, allerdings ist dies bei manchen Pferden kontraproduktiv. Wenn Sie ein Pferd haben, das die Welt nach dem Genuss von Leckerlis nicht mehr wirklich wahrnimmt, sind Sie mit dem Einsatz besser vorsichtig. Ruhe und Streicheln sind ja bereits Belohnung für Ihr Pferd!

*Als Viereck gelegt bieten die weißen Schaumstoffbalken eine optische Abgrenzung. Weil sie weich sind, ist die Verletzungsgefahr gering, wenn ein Pferd drauftritt.*

**!**

### Die Amygdala

**Die Amygdala ist der Teil des Gehirns, der für Angst zuständig ist. Er wird bei uns ebenso wie beim Pferd aktiv, wenn wir, Angst, Stress oder Wut empfinden. Die Amygdala – die Mandelkerne – übernehmen das Regiment und produzieren Stresshormone. Die Folge: Der »rational« denkende Teil des Gehirns ist nicht mehr in der Lage oder es fällt ihm zumindest schwerer, Situationen realistisch einzuschätzen oder effektiv zu lernen. Die »gestressten« Mandelkerne brauchen also eine Pause, damit das »Denkerhirn« wieder arbeiten kann.**

*Sinnvoll eingesetzt, können Leckerlis eine gute Belohnung sein. Sollte sich ein Pferd dann allerdings nicht mehr konzentrieren, verzichten Sie besser darauf.*

*Eine Katze im Gebüsch, ein vorbeilaufendes Pferd oder ein plötzliches Geräusch aus dem Hintergrund: Es gibt viele Gründe, warum sich ein Pferd ablenken lässt. Das Equiplace-Training hilft Ihnen und Ihrem Pferd, sich besser aufeinander konzentrieren zu können.*

## Der Equiplace als Konzentrationsverstärker

Bei Menschen unterscheiden Psychologen zwei kognitive Systeme (K. Stanovich/R. West):

- ein schnelleres, unwillkürliches und müheloses System: das »Schnelldenken«
- und ein langsameres System, das »bewusste Konzentration« erfordert.

Das erste System springt an, wenn wir beispielsweise ein lautes Geräusch hinter uns hören und dann unwillkürlich den Kopf in diese Richtung wenden, um zu sehen, was da passiert ist.

Das zweite System erfordert mehr Aufmerksamkeit auf das Geschehen. Wir müssen langsamer denken, um zum Beispiel eine Rechenaufgabe zu lösen. Dazu müssen wir uns konzentrieren.

Das gelingt aber nur, wenn man dazu bereit ist und sich nicht ablenken lässt (beispielsweise vom ersten System). Denkt der Mensch langsamer, so konzentriert er sich besser auf seine Aufgabe, ignoriert Störungen von außen und bemerkt diese manchmal kaum.

Beim Pferd ist es ähnlich. Haben wir unser Pferd ganz bei uns, konzentriert es sich auf seine Aufgabe und nimmt Ablenkungen von außen kaum noch wahr.

### Auch der Mensch profitiert von Pausen

Was für Ihr Pferd gilt, das betrifft immer auch Sie. Erfahrungsgemäß sind nicht nur Pferde während einer Einheit in der Bahn manchmal aufgeregt, hibbelig, nervös, ängstlich oder auch unmotiviert. Nicht nur Pferde haben gelegentlich einen schlechten Tag, sondern auch wir. Der Equiplace gibt uns Zeit zum Durchatmen.

Wer kennt das nicht? Wir gehen, aus welchen Gründen auch immer, schon schlecht gelaunt zum Pferd, haben oft den Druck, dass es bewegt werden muss. Zu allem Übel sitzen wie auf Kommando auch noch die »Bandenschwalben« in der Halle und bewerten das Ganze fachmännisch, also machen wir sowieso alles falsch. Der Puls ist schon sehr hoch und die Gesichtsfarbe hat sich bereits ins Rötliche verschoben. Unser Pferd merkt diese Anspannung natürlich. Pferde spüren sofort die positive oder auch, wie in diesem Fall, negative Energie, die ihre Menschen ausstrahlen. Und so wird unser Pferd nun, genau wie wir, sehr angespannt sein und deshalb kaum in unserem Sinne reagieren.

Negative Emotionen wie Angst, Ärger, Frust oder Ungeduld eskalieren nicht und lösen sich durch diesen geplanten »Break« in der Regel schneller auf. Die kurzen Einheiten helfen Ihnen dabei, sich besser zu konzentrieren. Und nach der kleinen Pause haben Sie die Gelegenheit, neu anzusetzen. Sie sollen keineswegs emotionslos ans Pferd gehen, denn wir sind alle nur normale Menschen, aber negative Gefühle schaden unserer Arbeit mit dem Pferd. Der Equiplace kann uns auch an solch einem schwierigen Tag helfen, positiv und gelassen zu reagieren.

### Neuordnung

**Der Equiplace bietet Ihnen jedes Mal einen neuen Ansatz, wenn vorher etwas schiefgelaufen ist. Ihre mögliche Nervosität sinkt und Sie können Ihre Gedanken neu ordnen.**

## Muss der Equiplace immer an die gleiche Stelle?

Zu Beginn wählen Sie zunächst bitte immer den gleichen Ort, an dem Sie Ihr Pferd an den Equiplace gewöhnen. Es wird sehr schnell begreifen, wo es hin muss.

Hat es das Prinzip gut verstanden, fühlt sich wohl und kann auf Ihr Stimmkommando hin im Equiplace halten und auf Ihr Zeichen hin den Equiplace auch wieder willig verlassen – erst dann bauen Sie ihn an einem anderen Ort auf.

Dieser Wechsel nach der Gewöhnungsphase ist sehr sinnvoll, da Ihr Pferd bald magisch vom Equiplace angezogen werden wird.

*Nicht nur das Pferd wird ruhig und aufmerksam, auch der Mensch kann sich neu sortieren und sammeln.*

Versetzen Sie diesen Platz regelmäßig, so können Sie diese magische Anziehungskraft verhindern. Durch die weißen Abgrenzungen des Equiplace hat Ihr Pferd einen optischen Anhaltspunkt, wo es »sicher« ist.

Der Equiplace kann dann später auch in einer Gruselecke oder jedem anderen Ort, den Ihr Pferd bisher gemieden hat, platziert werden.

Sollte Ihr Pferd Sie in den Equiplace hinter sich herziehen und dann wie aus Beton gegossen darin stehen und sich nicht mehr heraus bewegen lassen – dann wären Sinn und Zweck eindeutig verfehlt. Wir wollen die Aufmerksamkeit unseres Pferdes nicht verlieren – auch, wenn es sich ausruhen darf!

## Last but not least: Der Equiplace schützt vor Überforderung

Wir neigen bisweilen zum Übertreiben und fangen an, eine Lektion nach der anderen zu üben. Ganz schnell verliert man das Zeitgefühl und merkt vor lauter Eifer oft gar nicht, dass das Pferd überfordert ist. Und so beginnt dann das Drama. Das Pferd wehrt sich, oft wird es ungerechterweise bestraft und man versucht noch einmal etwas herauszuholen – was dann meistens in die Hose geht.

Wir haben ja schon erwähnt, dass ein Pferd sich nicht besonders lange konzentrieren kann. Die Motivation, Leistung zu erbringen nimmt rapide ab. Das Pferd ist schließlich völlig überfordert. Mit uns, mit sich selbst, mit der Gesamtsituation.

Es entsteht ein Teufelskreis aus Angst und Vermeidung. Die Pferde lernen nichts, wenn ihr Können unterhalb der gestellten Anforderung liegt: Das führt automatisch zu schlechten Leistungen, die dann mit Strafe quittiert werden, was schließlich in Frust und endlich Abwehrverhalten resultiert. Diesen Teufelskreis gilt es zu durchbrechen und durch den sogenannten Virtuosen Kreis (Butterworth 1999) zu ersetzen. Kurze Einheiten mit Pausen dazwischen sind das Mittel unserer Wahl.

Das Pferd hat Spaß und arbeitet gerne mit. Dadurch ist es lernfähiger, die Anforderungen übersteigen sein Können nicht. Das wiederum führt zu guten Leistungen, die belohnt werden. Das Ergebnis: zufriedene Pferde und zufriedene Menschen.

**Mit einem Zeitsystem und den eingebauten Pausen haben Sie ein gutes und sinnvolles Mittel an der Hand, um Ihrem Pferd effektiv etwas beizubringen und es dabei vor Überforderung zu schützen. Mit dem Equiplace-Training nutzen Sie und Ihr Pferd ein Training, das dem Pferd die Orientierung erleichtert und mit dem Sie es immer wieder auf die nächste Übung vorbereiten können.**

*Überforderte Pferde haben Stress und ihre Lernfähigkeit ist enorm gemindert. In diesem Zustand macht die Arbeit weder Pferd noch Mensch Spaß. Und Sinn hat sie sicher keinen.*

# Übungen und Lektionen

## Die Gewöhnung an den Equiplace

### Basisübungen

**Übung 1: Dem Pferd verständlich machen, dass es im Equiplace entspannen soll**

- Stellen Sie Ihr Pferd in den Equiplace.
- Um Ihr Pferd anzuhalten, verwenden Sie immer ein Stimmkommando. Das kann »Halt«, »Steh«, »Whoa« usw. sein.
- Sie bleiben direkt vor dem Equiplace stehen.
- Dort streicheln und loben Sie Ihr Pferd und sollten auch Ihren eigenen Puls etwas herunterfahren.
- Nach einer kleinen Pause führen Sie Ihr Pferd im Schritt auf seiner Lieblingsseite aus dem Equiplace heraus.
- Dann stellen Sie es wieder an seinen Platz und lassen es erneut mit Streicheln und Loben relaxen.
- Diesen scheinbar unspektakulären Vorgang wiederholen Sie ca. zehnmal bzw. so lange, bis Ihr Pferd das verstanden hat.

Außerhalb dieses Platzes ist Arbeit angesagt – im Equiplace ist definitiv Ruhe.

Jetzt wechseln Sie die Seite und führen das Pferd von der anderen Seite in den Equiplace. Wie zuvor auf der »guten« Seite des Pferdes wiederholen Sie dies so lange, bis Ihr Pferd das Prinzip verstanden hat. Es sollte sich nun von beiden Seiten gleichermaßen gut führen und im Equiplace anhalten lassen.

Erst wenn Ihr Pferd auf Stimmkommando anhält, gehen Sie bitte weiter zur nächsten Übung.

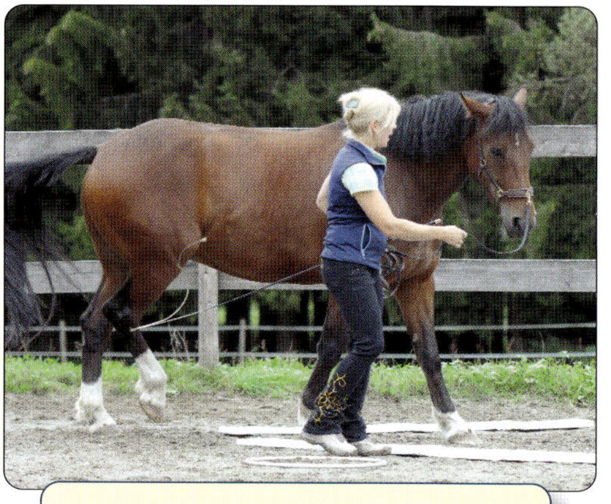

*Führen Sie Ihr Pferd anfangs von seiner Lieblingsseite in den Equiplace. Halten Sie Ihr Pferd mit einem Stimmkommando und eventuell leichten Zug am Kappzaum an, sodass es mit dem Kopf Ihnen zugewandt steht.*

*Streicheln und loben Sie Ihr Pferd ausgiebig dafür, dass es angehalten hat. Es soll sich im Equiplace wohlfühlen und verstehen, dass das der Platz zum Entspannen ist.*

*Lassen Sie Ihr Pferd im Schritt aus dem Equiplace heraustreten. Achten Sie dabei auf Ihre korrekte Position, entweder an der Schulter oder zwischen Kopf und Hals des Pferdes.*

**Schwierigkeit: Ihr Pferd will im Equiplace nicht stehen bleiben**

Wählen Sie zunächst nur kurze Zeiteinheiten. Das können am Anfang auch nur wenige Sekunden sein. Ihr Pferd hat das Prinzip vielleicht noch nicht verstanden und Sie müssen es langsam daran gewöhnen. Achten Sie auf Ihre Position, während Sie Ihr Pferd anhalten. Stehen Sie mit beiden Beinen schulterbreit vor Ihrem Pferd, strahlen Sie die Ruhe aus, die Ihr Pferd braucht und loben Sie es jedes Mal ausgiebig. Bleiben Sie unbedingt ruhig, falls es nicht auf Anhieb funktionieren sollte. Denken Sie daran: Ihr Pferd soll verstehen, dass der Equiplace ein angenehmer Ort ist.

**Schwierigkeit: Sie können Ihr Pferd nicht von rechts führen**

Das passiert gar nicht so selten, wie man eigentlich denkt. Die Lateralität der Pferde ist es ja, die wir ständig bemüht sind, zu verbessern: die gute und die schlechte Seite. Das Ziel der Ausbildung ist die Durchlässigkeit, d.h., dass Ihr Pferd auf beiden Seiten gleichermaßen geradegerichtet ist und sich stellen und biegen lässt.

Nicht nur die Händigkeit macht es uns und den Pferden oft schwer. Pferde haben von Natur aus größere Probleme damit, von rechts berührt oder geführt zu werden. Links sind die meisten Pferde viel zugänglicher als auf ihrer rechten Seite. Darüber hinaus agiert auch der Mensch viel häufiger auf der linken Seite des Pferdes. Sei es, weil das Pferd da eben einfacher ist, die meisten Menschen Rechtshänder sind oder weil wir es eben so gelernt haben. Da mögen mehrere Faktoren zusammenkommen.

Beginnen Sie das Training im normalen Alltag: Führen Sie Ihr Pferd regelmäßig von rechts und links aus der Box, vom Paddock und der Koppel zum Putzplatz und wieder zurück, in die Halle oder zum Reitplatz. Üben Sie das bei jeder Gelegenheit.

Achten Sie auch darauf, dass Sie Ihre Position am Pferd bewahren, ziehen Sie Ihr Pferd nicht hinter sich her! Ihre Position am Pferd ist optimalerweise

*Ein Pferd auch von rechts zu führen ist die Grundvoraussetzung dafür, dass Sie auf beiden Seiten gleich gut arbeiten können.*

an seiner Schulter oder am Hals, zwischen Kopf und Schulter. Anfangs mag es schwierig sein, aber mit regelmäßiger Übung wird es bald von rechts genauso selbstverständlich klappen wie von links.

Ein solide ausgebildetes Pferd lässt sich von beiden Seiten gleichermaßen gut arbeiten – und das korrekte Führen ist die Basis. Achten Sie bitte darauf, dass Sie Ihre Position am Pferd auch dann behalten, wenn Sie es aus dem Equiplace herausführen.

## Wie viele Wiederholungen sind sinnvoll?

Pferde lernen erstaunlich schnell, den Equiplace als etwas Positives zu sehen, denn Lob und Pause werden sie immer als angenehm empfinden.

Es gibt aber auch Pferde, die es generell noch nicht gelernt haben zuzuhören und hibbelig oder stoisch sind. Da braucht es dann etwas länger. Wie lange ein Equiplace-Training dauert, hängt daher immer auch individuell vom einzelnen Pferd ab. Zwanzig Minuten je Trainingstag sollten bei solchen Pferdetypen besser nicht überschritten werden, wenn Sie ausschließlich mit dem Equiplace trainieren. Üben Sie dann lieber erst am nächsten Tag weiter.

**Übung 2: Abstellen im Equiplace**

- Stellen Sie Ihr Pferd in den Equiplace und versichern Sie sich seiner vollen Aufmerksamkeit.
- Bewegen Sie sich nun rückwärts ein paar Meter weg vom Pferd, damit Sie es beobachten können.
- Bleiben Sie kurz stehen, gehen Sie wieder zu Ihrem Pferd und loben Sie es.

Den Zeitraum, wie lange Ihr Pferd stehen bleiben soll, vergrößern Sie nach und nach. Bald wird Ihr Pferd im Equiplace so lange warten, bis Sie es abholen oder zu sich rufen.

*Während Sie rückwärtsgehen, können Sie mit einem Stimmkommando, wie etwa »Pass auf«, die Aufmerksamkeit Ihres Pferdes behalten.*

**Schwierigkeit: Ihr Pferd möchte Ihnen nachlaufen**

- Wenn Sie rückwärtsgehen und Ihr Pferd Ihnen nachlaufen möchte, stoppen Sie es.
- Verwenden Sie dazu Ihr eingeführtes Stimmkommando und unterstreichen Sie das mit Ihrer Körpersprache.
- Stehen Sie aufrecht und sicher.
- Eine ausgestreckte Hand als optische Unterstützung hat sich als Hilfe zu Ihrem Kommando zum Stehen bewährt.

**Schwierigkeit: Ihr Pferd läuft einfach aus dem Equiplace heraus**

In diesem Fall kommt es sehr auf Ihr Timing an. Da Ihr Pferd das Stimmkommando zum Halten bereits kennt, nutzen Sie es genau in dem Moment, in dem Ihr Pferd die Absicht zeigt, sich zu bewegen. So können Sie am schnellsten mit der Chance eingreifen, dass es im Equiplace stehen bleibt.

Ist es bereits in Bewegung, versuchen Sie es auch dann zunächst mit Ihrem Stimmkommando. Funktioniert das nicht, gehen Sie einen Schritt zurück, führen Sie es wieder in den Equiplace und beginnen Sie erneut mit der Übung.

**Übung 3: Longieren im Schritt in den Equiplace**

- Stellen Sie Ihr Pferd in den Equiplace und gehen Sie etwas zurück.
- Schicken Sie Ihr Pferd im Schritt auf seiner bevorzugten Seite aus dem Equiplace heraus.
- Dabei bleiben Sie stehen und bewegen sich nicht.
- Ihr ausgestreckter Arm zeigt in die Richtung, in die Ihr Pferd laufen soll und die Peitsche heben Sie mit dem anderen Arm an, um Ihr Vorhaben zu unterstreichen.

*Hat Ihr Pferd das Grundprinzip noch nicht verstanden, dass es alleine im Equiplace stehen soll, beobachten Sie es genau und korrigieren konsequent jeden Ansatz des Herauslaufens aus dem Equiplace.*

- Nach einer Runde im Schritt longieren Sie Ihr Pferd wieder in den Equiplace hinein und geben das Stimmkommando zum Halten.
- Klappt das gut, wechseln Sie die Hand.
- Schicken Sie Ihr Pferd auf der anderen Seite heraus, longieren Sie es eine Runde, halten es im Equiplace wieder an und lassen es dann dort stehen.
- Und auch hier nach jedem Erfolg das Loben nicht vergessen!

Anfangs haben sich 30 Sekunden Pause bewährt, es kann aber auch etwas kürzer sein.

**Schwierigkeit: Ihr Pferd hält nicht auf Stimmkommando an**

Wenn Ihr Pferd das Stimmkommando zum Stehen verstanden hat und trotzdem nicht im Equiplace anhält, bereiten Sie es schon vorher auf das Halten vor.

Mit »Pass auf!« oder einem langgezogenen «uuu-und Steh!« oder Ähnlichem sollte das gut funktionieren. Beim Reiten machen Sie Ihr Pferd ja auch immer darauf aufmerksam, wenn eine neue Lektion beginnt. So geben Sie Ihrem Pferd nun auch beim Equiplace-Training die Möglichkeit, Ihr Kommando zu verstehen und umzusetzen.

*Zeigen Sie Ihrem Pferd ganz klar und verständlich die Richtung an, in welche es aus dem Equiplace heraustreten soll. Ein Arm zeigt in die gewünschte Richtung, mit der Longierpeitsche können Sie von der anderen Seite die Hilfe zum Antreten geben.*

**Schwierigkeit: Ihr Pferd lässt sich nicht aus dem Equiplace longieren**

Da steht Ihr Pferd nun im Equiplace und anhalten kann es ganz wunderbar, aber es macht keinerlei Anstalten, den Equiplace wieder zu verlassen. Ja ... auch das gibt es, wenn auch nicht sehr häufig. Aber vielleicht haben ja gerade Sie so ein seltenes Exemplar zu Hause stehen?

Dann sollten Sie Ihr Energie-Level und Ihre Körpersprache überprüfen. Wie teilen Sie Ihrem Pferd mit, dass es den Equiplace wieder verlassen soll? Stehen Sie vielleicht völlig ohne Körperspannung da und flüstern: »Schatzi, würdest du bitte freundlicherweise wieder mitarbeiten?« Geben Sie nach einem »Nein« Ihres Pferdes sofort auf? Machen Sie dann erst mal eine Pause, um es später noch einmal zu versuchen?

Sie müssen in Ihrer Körpersprache sehr klar definiert sein. Ihr Pferd spürt das ganz genau – und in diesem Falle brauchen Sie Energie und Körperspannung. Signalisieren Sie Ihrem Pferd, dass Sie es ernst meinen und bestehen Sie darauf! Wenn Sie bei Ausbleiben einer gewünschten Reaktion Ihres Pferdes die Peitsche senken und Ihre Körperspannung verlieren, machen Sie unbewusst eine Pause. Bei dieser Ansage denkt sich Ihr Pferd höchstwahrscheinlich: »Geht doch, ich muss nur warten, dann darf ich stehen bleiben.«

Seien Sie »strict«, machen Sie klare Ansagen, was Ihr Pferd wann zu tun hat, zum Beispiel jetzt den Equiplace zu verlassen. Überprüfen Sie regelmäßig Ihre Körpersprache, -spannung und -haltung.

**Übung 4: Versuchen Sie es im Trab**

Klappt das Longieren aus dem Equiplace im Schritt gut, dann versuchen Sie es im Trab.

- Beginnen Sie immer mit der »Schokoladenseite« Ihres Pferdes.
- Zunächst lassen Sie das Pferd im Schritt aus dem Equiplace antreten.
- Sobald es den Equiplace verlassen hat, geben Sie das Kommando zum Trab.
- Lassen Sie Ihrem Pferd genügend Zeit, um vor dem Equiplace wieder in den Schritt zu wechseln und halten Sie es im Equiplace erneut an.
- Klappt die eine Seite, kommt die andere dran.
- Wieder parieren Sie Ihr Pferd vor dem Equiplace in den Schritt und lassen es dann anhalten.
- Hat Ihr Pferd das verstanden, kann es im Wechsel zwischen linker und rechter Hand zunächst im Schritt, danach im Trab longiert und im Equiplace wieder angehalten werden.

*Achten Sie genau auf Ihre Körpersprache. Der linke Arm zeigt dem Pferd den Weg, den es gehen soll, die Peitsche signalisiert »Vorwärts!«.*

*Lässt sich das Pferd aus dem Trab in den Equiplace longieren und dort auf Stimmkommando anhalten, können Sie es aus dem Galopp versuchen. Auch hier sollte dann ein Stimmkommando ausreichen, um es im Equiplace anzuhalten. Das erfordert nochmals eine erhöhte beidseitige Aufmerksamkeit.*

**Schwierigkeit: Ihr Pferd lässt sich vor dem Equiplace nicht in den Schritt durchparieren**

Entweder kann Ihr Pferd das Stimmkommando nicht umsetzen oder es hört Ihnen nicht zu. Es könnte auch sein, dass es ein zu hohes Tempo im Trab hat, also verringern Sie das Tempo und bringen Sie Ihr Pferd in den »Slow-Motion-Modus«.

Im Fall des Nicht-Zuhörens lassen Sie es weiter traben, auch durch den Equiplace hindurch, und geben Sie immer nur vor dem Equiplace das Kommando zum Schritt. So versteht Ihr Pferd, dass es im Equiplace eine Pause und Ruhe bekommt.

**Übung 5: Halten Sie Ihr Pferd im Equiplace aus dem Trab an**

Lassen Sie Ihr Pferd aus dem Equiplace grundsätzlich immer im Schritt antreten, denn es soll diesen Platz nicht mit Arbeit verbinden – und Antraben ist Arbeit. Das Anhalten aus dem Trab hingegen wird Ihr Pferd als Belohnung empfinden.

- Geben Sie kurz vor dem Equiplace das Kommando »Pass auf!« oder »aufpassen!«, um Ihr Pferd auf das Halten vorzubereiten.
- Ist das Pferd im Equiplace, kommt das Kommando zum Stehen.

Das ist eine sehr gute Übung, um die Aufmerksamkeit zu fördern.

**Schwierigkeit: Ihr Pferd hält aus dem Trab nicht an**

Vor dem Equiplace in den Schritt durchparieren und dann anhalten, das können Sie mit Ihrem Pferd jetzt schon gut umsetzen. Nur mit dem Halten aus dem Trab will es noch nicht so ganz klappen.

Eine Möglichkeit ist, die Peitsche als Hilfsmittel einzusetzen. Das müssen Sie allerdings schon vorher eingeübt haben! Halten Sie verbunden mit Ihrem Stimmkommando zum »Stehenbleiben« die Peitsche vor das Pferd, um Ihr Vorhaben optisch zu unterstreichen.

**Übung 6: Abrufen aus dem Equiplace: Der Appell**

- Verwenden Sie dazu zunächst wieder eine Longe.
- Führen Sie Ihr Pferd im Schritt in den Equiplace.
- Ihr Abstand zum Equiplace ist zunächst gering.
- Steht Ihr Pferd ruhig, geben Sie einen leichten Impuls an der Longe und fordern Sie es auf, zu Ihnen zu kommen.

- Dazu sollten Sie ein neues Stimmkommando wie »Komm« oder »Hier« verwenden.
- Läuft Ihr Pferd schon den ersten Schritt auf Sie zu, muss sofort jeglicher Druck weggenommen werden.
- Kommt Ihr Pferd zu Ihnen, loben Sie es ausgiebig und lassen Sie es, wie im Equiplace, einige Zeit ruhig bei sich stehen.
- Klappt das auf diese kurze Distanz gut, erweitern Sie Ihren Abstand zum Equiplace und beginnen das Pferd hinein zu longieren.

Jetzt können Sie Ihr Pferd aus einer größeren Distanz abrufen und loben es, wenn es bei Ihnen steht. Schicken Sie es dann von dieser Position aus wieder in den Equiplace zurück. Hat Ihr Pferd die Übung verstanden, beginnen Sie das Abrufen ohne Longe.

**Schwierigkeit: Ihr Pferd kommt nicht zu Ihnen, läuft einfach vorbei oder sogar weg**

Der Anreiz zu Ihnen zu kommen scheint noch nicht ausreichend zu sein. Zeigen Sie Ihrem Pferd, dass es nach dem Appell Ruhe bei Ihnen bekommt und loben Sie es, um danach erst weiterzuarbeiten. Sie werden sehen, es wird williger zu Ihnen kommen. Zusätzlich rufen Sie Ihr Pferd am Ende der Übungen zu sich, loben es und verlassen gemeinsam die Halle oder den Platz. Das verstärkt den positiven Effekt.

*Wenn Sie möchten, dass Ihr Pferd auf Zuruf, egal aus welcher Situation, zu Ihnen kommt, beginnen Sie auch damit in kleinen Schritten.*

*Lässt Ihr Pferd sich auf Kommando auch frei in den Equiplace schicken und dort anhalten? Überprüfen Sie Ihre Arbeit.*

*Auch ohne Longe haben Sie dann die volle Aufmerksamkeit Ihres Pferdes.*

*Auf ein anschließendes Stimmkommando etwa »Komm« oder »Hier«, wird Ihr Pferd gerne zu Ihnen kommen. Das lässt sich im Alltag gut einbinden, etwa wenn Sie Ihr Pferd von der Koppel holen möchten.*

**Übung 7: Versuchen Sie es ohne Longe**

Ihr Pferd hält aus dem Trab an der Longe auf Ihr Stimmkommando im Equiplace an. Es lässt sich ohne Probleme nach links und rechts aus dem Equiplace herausschicken und abrufen.

Überprüfen Sie nun Ihre Arbeit. Entfernen Sie die Longe und versuchen Sie es ohne.

Lässt Ihr Pferd sich auch ohne Longe auf Stimmkommando in den Equiplace abstellen, abrufen und in die gewünschte Richtung im Trab oder Galopp herausschicken, können Sie ganz sicher sein, seine volle Aufmerksamkeit zu haben. Gut gemacht!

## Der Equiplace im Training

### Equikinetic

Auch in der Equikinetic ist das Ruhen im Equiplace ein hervorragender Konzentrationsverstärker und ein effektives Cooldown-System.

Sie möchten Ihr Pferd nicht so an den Equiplace gewöhnen, wie wir es gerade beschrieben haben? Und das Training vielleicht nur in der Equikinetic einsetzten? Auch das ist natürlich möglich und die Stehpausen leisten Ihnen bei der Arbeit in der Equikinetic ebenfalls sehr wertvolle Dienste.

Auch hier ist es zunächst wichtig, dass Ihr Pferd zuerst das »Stehpausen-Prinzip« versteht und den Equiplace mit Ruhe verbindet.

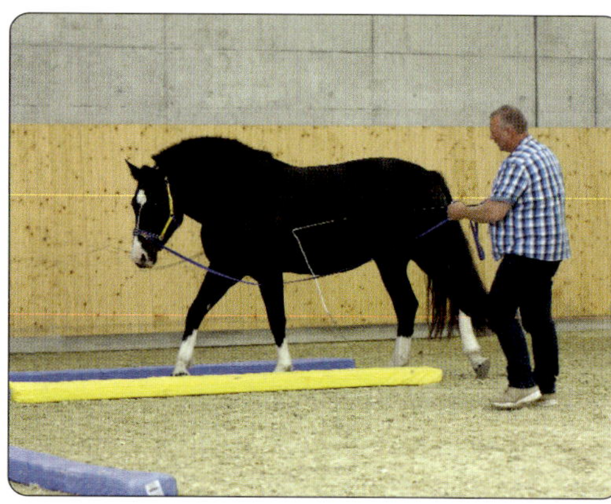

*Baut man den Equiplace als Element in die Equikinetic ein, können sich die Pferde in den Pauseneinheiten noch besser erholen.*

Für Ihr Pferd ist es entscheidend, anfangs immer denselben Platz zu haben, denn es wird das Prinzip dann schneller verstehen. Hat Ihr Pferd erkannt, wo es seine Pausen bekommt, dann ist es an der Zeit, den Equiplace an einer anderen Stelle aufzubauen. Sie können dann jedes Mal, wenn Sie mit der Equikinetic arbeiten, den Equiplace an einer anderen Stelle außerhalb der Quadratvolte platzieren. Das erhält die Aufmerksamkeit Ihres Pferdes und verhindert, dass es von alleine in den Equiplace zieht.

**Übung 1:**
**Equiplace-Gewöhnung im Schritt**

- Sie bauen Ihren Equiplace außerhalb der Quadratvolte auf.
- Am besten platzieren Sie ihn hinter einer Gasse.
- Anfangs wählen Sie dazu immer denselben Platz.
- Die Pausen stellen Sie in diesem Fall auf 45 Sekunden ein.
- Nach der Arbeitseinheit und dem Handwechsel führen Sie Ihr Pferd im Schritt in den Equiplace und bringen es mit Stimmkommando zum Halten und Stehen.
- Dort verbleibt es für den Rest der Pause.
- Beim Ertönen des »Arbeitspieps« lassen Sie Ihr Pferd wieder im Schritt aus dem Equiplace antreten und arbeiten weiter.

**Schwierigkeit: Ihr Pferd bleibt im Equiplace nicht stehen**

Es hat den Equiplace noch nicht damit verknüpft, dass es hier Ruhe bekommt. Lassen Sie es anfangs nur kurz darin stehen, loben es und steigern Sie die Zeiteinheiten peu à peu.

**Schwierigkeit: Ihr Pferd läuft während der Pause aus dem Equiplace heraus**

Bleiben Sie bei Ihrem Pferd stehen und geben Sie einen kurzen Impuls am Kappzaum, wenn es loslaufen will. Verbinden Sie das mit dem Stimmkommando, das Sie zum Halten verwenden – und vergessen Sie nicht, Ihr Pferd zu loben!

Achten Sie sehr genau auf Ihr Timing. Reagieren Sie direkt, wenn Sie bemerken, dass Ihr Pferd die Absicht hat herauszulaufen. Um das Vorhaben Ihres Pferdes erahnen zu können, müssen Sie Ihr Pferd immer sehr genau beobachten.

*Mit einem Stimmkommando und einem Impuls am Kappzaum erinnern Sie das Pferd stehen zu bleiben, falls es aus dem Equiplace herauslaufen möchte.*

**Übung 2: Halten aus dem Trab**

Im Trab läuft es wieder ähnlich wie im Schritt. Ihre Pause beträgt 45 Sekunden.

- Nach dem »Pausenpieps« schicken Sie Ihr Pferd in den Schritt und wechseln fließend die Hand.
- Ist Ihr Pferd nun auf der neuen Hand angekommen, lassen Sie es in Richtung Equiplace nochmal antraben.
- Falls nötig, parieren Sie auch kurz davor noch einmal durch und bringen es im Equiplace zum Stehen.
- Nach der Pause, wenn der »Arbeitspieps« ertönt,

lassen Sie Ihr Pferd im Schritt aus dem Equiplace heraus antreten und erneut antraben.

**Schwierigkeit: Ihr Pferd lässt sich nicht aus dem Trab im Equiplace zum Halten durchparieren**

Überprüfen Sie, ob die Trab-Schrittübergänge gut funktionieren. Parieren Sie Ihr Pferd vor dem Equiplace zunächst in den Schritt, um es danach dann im Equiplace anzuhalten. Häufig sind Pferde, die nicht aus dem Trab anhalten wollen, einfach nur zu spät mit dem Stimmkommando »Pass auf« vorbereitet worden.

Ein anderer Grund, nicht im Equiplace anzuhalten, kann auch hier wieder ein deutlich zu hohes Tempo im Trab sein.

**Übung 3: Flüssige Handwechsel im Trab**

Lassen Sie Ihr Pferd die Hand durch den Zirkel der Acht-Meter-Quadratvolte im Trab wechseln, so wird sich zeigen, wie gut Sie Ihr Pferd auf beiden Händen gearbeitet haben. Wenn es in der Lage ist, im Trab flüssig auf beiden Händen zu wechseln, dann war das wirklich sehr gute Arbeit – von Ihnen beiden!

In der Regel klappt der Handwechsel im Trab zunächst besser von der guten auf die weniger gute Seite des Pferdes als umgekehrt. Die Schwierigkeit besteht meist darin, das Pferd aus der Quadratvolte nach innen abwenden zu lassen. Es soll an Ihnen vorbeilaufen und sich auf der anderen Seite wieder in die Gassen einfädeln, um dann aus dem Trab im Equiplace zu halten. Während des Handwechsels stehen Sie bitte regungslos in der Mitte. Dazu bedarf es allerdings einiger Übung.

Wir spielen das jetzt einfach einmal durch:

- Ihre Pauseneinheit ist wieder auf 45 Sekunden eingestellt.
- Ihr Pferd läuft auf seiner guten Seite.
- Sie ziehen sich zum Handwechsel in die Mitte der Quadratvolte zurück.
- Wechseln Sie die Longenhaltung, also Peitsche und Longenrest in die andere Hand.
- Leiten Sie den Handwechsel aus der Quadratvolte ein.
- Dazu geben Sie einen vermehrten Impuls am Kappzaum und setzten die Peitsche als optische Begrenzung vor Ihrem Pferd ein.
- So fordern Sie es dazu auf, aus der Quadratvolte zur Mitte hin abzuwenden. Hört Ihnen Ihr Pferd aufmerksam zu, sollte das kein Problem sein.
- Zeigen Sie mit der Hand, die die Longe führt, in die Richtung, in die Ihr Pferd laufen soll. Sie schaffen so einen optischen Wegweiser für Ihr Pferd.
- Nachdem Ihr Pferd die Hand gewechselt hat, lassen Sie es in den Equiplace traben, um dort anzuhalten und loben Sie es.

Diese getrabten fliegenden Wechsel mit anschließenden »Denk- und Ruhepausen« bieten Ihnen enorme Vorteile.

Sie festigen Ihre Position und der fliegende Handwechsel im Trab ist für Ihr Pferd eine Aufgabe, bei der es nicht nur körperlich umschalten muss, sondern die auch geistig beide Seiten seines Gehirns beansprucht. Ist Ihr Pferd auch nur ansatzweise unaufmerksam, wird es im Trab nicht zu Ihnen abbiegen.

Damit dies gelingt, muss Ihr Pferd also absolut in der Balance und höchst aufmerksam sein. Und auch Sie müssen Position beziehen und genau wissen, wie Sie Ihr Pferd bewegen können – ohne selbst bewegt zu werden.

*Machen Sie das Pferd aufmerksam, damit es sich zu Ihnen wendet. Sie stehen in der Mitte der Quadratvolte, dann geben Sie den Impuls am Kappzaum, um nach innen abzuwenden. Die Peitsche kann als zusätzliche optische Begrenzung dienen, um das Pferd daran zu hindern, einfach auf derselben Hand weiterzulaufen. Um das Wenden in die Quadratvolte einzuleiten, können Sie bewusst ein oder zwei Schritte zurückgehen, achten Sie aber darauf, dass das Pferd nicht Sie bewegt und rückwärts schickt.*

*Bleiben Sie stehen und lassen Sie das Pferd vor sich die Hand wechseln.*

*Ihr Pferd wechselt nun die Hand durch die Quadratvolte. Dabei sollte es sich gleichmäßig im Takt bewegen.*

**Schwierigkeit: Ihr Pferd biegt nicht ab**

Vergewissern Sie sich regelmäßig der vollen Aufmerksamkeit Ihres Pferdes. Ein guter Indikator ist, wenn das innere Ohr des Pferdes zu Ihnen zeigt. Ist Ihr Pferd mit anderen Dingen beschäftigt und abgelenkt, so kann es natürlich nicht aufpassen. Bereiten Sie Ihr Pferd gezielt auf den Handwechsel vor. Kurz bevor Sie Ihr Pferd bitten, aus der Quadratvolte abzubiegen, geben Sie einen leichten Impuls am Kappzaum, verbunden mit dem Stimmkommando »Pass auf!«. Sie müssen Ihrem Pferd natürlich immer die Chance geben, Ihrer Aufforderung zum Handwechsel auch Folge leisten zu können, d.h. seine Reaktionszeit bedenken.

**Schwierigkeit: Ihr Pferd biegt zwar aus der Quadratvolte ab, es wechselt aber nicht, sondern läuft auf der gleichen Hand weiter**

Ihr Pferd hat auf dieser engen Fläche Schwierigkeiten, von einer Seite zur anderen zu wechseln – und Sie stehen zu allem Überfluss auch noch als Hindernis im Weg? Es kann sein, dass Sie zu nah an den Dualgassen sind und Ihr Pferd schlichtweg meint, zu wenig Platz zu haben, um im Trab vor Ihnen zu wechseln. Achten Sie darauf, dass Sie in der Mitte stehen.

Häufig ist auch hier wieder das Tempo zu hoch. Parieren Sie Ihr Pferd zunächst in den Schritt und lassen Sie es im Schritt abbiegen. Wenn seine Schulter auf Ihrer Höhe ist, lassen Sie es wieder antraben. Dann wagen Sie sich an einen »Slow-Motion«-Trab. Wird Ihr Pferd zu schnell, verliert es den Takt. Im Arbeitstrab wird es den Handwechsel anfangs nicht meistern, also heißt es wieder: erst einmal Tempo raus!

Der taktische Rückzug: Was Ihnen anfangs in dem Moment, in dem das Pferd in die Quadratvolte abwenden soll, noch helfen kann: Gehen Sie ein bis zwei Schritte zurück. Bleiben Sie dann stehen und lassen Sie das Pferd an sich vorbeitraben und die Hand wechseln.

**!**

**Kontrolliert Rückwärtsgehen**

**Wenn Sie sich bei der Arbeit mit Pferden rückwärts bewegen, so sollte diese Bewegung immer sehr bewusst ausgeführt werden. Jedes unbewusste »Weichen« verleitet Ihr Pferd dazu, Ihre Position in Frage zu stellen und selbst die Führung zu übernehmen!**

**Achten Sie auch immer darauf, dass Sie sicher rückwärtsgehen: Heben Sie Ihr Bein nach hinten, treten Sie mit dem Fußballen zuerst auf und rollen den Fuß dann nach hinten ab.**

**Schwierigkeit: Ihr Pferd fädelt auf der neuen Hand nicht ein, sondern läuft innerhalb der Quadratvolte weiter**

Auch hier ist wieder Ihre Körpersprache gefragt, um das Pferd sicher in die Quadratvolte zu dirigieren. Zeigen Sie mit einer Hand in die Richtung, in die das Pferd laufen soll und halten Sie die Peitsche in der anderen Hand. Heben Sie die Peitsche an, denn sie hat die Aufgabe, Ihr Pferd vorwärts zu schicken.

**Schwierigkeit: Ihr Pferd fällt immer wieder in den Schritt – kein flüssiger Trab**

Bedenken Sie, dass Ihr Pferd in gleichmäßigem Tempo die Hand wechseln soll. Das ist besonders für unkoordinierte und nicht ausbalancierte Pferde anfangs wirklich schwierig. Denn auch Sie selbst sind ein »Hindernis«, an dem Ihr Pferd in gleichmäßigem Tempo vorbeitraben muss.

Auch hier ist häufig das Tempo zu hoch. Lassen Sie Ihr Pferd zunächst untertourig wechseln. Sie werden sehen, das wird ihm wesentlich leichter fallen.

*Longieren Sie Ihr Pferd auf der neuen Hand in den Equiplace und lassen Sie es dort die Pause verbringen.*

**Schwierigkeit: Ihr Pferd wird hektisch, beginnt zu rennen oder galoppiert an**

Dann ist Ihr Pferd mit seiner fehlenden Balance und der ihm gestellten Aufgabe noch überfordert und es wird ihm schlicht zu viel! Die Handwechsel erfordern seine volle Aufmerksamkeit und sind eine enorme Balanceleistung für Ihr Pferd.

Wieder gilt: Das Tempo reduzieren und gegebenenfalls für den Rest der Equikinetic-Einheit in den Schritt wechseln.

# Der Equiplace in der gerittenen Dual-Aktivierung, in der longierten Dual-Aktivierung und im Longe-Walking

## Dual-Aktivierung geritten

Natürlich können Sie den Equiplace auch in die gerittene Dual-Aktivierung einbauen. Wählen Sie für den Equiplace zunächst wieder einen festen Platz.

Das Zeitsystem der Dual-Aktivierung:

Drei Minuten Arbeitsphase / eine Minute Pause geritten / maximal sechs Arbeitseinheiten.

- Reiten Sie Ihren Dual-Aktivierungsparcours drei Minuten lang durch.
- Ertönt der Pausenpieps, reiten Sie Ihr Pferd im Schritt in den Equiplace und bringen es mit Ihren Hilfen und einem Stimmkommando zum Stehen.
- Loben Sie nun Ihr Pferd und geben Sie den Zügel ganz hin.
- Auch hier wird es vielleicht etwas dauern, bis Ihr Pferd den Equiplace, falls es noch nicht damit vertraut ist, mit Ruhe und Belohnung verknüpft hat. Beim Reiten gilt der Equiplace, wie auch bei der Arbeit an der Hand, als Motivation für die nächste Arbeitseinheit.

Da unser Pferd hier Ruhe bekommt, kann es die vorher gestellte Aufgabe verarbeiten und seinen Puls wieder verlangsamen.

Hat Ihr Pferd nun den Equiplace als seine Ruheoase verinnerlicht, können Sie ihn verlagern. Pferde erkennen sehr schnell, wo sie Ruhe bekommen. Um zu verhindern, dass Ihr Pferd immer von demselben Ort angezogen wird, platzieren Sie den Equiplace auch hier immer wieder an verschiedenen Stellen.

Die Monsterecke ist auch hier der Platz, an den Sie den Equiplace erst dann legen sollten, wenn sich Ihr Pferd sich darin absolut wohl und sicher fühlt.

Übrigens: Pferde, die sehr außer Atem sind, sollten Sie, anstatt sie in den Equiplace zu stellen, die Pause anfangs eventuell noch im Schritt gehen lassen. Das hängt jedoch individuell vom Pferd ab.

## Klare Abgrenzung

**Stellen Sie Ihr Pferd niemals in ein Hindernis des Dual-Aktivierungsparcours! Es muss immer eine klare Abgrenzung zwischen den Figuren der Dual-Aktivierung und dem Equiplace bestehen. Falls Ihr Pferd den Equiplace früher verlassen möchte, darf es das tun. Das heißt, Sie sollten merken, wenn es heraus möchte und dann reiten Sie im Schritt am langen Zügel weiter. Anfangs reichen auch hier wenige Sekunden, bis Ihr Pferd die Ruhe zu schätzen weiß.**

*Auch während des Reitens eines Dual-Aktivierungsparcours hat sich die Pause im Equiplace bewährt.*

## Longierte Dual-Aktivierung und Longe-Walking

Longierte Dual-Aktivierung und Longe-Walking bringen eine Menge Spaß und Abwechslung in Ihren Alltag. Bei der longierten Dual-Aktivierung werden die Pferde an der Longe und mit Kappzaum durch einen mit Dual-Gassen gelegten Parcours longiert, beim Longe-Walking, ähnlich dem Fahren vom Boden aus, an der Doppellonge.

Von den einzelnen Übungen bis hin zum fertigen Parcours können Sie auch hier den Equiplace wunderbar integrieren. Auch in der longierten Dual-Aktivierung sowie dem Longe-Walking arbeiten wir mit dem Zeitsystem. Das heißt, wir haben eine Arbeitsphase von maximal drei Minuten und eine Minute Pause im Equiplace.

*Bei der longierten Dual-Aktivierung werden Pferde durch einen Parcours, der aus den blau-gelben Gassen besteht und Hufschlagfiguren sichtbar macht, an der Longe begleitet.*

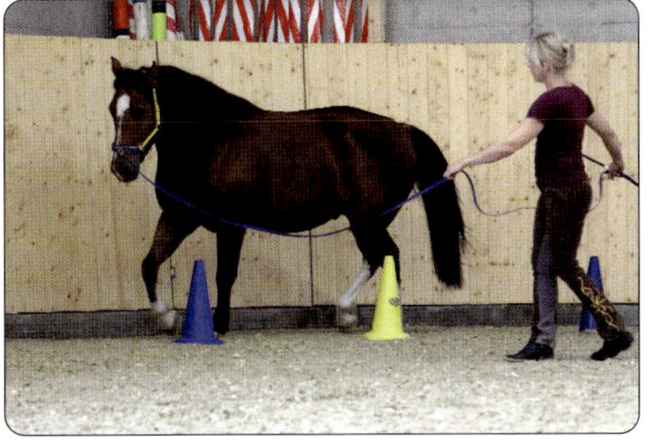

## Der Equiplace in der Dressurarbeit

Selbstverständlich können Sie den Equiplace auch hier einsetzen. Sie möchten eine Lektion einüben? Geben Sie Ihrem Pferd die Gelegenheit, das Gelernte zu verarbeiten und abzuspeichern. Wir nehmen als Beispiel das Schulterherein. Um bei einem Pferd das Schulterherein zu festigen und ihm eine Belohnung dafür geben zu können, sind die Pausen anfangs länger als die geübte Einheit.

Sie reiten wenige Schritte im Schulterherein und machen am hingegebenen Zügel ca. 30 Sekunden Pause im Equiplace. Das Loben nicht vergessen! Dann verlassen Sie den Equiplace und üben das Schulterherein erneut an derselben Stelle wie zuvor. Zur Belohnung geht es dann wieder in den Equiplace.

Diese Prozedur wiederholen Sie drei- bis viermal und wechseln dann zu einer anderen Übung.

Es ist ebenfalls sehr hilfreich, den Equiplace aufzusuchen, wenn beispielsweise der Galoppwechsel nicht gleich wie gewünscht funktioniert hat. Ihr Pferd und Sie nehmen sich eine kleine Pause, können sich gemeinsam neu sammeln – und die Aufmerksamkeit Ihres Pferdes bleibt Ihnen erhalten.

Fügen Sie gezielt in einer Dressurarbeitsstunde die einzelnen Lektionen aneinander. Wir empfehlen Ihnen hierbei das Zeitsystem zu integrieren. Sie üben also drei Minuten Ihre Dressuraufgaben und reiten dann Ihr Pferd zur Belohnung in den Equiplace.

**Beispiel: Übung Im Schritt aus der Ecke kehrt**

- Platzieren Sie Ihren Equiplace in der Mitte der kurzen Seite.
- Reiten Sie im Schritt an der kurzen Seite »aus der Ecke kehrt« und in den Equiplace hinein.
- Machen Sie Pause im Equiplace und lassen Sie das Pferd im Schritt und auf der anderen Hand wieder aus dem Equiplace heraustreten.

Sie haben so den Vorteil, regelmäßig und im Wechsel auf beiden Händen üben zu können.

Die nächste Übung könnte dann im Trab stattfinden. Das funktioniert mit den meisten Hufschlagfiguren wunderbar. Und schon haben Sie damit ein gutes und sinnvolles System in Ihre Dressureinheit gebracht.

Reihen Sie Ihre Lektionen aneinander, eine nach der anderen, und fügen Sie nach etwa drei Minuten die Pause im Equiplace ein.

Das könnte beispielsweise so aussehen:

- Beginnen Sie immer auf der »guten« und damit einfacheren Hand.
- Reiten Sie in der Mitte der langen Seite eine Volte.
- Aus der Volte heraus reiten Sie im Schulterherein weiter.
- Richten Sie Ihr Pferd vor der Ecke wieder gerade.
- An der kurzen Seite reiten Sie zwei Achterschlaufen.
- Nach der nächsten Ecke gehen Sie auf den Zirkel, wechseln aus diesem und wiederholen die Übungen auf der anderen Hand.
- Danach reiten Sie Ihr Pferd in den Equiplace, wo es sich 30 bis 60 Sekunden ausruhen darf und natürlich gelobt wird.
- Und dann beginnen Sie mit Ihren nächsten Übungen.

Ihr Pferd wird nicht nur motiviert, das Equiplace-Training bringt auch Struktur und Abwechslung in Ihre Dressurarbeit.

*Das Equiplace-Training kann sowohl bei der Dressurarbeit unter dem Sattel …*

*… sowie an der Hand eine echte Bereicherung sein.*

*Pferd und Mensch haben Zeit zum Durchatmen und können sich sortieren, um dann die nächste Aufgabe anzugehen.*

## Equiplace für das Springtraining

Natürlich wird Sie der Equiplace nicht zu Franke Sloothak machen und reiten lernen und fleißig üben müssen Sie auch selbst, aber Sie können vom Equiplace trotzdem auch im Springparcours profitieren. Etwas Springgymnastik schadet nicht und macht Spaß. Manchmal hört der Spaß allerdings auf, wenn das Pferd sich entscheidet, einfach links oder rechts am Sprung vorbeizuziehen oder zu verweigern. Auch die Variante, nach dem Sprung Gas zu geben, also davonzulaufen und einfach nicht mehr zuzuhören, macht Springeinheiten manchmal eher zu einer Herausforderung, als dass sie Freude machen.

Das hat häufig mit mangelnder Ausbildung, fehlender Balance und ebenso fehlender Koordination zu tun. Oft ist es aber auch einfach nur Überforderung von Pferd und Reiter. Das ist der Punkt, an dem Sie Ihren Equiplace sehr nutzbringend einsetzen können.

Und auch wenn Ihr Pferd gut und gerne springt und Sie es sicher über einen Parcours lenken können, ist es sinnvoll, den Equiplace einzusetzen. Ihr Pferd bleibt aufmerksam, konzentriert und motiviert.

## Die Freiarbeit

Ein Pferd auf Fingerzeig aus dem Equiplace hinauszuschicken, angaloppieren zu lassen, wieder in den Equiplace hereinzuschicken, um es daraus mit dem »Appell« wieder zu sich kommen zu lassen, hat nichts mit Pudeldressur zu tun, sondern mit Pferde- und Menschenerziehung.

Sie müssen sich sehr genau ausdrücken können, damit Ihr Pferd Ihre Zeichen auch versteht und umsetzen kann. Und das geht nur, wenn Ihr Pferd Ihnen auch wirklich zuhört!

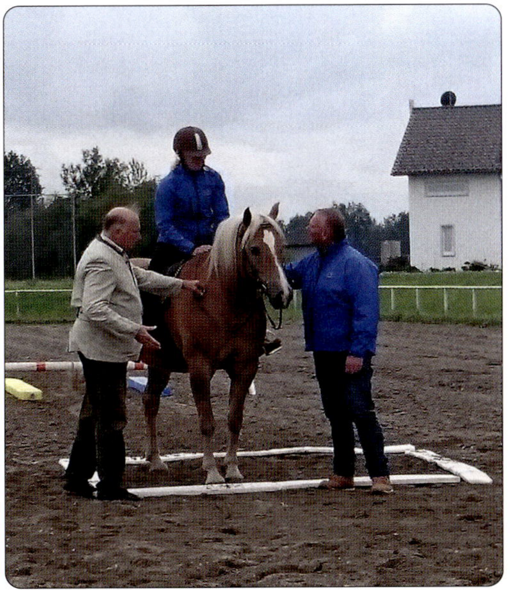

*Freiarbeit stärkt die Beziehung zu Ihrem Pferd und verrät Ihnen, wie gut es Ihnen zuhört.*

## So kann Ihnen der Equiplace bei Problemen helfen

Das Grundproblem, das wir mit vielen Pferden im täglichen Umgang haben, ist, dass sie uns nicht immer zuhören und nicht immer aufmerksam sind. Und das Zuhören ist gleichermaßen Basis und Voraussetzung für eine erfolgreiche Zusammenarbeit zwischen Ihnen und Ihrem Pferd.

Wenn Pferde uns nicht zuhören, hat das natürlich auch einen Grund. Und meist nicht nur einen! Pferde haben oft Angst vor bestimmten Dingen. Sie sind aufgrund mangelnder Balance bisweilen nicht in der Lage, Leistung zu erbringen, da sie zu sehr mit sich selbst beschäftigt sind. Und sie sind dann schnell überfordert, wenn wir auch noch etwas von ihnen wollen.

Unsere Aufgabe ist es, unser Pferd zu motivieren uns zuzuhören. Stimmen Position und Körpersprache, geben wir die richtigen Signale? Das Equiplace-Training soll für Sie und Ihr Pferd zu einem guten und hilfreichen Werkzeug in Ihrer tagtäglichen Arbeit werden.

Nervöse Pferde werden durch das Equiplace-Training deutlich ruhiger. Immer wieder wird der Adrenalinspiegel gesenkt. Ein nervöses oder ängstliches Pferd hat natürlich ganz andere Sorgen, als an das Stillstehen zu denken – wenn es ständig befürchten muss, dass gleich etwas Furchtbares passieren könnte. Ziehen Sie seine Aufmerksamkeit und Konzentration auf sich und weg von dieser »ach so bösen« Welt.

Wir zeigen Ihnen hier anhand einiger Beispiele, wie Ihnen das Equiplace-Training helfen kann.

### Das Pferd lässt sich nicht longieren

Ihr Pferd dreht sich regelmäßig frontal zu Ihnen? Besonders dann, wenn es nicht auf seiner »Schokoladenseite« laufen darf? Eine schwierige Situation und Sie stehen hilflos vor ihm?

Das Pferd jetzt auf seine »schlechte« Seite zu bringen, fordert Ihren überlegten Einsatz.

Das Grundproblem: Ihr Pferd kann sich auf seiner schlechten Seite nicht ausbalancieren und das ist der Grund für seine Schwierigkeiten. Es hat allerdings gelernt, das Problem zu lösen, indem es sich zu Ihnen dreht und sich damit einfach weigert, auf seiner schlechten Seite zu laufen.

Erst wenn diese Seite ausreichend gymnastiziert ist, wird das alles kein Problem mehr sein. Sie müssen Ihr Pferd nun dazu bringen, dass Sie seine schwierige Seite auch trainieren können.

Hier wird das Equiplace-Training Ihnen sehr gute Dienste leisten. Ihr Pferd wird damit lernen, auf beiden Händen willig aus dem Equiplace herauszutreten – ohne dass es dabei überfordert wird. Sie haben dann zum Beispiel durch die Equikinetic die Möglichkeit, Ihr Pferd auf beiden Händen gleichmäßig zu arbeiten.

*Mit dem Equiplace lernen Pferde, sich aus der Position willig nach links und rechts bewegen zu lassen.*

## Losreißen

Sich vom Menschen loszureißen, sei es nun auf dem Weg zur Koppel, beim Führen zum Reitplatz oder während der Arbeit, das ist schlichtweg hochgefährlich. Nicht nur, dass sich Ihr Pferd Ihnen entzieht und einfach die Arbeit beendet – das unkontrollierte Freilaufen eines Pferdes kann sehr gefährliche und weitreichende Konsequenzen haben. Und das ist ein absolutes No-Go!

Ein so reagierendes Pferd hat gelernt, dass es sich durch Losreißen einer unangenehmen Situation entziehen kann. Es will nur weg und kennt den Weg ... Der Puls des Pferdes und sein Adrenalinspiegel steigen an und es hört Ihnen nicht mehr zu. Im besten Falle werden Sie nur ignoriert.

Sie können nun sagen oder ziehen, was und so viel Sie wollen – Ihr Pferd hat entschieden zu gehen. Ein Verhaltensmuster, das Pferde sehr erfolgreich einsetzen können.

Wenn Sie Ihr Pferd jedoch zum Zuhören bringen, können Sie dieses Muster durchbrechen. Ein Pferd wird durch das Equiplace-Training in diesen gewünschten »Zuhörmodus« gebracht und Sie bekommen dadurch die Chance, Ihrem Pferd eine andere Verhaltensweise beizubringen.

Wenn man eine solch anspruchsvolle und gefährliche Situation allerdings trotz aller Bemühungen nicht in den Griff bekommen sollte, so ist es keine Schande, sondern eine Notwendigkeit, sich professionelle Hilfe und Unterstützung zu holen!

## Nicht-Stillstehen beim Aufsteigen

Sie haben Ihr Pferd vor der Aufstiegshilfe – immer sinnvoll, denn sie schont den Rücken Ihres Pferdes – platziert, sind gerade im Begriff diese zu erklimmen und – tja – Ihr Pferd ist schon längst wieder auf dem Weg. Sie klettern also wieder herunter, positionieren die Aufstiegshilfe erneut neben dem Pferd oder das Pferd wieder neben der Aufstiegshilfe ... Dieses Spielchen wiederholt sich nun einige Male, bis Sie es gerade noch schaffen, den Fuß in den Steigbügel zu bringen und sich auf Ihr Pferd zu ziehen, obwohl es eigentlich schon wieder unterwegs ist. Ziemlich nervig, oder?

Hier wird der Equiplace zu Ihrem Retter in der Not. Wir üben das Aufsteigen in vier Schritten. Ihr Pferd wird wie festgenagelt stehen!

Diese Übung ist natürlich auch sehr gut geeignet, um junge Pferde an das Stillstehen und Aufsteigen zu gewöhnen.

1. Ihr Pferd ist bereits an den Equiplace gewöhnt. Während Ihr Pferd im Equiplace »parkt«, stellen Sie die Aufstiegshilfe mit in den Equiplace hinein. Führen Sie Ihr Pferd aus dem Equiplace heraus und wieder hinein und halten Sie immer genau neben der Aufstiegshilfe.
2. Steigen Sie, während Ihr Pferd neben der Aufstiegshilfe still steht, auf diese hoch und wieder herunter. Führen Sie Ihr Pferd nun wieder eine Runde aus dem Equiplace heraus und wieder herein.
3. Steigen Sie auf Ihr Pferd, aber reiten Sie noch nicht aus dem Equiplace heraus, sondern steigen Sie wieder ab. Führen Sie es eine gewohnte Runde und wieder in den Equiplace hinein. Dann halten Sie wieder neben der Aufstiegshilfe, um erneut auf- und abzusteigen. Ihr Pferd lernt hier etwas ganz Entscheidendes, nämlich: »Ok, mein Reiter steigt auf – aber auch wieder ab, wenn ich stillstehe!«
4. Steht Ihr Pferd nun still, während Sie aufsteigen, so festigen Sie dieses Ritual. Sie steigen im Equiplace auf, reiten eine Runde, danach wieder in den Equiplace hinein und steigen dort ab. Dann platzieren Sie den Equiplace an einer anderen Stelle.

Nach ein paar Wiederholungen sollte das Aufsteigen auch an jedem anderen beliebigen Ort kein Problem mehr sein.

*1. Zuerst sollte Ihr Pferd den Equiplace als Ruheort akzeptiert haben und dort gerne stillstehen. Sie können es zuvor im Equiplace bereits an den Sattel gewöhnen. Danach machen Sie Ihr Pferd damit vertraut, neben der Aufstiegshilfe stehen zu bleiben.*

*2. Indem Sie das Pferd dazu veranlassen, den Kopf auf die rechte Seite zu drehen, fällt es ihm leichter, die Situation zu begreifen, und es wird dabei nicht überfallen. Dazu darf gerne ein Leckerli benutzt werden, das einen kleinen Anreiz darstellt, den Kopf zu drehen und zu warten. Stellt das Aufsteigen kein Problem mehr dar, lassen Sie das Leckerli einfach weg.*

*3. Stellen Sie einen Fuß in den Steigbügel, steigen aber noch nicht auf. Erst wenn Ihr Pferd dabei absolut stillsteht, sollten Sie einen Schritt weitergehen.*

*4. Steht Ihr Pferd still, wenn Sie aufsteigen, reiten Sie nicht sofort los. Um das Stillstehen zu festigen, steigen Sie erst mal wieder ab. Das Muster »Aufsteigen – Losreiten« wird so unterbrochen.*

## Zu langsame Pferde – die Platzmuffel

Sie haben das Gefühl, Ihr Pferd über den Platz tragen zu müssen? Es schlurft Runde um Runde vor sich hin, bringt die Beine nicht hoch und Sie sind vom Treiben schon ganz verspannt und haben einen hochroten Kopf?

Die häufigste Ursache für diese »Platzmuffel« ist nicht nur deren Grundgemüt, sondern es fehlt ihnen vor allem an Koordination und Balance. Hier nutzen wir die longierte Dual-Aktivierung und/oder die Equikinetic. Der Equiplace wird Ihnen nun indirekt auch beim Reiten helfen! Die Aussicht, dort zuverlässig wieder eine Pause zu bekommen, wird Ihr Pferd motivieren. Durch diese Arbeit bekommt Ihr Pferd Kraft, wird ausbalanciert und koordiniert und das werden Sie auch im Sattel spüren.

## Ihr Pferd will während des Reitens nicht anhalten und stehen bleiben

Ihr Pferd will nicht stehen bleiben und ignoriert, dass Sie anhalten wollen? Hat Ihr Pferd einmal das Grundprinzip des Equiplace verstanden, können Sie es mit allerfeinsten Hilfen – oder auch nur mit einem Stimmkommando – an jeder beliebigen Stelle anhalten. Ihr Pferd hat ja das Stehenbleiben mit etwas Angenehmen verknüpft.

- Gewöhnen Sie Ihr Pferd zunächst so an den Equiplace, wie wir auf Seite 194 beschrieben haben. Danach setzten Sie das Ganze im Sattel um.
- Reiten Sie zunächst im Schritt auf der Lieblingsseite Ihres Pferdes in den Equiplace.
- Setzten Sie Ihr bekanntes Stimmkommando und Ihre Hilfen ein und halten Sie dort für ein paar

*Die Ursache für ein »triebiges« Pferd ist oft eine schlechte Balance sowie mangelnde Koordination und Kraft. Im Gelände geradeaus mag das noch gehen, aber sobald es auf dem Platz oder in der Halle ist, wird es anstrengend.*
*Trainieren Sie Ihr Pferd sinnvoll und gönnen Sie ihm anschließend die motivierende Erholung im Equiplace.*

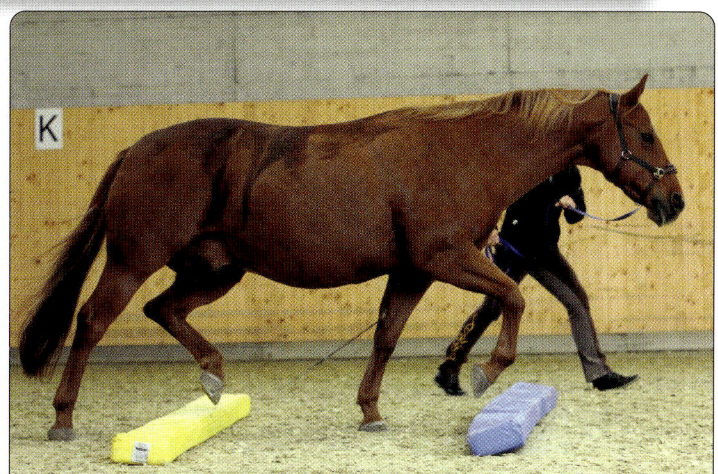

Sekunden an. Das sollte kein Problem mehr sein, da Ihr Pferd bereits mit der Longe an den Equiplace gewöhnt wurde. Erweitern Sie die Pausen im Equiplace, wechseln Sie die Hand und üben Sie genauso weiter.

- Wenn das im Schritt sicher und zuverlässig klappt, dann traben Sie an, parieren kurz vor dem Equiplace in den Schritt und halten erneut dort an. Das sollte nun ebenso gut funktionieren wie an der Longe. Und da Ihr Pferd das Prinzip ja bereits am Boden gut verstanden hat, wird es nun sicher auch schneller gehen.

*Reiten ohne Zaum setzt voraus, dass Ihr Pferd Ihnen zuhört.*
*Nur ein Pferd, das die Hilfen kennt und aufmerksam ist, wird diese dann auch umsetzen können.*

# Schlusswort

Unser Ziel ist es, durch vielseitige Bodenarbeitsprogramme Pferde zu gymnastizieren und sie damit gesund zu erhalten. Wir geben Ihnen mit unseren Trainingsmöglichkeiten vom Boden aus ein Werkzeug an die Hand, welches effektiv und einfach umsetzbar ist.

Bedanken möchten wir uns an dieser Stelle bei allen, die uns geholfen haben, das Buch zu verwirklichen und natürlich bei Ihnen, liebe Leser, die immer wieder offen für unsere Vorschläge sind.

Ein großes Dankeschön haben sich auch unsere Pferde verdient, die uns tagtäglich begleiten und denen wir es schuldig sind, ein bestmögliches Training zu bieten.

Wir wünschen Ihnen ganz viel Erfolg und Spaß beim Üben.

Ihr Michael Geitner und Ihre Alexandra Schmid